海的亞細亞

濱下武志

主編　吳密察
譯者　李侑儒、許佩賢、郭婷玉、陳姃湲、
　　　陳進盛、黃紹恆、鍾淑敏（依姓氏筆畫排列）

濱下武志跳脫陸地中心的史學視野，
海洋如何奠定亞洲的貿易、移民、世界觀和國際秩序

目次

導讀
主體視角與地域・網絡・海的歷史

吳密察

一

這本文集的編輯出版，緣起是濱下武志教授在臺灣的幾個學生想要在老師七十七歲的時候為他祝壽，但又很忙，無暇另寫文章出版一本祝壽論文集，於是想到不如挑選老師的一些文章翻譯成中文，匯集出版，也趁此機會向國內的學術界介紹濱下先生的學術見解。

但是要在濱下先生浩瀚的學術領域、數量龐大的研究著作中挑選哪些文章出來翻譯出版呢？這就成為了頭痛的問題。後來我們決定從濱下先生上個世紀九〇年代（這也比較接近我們跟著老師學習的年代）參與企畫、編輯的三套影響深遠的叢書中找出文章來翻譯，於是就匯集成了這本《海的亞細亞》文集了。這本文集的文章分別來自三套叢書：

《アジアから考える（從亞洲思考）》（東京大學出版會，一九九三—五）、《地域の世界史（地域的世界史）》（山川出版社，一九九七—二〇〇〇）、《海のアジア（海的亞細亞）》（岩波書店，二〇〇〇—一）。

以下對這三套叢書的出現背景與內容稍作說明。

日本的學術界與出版界向來有一種極具特色的合作傳統，那就是會合作、企畫並出版主題叢書，用來展現學術界對於該主題的研究成果，或是以之來突顯新的研究課題，提倡、帶動新的研究潮流與方向。

日本的歷史學界，自從於十九世紀末葉導入西洋的近代歷史學，並以學院來培育歷史研究者之後，史料實證主義就一直是核心的學科要求。但是到了一九二〇、三〇年代，新一代的年輕研究者也受到左派思想的影響，不再滿足於史料整輯、排比、考證等，「為歷史而歷史」的史料實證主義，進而企圖從現實社會中產生問題而追問歷史，即「為現在而歷史」。一九三〇年代這種具有現實意識的歷史學，在戰後有了更積極的動力——在國內的因素上，有對於戰前擴張史、侵略歷史的反省；在國外的情勢上，有社會主義中國的出現和緊跟著形成的東西陣營對立。「為現在而歷史」的歷史研究，因為具有很明確的現實意義，遂成為歷史學的主流。這種具有現實意義的歷史學，經常被稱為「戰後歷史學」，所憑藉的主要理論資源是馬克思主義。

不過，到了一九七〇年代中期以後，「戰後歷史學」已經出現過度教條化的缺點；同時，歷史學也需要在學問上回應新的社會政經形勢。一九八〇年代日本的新社會政經態勢，至少包括：隨著國際化的外來者（特別是來自東南亞的工作者）增加，同時也映照、凸顯了日本社會內部原來就有的族群多元化問題（在日朝鮮人、沖繩人，甚至愛努人等）。以及經過戰後的「高度成長期」，消費社會成熟了，但也同時伴隨著出現了公害問題。這些都不是以前專注於國家型態、生產關係，甚至階段論的「戰後歷史學」的專擅場域，因此歷史學逐漸脫離「戰後歷史學」所設定的研究課題，而出現了新的研究動向。

我自己在八〇年代中期赴日本留學之前，先在臺灣做了一些「戰後歷史學」的功課，有一些相關的常識，但到了日本後卻幾乎派不上用場（當然，可以看懂原本只耳聞卻沒閱讀過的一些「名著」），反而置身於網野善彥（日本中世史）、阿部謹也（西洋中世史）的「社會史」風潮裡。[1] 關於留學期間的這些感觸，我在一九八九年回國之前，曾經在濱下老師的「注文」下於課堂上做了一次報告，記得當時的報告題目是：「從臺大教授的書齋藏書到東京書店店頭的社會史風潮」。顯然，我留學的一九八〇年代，正是日本的歷史學界進行較大轉換的時代。

戰後日本之歷史學研究成果的一次大型出版企畫，應該可以舉一九六九年至一九七一年的《岩波講座　世界歷史》（全三十卷，總目錄、總索引一卷）。這個企畫動員了當時日本歷史學界的主流學者，全面地展現了當時「戰後歷史學」的總成績，至今仍然令人津津樂道。但是在這個如此轟動的出版企畫之後，即使曾經有幾次通史性的世界史出版企畫，卻沒有強調專題研究的出版企畫。[2]其中可能的原因，應該是《岩波講座　世界歷史》這種以「戰後歷史學」為核心的研究典範，已經發生動搖，而新的典範一時還尚未確立。

既然舊的研究典範已經不再有活力，新的典範尚未確立，也即典範正在轉移的進行式當中，那麼即使不會出現如《岩波講座》這種大規模的整合型出版企畫，也將會有規模較小、局部性的，甚至強調摸索新典範、新方向的出版企畫。其中，以下這幾個出版企畫是相對讓人印象深刻的。

《民族の世界史（民族的世界史）》全十五卷，山川出版社，一九八三—九一。

《新しい世界史（新世界史）》全十二卷，東京大學出版會，一九八六—九。

《シリーズ　世界史への問い（叢書　對世界史的提問）》全十卷，岩波書店，一九八九—九一。

《民族的世界史》這套叢書，即使名為「世界史」，卻不再以政治概念的「國家」，而是以「民族」作為組成世界史的單位。而且，這裡所謂的「民族」並不是nation，而是ethnos，這與之前以國家為單位的歷史學思考是相當不同的。另外，這套叢書中，我們較為熟悉的是語言學者（客家語）橋本萬太郎主編的第五卷《漢民族與中國社會》，執筆者是橋本萬太郎、鈴木秀夫、岡田英弘、斯波義信、末成道男、竹村卓二、戴國煇，包括了傳統所謂的語言學者、歷史學者、人類學者、民族學者。[3]

《新世界史》的發刊詞，一開頭就極具挑釁性：「從泰晤士河畔、波多馬克河畔所眺望出來的『世界史』就是世界史的這種錯覺，強烈地限制了我們日本人的歷史意識。以前，也曾存在過從黃河、恆河河面映現出來的『世界史』。但是這些各種各樣的『世界史』到了『近代』，便被從泰晤士河畔、波多馬克河畔所眺望出來的『世界史』吞噬了。以『西歐的近代』之發展為啟動力，地球大規模地一體化的近代世界，『世界史』就成了只是以『西歐的近代』所挑起的『文明』發展的故事。」在反省了以前的世界史乃是建立在西歐近代的觀點之後，這個發刊詞指出：現代這個「（西歐）文明」所帶來的各種危機（南北各自的問題及其間落差的激化、生態的破壞、核子戰爭的威脅），使得吾人必須找尋不是從「文明」的高處來俯瞰的新世界史。於是召集歷史學者組織讀書會，並於六年後推出這一套「新世界史」。從以上的叢書發刊詞及十二卷的具體書名，不難想像這是一套什麼樣的「世界史」。[4]

《叢書　對世界史的提問》此套叢書的名稱就直接挑明是對世界史的提問！那麼，是什麼提問呢？發刊詞首先提問：「在如今的世界，歷史學到底應該從什麼樣的觀點，以什麼為問題；應該以什麼樣的理論與方法，來面對這些問題呢？」接著整理出幾個問題群：

(1)人類的活動是在自然環境的場所中來進行的，但如今大規模開發、產業化帶來了生態系的破壞，吾人被迫必須在歷史上回溯人類與自然的關係。而且，媒介自然與人類社會之關係的技術，即因此而連結出全球規模的多樣性溝通網之交通，也就是人、錢、物、資訊的移動與交流，都必須要以嶄新的視點來理解。

(2)人類生活於各種社會性的結合當中，其結合關係具有各自固有的結合契機、內部結構、觀念形態，產生了各種社會的結構特質。這種結合關係，既是聯繫，同時也以規範化作用成為社會統合的契機，引起來自內部的抵抗。近年被重新認識其自律性的民眾文化，也必須沿著這個脈絡重新思考。另一方面，政治權利也必須在其與來自社會性結合之權威的結構之關係中，重新檢討。

(3)人類的活動，發生於歷史重層地構成的地域中。地域毋寧說可視之為人類集團活動所實現、所分隔、伸縮的場域。吾人希望重視將國家框架相對化的地域之重要角色。另一方面，尤其是近代以降，世界的一體化、結構化產生了世界規模的落差與差別的結構化，因而政治的統合與抵抗，亦即圍繞國家與革命的尖銳對立過程，也以世界關聯的型態展開。吾人需要具備展望明日之世界結構的能力。

簡單地說，這套叢書最重要的關鍵詞是：環境．技術、社會性結合、空間．場域。圍繞這幾個關鍵詞為核心的相關課題，就是這套世界史叢書的對象。

濱下武志教授是這個叢書的編輯委員，他具體地主編第三卷《移動與交流》，而且在第九卷《世界的結構化》中撰寫了文章〈銀流通所見的世界經濟網絡：十六—十九世紀〉。[5]

從以上所介紹的三套一九八〇年代出版的世界史叢書，就可以看到日本歷史學界企圖摸索新典範的努力方向。當然，如果再參考應該居於歷史學核心的日本史領域，那就會更加可以瞭解當時的整體歷史學界的潮流了。但限於篇幅，僅列出我個人關心的領域在那段時間前後所出版的三套日本史叢書：《日本經濟史》全八卷（岩波書店，一九八八—九〇）、《アジアのなかの日本史（亞洲內的日本史）》全六卷（東京大學出版會，一九九二—三）、《岩波講座　近代日本と植民地》全六卷（岩波書店，一九九二—三）。

接著，讓我們來看此次文集來源的三套叢書企畫。

(1) 溝口雄三、濱下武志、平田直昭、宮島博史編，《アジアから考える（從亞洲思考）》（東京大學出版會，一九九三—五）。[6]

從叢書的名稱，就可以知道它是一套強調從亞洲來思考問題（叢書的英文名稱是 Series Asian Perspectives）的叢書。但編輯企畫委員卻也同時強調：本叢書並不主張規範性的亞洲認識，而是讓執筆者以自己的研究做為認識亞洲的切入口。也就是說，此企畫採取開放的態度與做法，只是以亞洲為範圍（它只是空間的範圍，或進而是思考的一個裝置），卻不對亞洲之內容進行實質的規範性定義，也就是它不必是一個實體的概念。這套叢書強調所謂的亞洲，並不是國家（這反而是應該重新再檢討的框架），而是多數開放的、有機的「地域」之整合，既是多文化主義的，也是各種重要因素在歷史上相互交錯的場域。

這套叢書的企畫意圖，除了想要以「對照於歐洲的亞洲」為對象，找回亞洲的主體之外，還想要檢討近代的歷史意義，並從更巨觀的觀點（亞洲的觀點）來將日本的近代相對化。這套叢書從亞洲現代的問題出發，設定「地域、國家」、「制度、集團」、「經濟、社會」、「歷史意識、自我認識」等主題，邀請學者撰寫論文。邀請外國學者撰寫論文，體現了本叢書所宣稱的上述基本特徵：執筆者以自己的亞洲研究和日本研究，提示其切入口。臺灣的研究者受邀撰寫論文的有：劉序楓（〈十七、八世紀的中國與東亞——以清朝的海外貿易為中心〉）、吳密察（〈臺灣史的成立及其課題〉）、陳其南（〈傳統中國之國家型態與民間社會〉）。濱下先生在本叢書中，除了撰寫所主編卷次的序章——〈亞洲研究的現在〉（第一卷）、〈地域研究與亞洲〉（第二卷）、〈從邊陲思考亞洲〉（第三卷，以上三篇序章之中譯收入本書第一章），還撰寫了論文〈朝貢與條約〉（第三卷）。

(2)《地域の世界史（local regional areal）》（山川出版社，一九九七—二〇〇〇）。企畫委員：辛島昇、川田順造、木村靖二、佐藤次高、濱下武志、松本宣郎。[7]

這套叢書不以國家，而以「地域」為觀點來嘗試重新檢討歷史，而且對於「地域」也從最根本提出質疑。本叢書所謂的地域，雖是指一個空間範圍，卻因不同的成立因素而有不同的意涵，而且也會因各種因素的作用而不斷重組。就如叢書的英文名稱所示，地域可以是 local，也可以是 regional 或 areal。企畫委員主張地域是個容器、場域，是獨自之歷史動力具有向心力的單位，同時也有向外延展出去的網絡。

叢書的企畫編輯希望在世界史中檢討地域，也就是重新檢討類似歐洲、東亞、南亞、西亞、美洲這種既存的大地域概念，同時理論性地、原理性地檢討是什麼摶成了地域，然後又如何以之描繪出新的世界史。叢書共十二卷，第一至三卷以彈性的眼光來看地域概念、思考地域的理論性架構、地域研究的問題。後面的幾卷則是在探討結合成地域的各種因素，在現實歷史上如何發生作用。

濱下武志除了是整套叢書的企畫委員之外，還是第一卷《何謂地域史》、第十一卷《支配的地域史》之主編，並在第一卷撰寫〈歷史研究與地域研究——歷史展現的地域空間〉、第九卷撰寫〈通貨的區域性與金融市場的多重性〉、第十一卷撰寫〈地政論——從統治史所見的地域與海域〉（三文之中譯收入本書第三部）。

(3)《海のアジア》（岩波書店，二〇〇〇—一）。編輯委員：尾本惠市、濱下武志、村井吉敬、家島彥一。[8]

這是一套將研究焦點從陸地轉移到海洋的叢書。我們已經從前面兩套叢書的介紹中，看到第一套叢書聚焦於從亞洲的主體性來考察歷史，第二套叢書則聚焦於從地域來考察歷史，但也同時提示了所謂地域是流動的、開放的，既有向心力，也有延展性。順著這樣的思路，顯然就要打破以前將歷史的舞台限定於陸地的思維。考察歷史的眼光，必須擴大地投向作為交流通路的海洋。所以，歷史學者將眼光投向了海洋，甚至以海洋為主題來翻轉、擴大歷史的視野和範疇。

濱下武志先生在這套叢書，主編了第一卷《海的典範》、第五卷《越境的網絡》，並在第一卷撰寫〈從東方探究的海洋亞洲史—朝貢與倭寇〉（中譯為本書第五章）。

二

接著，應該來介紹我們的老師濱下武志教授的學術主張了。

濱下武志，生於一九四三年，一九七二年東京大學文學部畢業，一九七四年東京大學碩士課程畢業，一九七六年參與香港大學 Frank H. H. King 教授的香港銀行研究計畫，一九七八年東京大學博士課程修了退學。一九七九年至一九八一年擔任一橋大學經濟學部教職，一九八二年轉至東京大學東洋文化研究所。他最早投入的研究是清末的中國經濟史，尤其是銀行、金融、財政史。

一九八九年、一九九〇年，他連續出版了兩部研究成果：(1)《中国近代経済史研究：清末海関財政と開港場市場圏》（汲古書院，一九八九）（以下簡稱《海關市場》）、[9](2)《近代中國の國際的契機——朝貢貿易システムと近代アジア》（東京大學出版會，一九九〇）（以下簡稱《國際契機》）。[10]

一九八九年的《海關市場》是一部巨著（俗稱的「磚頭書」），濱下先生自謂：「本書整體所追求的是，將十九世紀末到二十世紀初當成一個時代，提示內外同時代人之觀點、論點、紀錄的全體樣貌」。全書除了簡短的〈序〉之外，分為：第一章〈清末財政與海關〉、第二章〈H. B. Morse（馬士）與海關〉、第三章〈海關與貿易統計〉、第四章〈開港場與地域市場〉、結論〈厘金、地域市場、金融之網絡〉。另外，本書在正文之後也臚列了「中國海關史關係資料目錄」。濱下先生說，這部書「對於同時代圖像的檢討，與其說是提出結論性的命題，毋寧說是方向提示；與其說是使問題收斂，毋寧說是將問題本身所具有的變化與擺幅，包含趨近同時代人的問題認識，而使其自己顯示」。所以可以說，這本書是濱下先生在調查、閱讀以海關資料為首的中國經濟史文獻之後，所展示出來關於中國近代經濟史（尤其，厘金、地域市場、金融之網絡）的研究構想及資料指引，而且他也似乎為自己及研究同行「注文」了往後的研究課題，這部書可以視為濱下先生對於中國近代經濟史樣貌（尤其是厘金、地域市場、金融之網絡）的素描圖。

一九九〇年出版的《國際契機》，是在此之前大約十五年間，濱下先生所發表之部分研究論文的集結。以前，濱下先生單獨發表研究論文時，可能因為各篇論文處理的主題各不相同，而且他總是利用讓人敬服（或說「望之生畏」）的龐大綿密史料（尤其是英文的銀行、金融、海關史料），加上他的文字風格濃厚緊密，常讓讀者無法確實地理解文章的旨意，甚至被文章壓得喘不過氣來（作為他的學生，這樣說會不會很失禮呢？）。但是當他將以前發表過的這些文章匯集起來，並在書前、書後做了一些提點之後，我們終於得以看出他在此之前十餘年的蘊蓄，已經確立了自己的「一家之言」。依我淺見，往後他所展開的龐大學問體系，已經在此時大致成形了。以下，透過引述他在書中的一些文句，來介紹他的學問主張。

首先，濱下先生在《國際契機》的跋語中，表白了他集結既有研究論文的課題意識，這是他截至當時之前十餘年來之近代史研究的體會，也是他往後開展更深入、更寬廣研究的基礎。

> 在此之前，近代史研究被當作是歷史的一個「發展階段」，主要關心的是時間性的展開。因此，空間範圍是以國家的框架來取代實際上在歷史上發揮機能的地域、地域關係。現在作為手段也好，作為目的也好，國家本身所表現的、所能對應的問題範圍，有越來越狹窄的傾向。地域、域圈，不只是政治性的框架，也顯著地以經濟的，甚至宗教的、民族的、文化的框架在發揮著機能。

基於上述關切的問題來檢討亞洲的近代史之際，必須考察地域空間的幾個特質、考慮空間模型。關於此點，它充分表現於歷史性的帆船貿易、地方貿易商人之行動範圍。今後需要更進一步檢討這些涉及到地方性的、同時也是地域間連鎖的活動領域之主題。

這是將近代史當作歷史空間變化來掌握的課題。同時，這也必須要把向來處理時間序列歷史現象之因果關係的歷史研究，更著眼於空間領域，而且找出其模型方法的課題。

由於研究這樣的課題，或許近代史研究的意義與方向也將會有所改變。這樣，向來被當成舊體制（封建社會等）批判期，並且一併討論舊體制的近代史，將越來越喪失其自身的意義，改而更致力於抽出與重構歷史持續的側面、歷史繼承的事態。這樣的過程，才是獲得現代歷史意識的作為。基於這樣的歷史意識，才可能將近代相對化。

濱下先生在此短短的文字當中，反省了向來的中國近代史研究。類似的反省，《海關市場》從經濟史側面做了更明白的說明：

在向來以「歐洲的近代」來代表近代社會的狀況中，亞洲的近代一般被當成是因歐洲近代的衝擊而引起的。但在經過一段時間測量歐洲模式的近代及其他地區之近代與之有何距離後，吾人才開始意識到亞洲等世界各地的近代，必須從各該地域本身的歷史內部中抽繹出來。

這種討論當中，在相對嚴密地討論「封建社會」樣貌的地域、國家，「近代」的特徵被認為就是封建社會崩壞、解體的過程。但向來所檢討的「封建社會」，實際上是封建的政治制度，社會經濟範疇未必可以同樣賦予封建的特徵。毋寧說，在血緣、地緣，甚至同業基爾特等地域性的社會性結合，而且著眼於歷史的連續性時，「近代」就不必然要在與「封建」的連續、斷續中賦予特徵。這樣，吾人就可以認識到：不論是從封建社會論，或從歐洲近代論，都很難將亞洲的近代概念化。思考世紀之交的中國經濟史圖像時，在理解向來基本視點（西洋、日本對中國經濟利權的分割與奪取、清朝財政的衰頹、經濟改革的失敗等）時，對於「從經濟的側面來追蹤外交史的對外關係、清朝政府的的國內政策」這種限定性目的，具有一定的瞭解可能性。但它不可能明瞭世紀之交中國內部和中國對外關係中之經濟樣貌的全體性與固有性、時代性。清末經濟的全體圖像，是中國歷史蓄積的對內、對外諸關係所導出來的內容，必須從朝貢關係及周邊的華僑經濟圈之關係來理解。因為中國經濟的獨自性，可得之於中國經濟的包攝力，即將西洋、日本的影響編入自己的體系與邏輯當中才能作用。因此，與向來「清朝之衰退」的理解正相對照，吾人就可認識到中國經濟圖像：此時代也是將外國納入自己的邏輯中運作，而且與亞洲域內關係密切。

上述對於近代史認識的反省，包含好幾個重點，除了反省原來的以「發展階段」、時間序列變化為主要關切的具有線性發展的、目的論式的，甚至變革的史觀之外，更重要的是，提示應該以空間性的「地域」理解，來取代時間性的「發展階段」，來作為重新建構近代史像的新方向。他並且強調必須重視「歷史持續的側面」、「歷史繼承的事態」。也就是說，他不但要掌握歷史的變化，也要探索在變動的表層底下那些相對穩定的系統與結構基礎。他在《國際契機》這本書裡說：

在此之前，近代中國的「國際契機」，是被當成「西力東漸」來掌握的，是「西洋衝擊」的同義語。但本書檢討的國際契機，不僅止於歐洲對亞洲的關係，也檢討東亞與中國、東南亞與中國的關係，即中國對亞洲的關係。這是因為亞洲境內的歷史性諸關係，可以看成是由以中國為中心的朝貢關係、朝貢貿易關係所構成的。這個關係的內在變化，可以說就是中國近代的內容，甚至也是東亞、東南亞的近代。

如果基本上站在上述的觀點，那麼關於中國與歐洲之關係的歷史理解，也就自然決定了。那就是，從歐洲如何介入這個亞洲歷史性的、而且自律的朝貢貿易關係之視角，來重新描繪從亞洲所見的對歐關係。

以上的認識，不但反對「西洋衝擊」，而且建設性地提出一個更基本的視野，將原來理解的「中國（亞洲）為了面對來自西洋的衝擊，而做出回應」，完全翻轉成為：「亞洲本來就有自己的系統，西洋人是介入了這個原來就已經存在的系統，甚至依附著這個系統」。也就是完全翻轉了原來認識架構的主、客體位置。這是濱下先生歷史認識的基本觀點，貫穿了他的所有論述，我們編輯此文集時，首先想到他參與企畫的叢書《從亞洲思考》，就是將這種視角翻轉付諸集體研究行動的早期成果之一。

歷史認識的視角，從歐洲本位翻轉成為亞洲本位之後，濱下先生接著指出：「亞洲」仍然是個應該從根本被檢討的對象（地域），它既是一個實體，也是個透過映照而出現的概念。所以，濱下先生即使經常使用「亞洲」這個詞，但讀者也不免會質疑：雖說是亞洲，為何經常只是指東亞呢？這是因為濱下先生的亞洲，經常是在對照歐洲的脈絡下使用的，此時亞洲就不是一個具有明確範圍的實體，而是一個概念。

歷史上的亞洲既然是個地域也便有中心—周邊的關係，而且這種關係不但是複數的，也是相互交流、拮抗，並且由這些關係之間所形塑的網絡多角地聯繫起來的。地域是以不同的內容，不斷地摶成、解組、重新摶成的，歷史在其上展開之場域。所以，地域這種不斷變動的地域，既有內部的向心力，也有往外延展的擴張性。地域與地域之間，也透過網絡進行各種人的流動、物的流動、錢的流動、資訊的流動、知識的流動等。於是，地域論與網絡論，也就成為濱下先生實際理解、建構歷史圖像的架構。

這些網絡與流動，可以說明亞洲歷史之內部的結構關係以及與外部之互動關係。濱下先生指出：形塑亞洲地域（尤其是東亞）的重要基礎，是朝貢系統（朝貢貿易）和華人網絡。濱下先生說：

> 歷史上的亞洲，並不是一個平面，而是由數個中心—周邊關係所複合地構成的，並在新加坡、麻六甲、琉球、香港交叉。

站在亞洲本身的主體觀點，在亞洲「發現」各種具有長期、穩定基礎（傳統）的地域——當然，向來經常被當成近代史之政治空間單位的「國家」，也只是多種地域之一而已，接著再透過網絡關係及其交流內容，就成為濱下先生所提倡的亞洲（中國）近代史圖像。而且，濱下先生所謂的「地域」也不只是以陸地為限的地域，更包含著海洋的「海域」，所以實際上應該是「地．海域」。這也就是為何他認為上述的新加坡、麻六甲、琉球、香港具有亞洲地域網絡交叉點的重要性。濱下先生的這種問題意識，既有學問上的意義，又有現實意義，當然受到亟想找到新方向之研究者的歡迎，尤其對於既想要反省、克服西方中心主義，又想要找到亞洲獨特意義的西方學者來說，更是具有吸引力。[11]

濱下先生也注意到歷史經常是研究者設定主題（具有後設的性質），然後選擇性地整理歷史現象，因而在事後有全面的「客觀」俯瞰式位置（「事後諸葛」），並對這些歷史現象以時間序列聯屬而成為目的論式的論述，歷史因此也就易於呈現為直線式的發展。但是濱下先生主張歷史研究者除了是歷史認識的主體，也同時應該追求描繪出過往歷史的同時代人之時代認識，即尊重同時代人之主觀，在兩種認識（當代的研究者認識、被研究的歷史同時代人認識）相對質之後，尋找更具高度的時代圖像。

> 必須要有的視野，是意識到歷史認識之主體的同時，也描繪出同時代人的時代認識，使之與處身於現代的認識主體之課題互相對質，透過這種對質來辨別歷史現象所包含的各種脈絡，而具有站在其

上重新建構時代圖像的複眼視野。

《海關市場》第一章〈清末的時代相〉首先就列舉經世文編、政典、外交交涉實務書，甚至海防自強論，就是在呼應上述應該重視同時代人之認識的主章。即使，第二章〈H. B. Morse（馬士）與中國海關〉也是希望在同時代人，任職於中國海關的外國人馬士的事業，尋找彼此對質而且更高層次的時代圖像。

從上面的介紹來看，或許會讓人誤解濱下先生只是個強調觀念的思想史研究者，或者是個史論家。但是這是極大的誤會！其實，濱下先生是個強調應該深入理解歷史現象實務運作的研究者。例如，他在《國際契機》的第二章討論近代亞洲的銀流通、第三章討論近代銀價的漲跌與貿易結構的變化，都是在討論實際的匯兌、流通，甚至集資（合股）。他不但從數量龐大、內容廣袤的海關資料當中，看到中國近代經濟史的實況，而且還從實際的田野調查深入地了解商人（尤其是華商）如何靈活地利用時間差、分段多層次地匯兌等方法，形成強韌的競爭、獲利能力。二〇一〇年，他在新加坡大學出版 *Trade and Finance in Late Imperial China: Maritime Customs and Open Port Market Zones*，二〇一三年又在日本集結出版一冊華商的研究書（《華僑・華人と中華綱：移民・交易・送金ネットワークの構造と展開》，岩波書店），[12]就是結合他幾項重要研究倡議的研究成果。

這次我們匯集在臺灣編輯出版的濱下先生文集《海的亞細亞》，如前所述，取材自一九九〇年代他參與企畫的三套極具個性的世界史叢書：《從亞洲思考》、《地域的世界史》、《海的亞細亞》。我們將濱下先生在這三套叢書所撰寫的導論、序章，以及單篇的研究論文翻為中文。濱下先生更因為本書將在臺灣出版，而特別為這本論文集寫了終章：〈從臺灣來思考東亞史——陳荊和教授（一九一七—一九五）的華僑史研究回顧〉。另外，我們也特別選譯了濱下先生為一九九九年《岩波講座　世界歷史20　アジアの「近代」（亞洲的「近代」）》所寫的導論，譯為本書序章。如上所述，一九七〇年代的《岩波講座　世界歷史》

可說是日本「戰後歷史學」巔峰時期的集大成，經過大約三十年後，世界的情勢、歷史學都有了很大的變化，相較兩次《岩波講座　世界歷史》應該會是很有意義的事。[13]

三

最後，應該稍微放輕鬆，來說說我們的老師濱下武志教授這個人。

首先，我們對於濱下老師的印象，就是他似乎永遠都在工作，甚至懷疑他是否有時間睡覺。他總是在世界各地飛來飛去，在世界各地演講、開會。我們同學碰面總是相互探詢：濱下老師現在在哪裡？在日本國內嗎？我們上課的那幾年，網路還沒普及，他經常搭清晨六點抵達成田的回國班機回來東大上十點的課。我在倫敦碰到他，他來英國開會一天接著就要飛往美國，雙手各帶著一隻手錶，一隻錶是日本時間，另一隻是當地時間。我曾問他：你什麼時候寫文章？他回答我：在機場的候機室。然後自我解嘲地說：有人說我是 airport professor！

然後，我們都知道：濱下老師雖然極端忙碌，但是只要任何人開口，他總是「有求必應」。小到寫推薦信（在日本，這可是指導教授的「日常」！），大到邀他寫稿、出國演講。他總是會排出時間來滿足你的要求。但我們也不得不體諒他是如此的忙碌，以致於每次的截稿總是等到最後一刻，讓人焦慮不堪（我看過他晚上半夜抵達台北，隔天一大早開會上台做第一場主題演講之前，還一面與趨前請教的學生談話，一面做演講ＰＰＴ）。他說日本的出版社編輯都已經很習慣他了。或許因為如此，他的文章與主張總經常要由別人代勞幫他編輯成書（尤其是英文書），因為他沒時間。

我們這些老學生也一定會懷念老師那個「書滿為患」的研究室。那個僅能容老師側身而入、一個助理擺一臺小電腦工作的研究室。我們跟老師見面談事時，就是老師一腳（或一手）頂住研究室的門，使它半開著，我們站在走廊上跟老師談個兩、三分鐘。不過，我們都會感受到老師跟我們學生（其實，對任何人似乎也都一樣）講話都是「慢調子」，使用敬語。他雖然那麼忙碌，卻總是顯得那麼從容，工作、走路、說話不急不徐（或許應該說有一些徐），甚至還經常會有很溫暖的微笑！

最後，我們都應該會有共識：老師的文字真不好讀！文章總是「太濃」、句子總是「太長」、傳達的概念總是「太多、太豐富」，而且喜歡模式化、抽象化地談問題。平常讀起來就沉悶難解，如今要翻譯成中文，就更是「折磨人」了。不過，或許透過這樣的辛苦翻譯，才首次真正一個字、一個字，一句話、一句話地認真研讀老師的文章。這或許也可以說是當初始料未及的好事。

感謝此次發意做這件有意義的事，並且辛苦投入翻譯工作的同學、朋友。他們是李侑儒、許佩賢、陳姃湲、郭婷玉、鍾淑敏、黃紹恆、陳進盛（依翻譯文章排列先後），還有大家出版的編輯同仁。大家辛苦了！

注釋

1 網野善彥、阿部謹也這兩位知名學者，都有著作翻譯成中文：網野善彥，《重新解讀日本歷史》，聯經，二〇一三。阿部謹也，《在中世紀星空下》，如果、大雁文化出版，二〇〇八、《哈梅恩的吹笛手》，臺灣商務印書館，二〇二一。

2 岩波書店再次推出《岩波講座　世界歷史》的時間是一九九七至二〇〇〇年。

3

《民族の世界史》全十五卷，分別是：

(1)《民族とは何か（何為民族）》，岡正雄、江上波夫、井上幸治編。

(2)《日本民族と日本文化（日本民族與日本文化）》，江上波夫編。

(3)《東北アジアの民族と歷史（東北亞的民族與歷史）》，三上次男、神田信夫編。

(4)《中央ユーラシアの世界（中央歐亞的世界）》，護雅夫、岡田英弘編。

(5)《漢民族と中国社会（漢民族與中國社會）》，橋本萬太郎編。

(6)《東南アジアの民族と歷史（東南亞的民族與歷史）》，大林太良編。

(7)《インド世界の歷史像（印度世界的歷史像）》，辛島昇編。

(8)《ヨーロッパ文明の原型（歐洲文明之原型）》，井上幸治編。

(9)《深層のヨーロッパ（深層的歐洲）》，二宮宏之編。

(10)《スラブ民族と東欧ロシア（斯拉夫民族與東歐俄羅斯）》，森安達也編。

(11)《アフロアジア（Afro Asian）の民族と文化（亞非的民族與文化）》，矢島文夫編。

(12)《黒人アフリカの歷史世界（黑人非洲的歷史世界）》，川田順造編。

(13)《民族交錯のアメリカ大陸（民族交錯的美洲大陸）》，大貫良夫編。

(14)《オセアニア世界の伝統と変貌（大洋洲世界的傳統與變貌）》，石川榮吉編。

(15)《現代世界と民族（現代世界與民族）》，江口朴郎編。

4

《新しい世界史》十二卷的作者及書名，分別是：

(1)小谷汪之，《大地の子：インドの近代における抵抗と背理（大地之子：印度近代的抵抗與背理）》。

(2)山內昌之，《スルタンガリエフの夢：イスラム世界とロシア革命（Sultan Galiev 之夢：伊斯蘭世界與俄羅斯革命）》。

(3)增谷英樹，《ビラの中の革命：ウィーン・1848年（傳單中的革命：維也納・1848年）》。

(4)南塚信吾，《静かな革命：ハンガリーの農民と人民主義（寧靜革命：匈牙利的農民與人民主義）》。

(5)木畑洋一，《支配の代償：英帝国の崩壊と「帝国意識」（支配的代價：英帝國的崩換與「帝國意識」）》。

(6)岡倉登志，《二つの黒人帝国：アフリカ側から眺めた「分割期」（二個黑人帝國：從非洲方面所眺望的「分割期」）》。

(7)吉見義明，《草の根のファシズム：日本民衆の戦争体験（草根的法西斯主義：日本民眾的戰爭體驗）》。

(8)伊藤定良，《異郷と故郷：ドイツ帝国主義とルール・ポーランド人（Ruhrpolen）》（異鄉與故鄉：德意志帝國主義與魯爾區波蘭人）。

(9)吉澤南，《個と共同性：アジアの社会主義（個人與共同性：亞洲的社會主義）》。

(10)清水透，《エル・チチョン（El Chichon）の怒り：メキシコにおける近代とアイデンティティ（埃爾奇瓊火山之怒：墨西哥的近代與認同）》。

(11)油井大三郎，《未完の占領改革：アメリカ知識人と捨てられた日本民主化構想（未完的占領改革：美國知識人與被捨棄的日本民主化構想）》。

(12)藤田進，《蘇るパレスチナ：語りはじめた難民たちの証言（甦醒的巴勒斯坦：開始訴說的難民之證言）》。

5

《シリーズ 世界史への問い（對世界史的提問）》全十卷的書名及主編者分別是：

(1)《歴史における自然（歷史裡的自然）》，後藤明主編。

(2)《生活の技術　生産の技術（生活的技術　生產的技術）》，川北稔主編。

(3)《移動と交流（移動與交流）》，濱下武志主編。

(4)《社会的結合（社會性的結合）》，二宮宏之主編。

(5)《規範と統合（規範與統合）》，二宮宏之主編。

(6)《民衆文化（民眾文化）》，柴田三千雄主編。
(7)《権威と権力（權威與權力）》，小谷汪之主編。
(8)《歴史のなかの地域（歷史中的地域）》，板垣雄三主編。
(9)《世界の構造化（世界的結構化）》，川北稔主編。
(10)《国家と革命（國家與革命）》，板垣雄三主編。

6 此叢書的分卷書名及主編者分別是：
(1)《交錯するアジア（交錯的亞洲）》，濱下武志。
(2)《地域システム（地域系統）》，濱下武志。
(3)《周縁からの歴史（來自周邊的歷史）》，濱下武志。
(4)《社会と国家（社會與國家）》，溝口雄三。
(5)《近代化像》，平田直昭。
(6)《長期社会変動》，宮島博史。
(7)《世界像の形成》，平田直昭。
另，關於此叢書，可參考岸本美緒的長文書評：〈アジアからの諸視角——「交錯」と「對話」（來自亞洲的諸視角——「交錯」與「對話」）〉，《歷史學研究》第676號，一九九五年十月。

7 此叢書的分卷書名及主編者分別是：
(1)《地域史とは何か（何謂地域史）》，濱下武志、辛島昇編。
(2)《地域のイメ - ジ（地域的形象）》，辛島昇、高山博編。
(3)《地域史の成り立ち（地域史的形成）》，辛島昇、高山博編。
(4)《生態の地域史》，川田順造、大貫良夫編。

(5)《移動の地域史》，松本宣郎、山田勝芳編。

(6)《ときの地域史（時間的地域史）》，佐藤次高、福井憲彦編。

(7)《信仰の地域史》，松本宣郎、山田勝芳編。

(8)《生活の地域史》，川田順造、石毛直道編。

(9)《市場の地域史》，佐藤次高、岸本美　編。

(10)《人と人の地域史》，木村靖二、上田信編。

(11)《支配の地域史》，濱下武志、川北稔編。

(12)《地域への展望》，木村靖二、長沢　治編。

8 此叢書的分卷書名及主編者分別是：

(1)《海のパラダイム（海的典範）》，濱下武志編。

(2)《モンスーン文化圏（季風文化圈）》，家島彦一編。

(3)《島とひとのダイナミズム（島與島民的動力））》，村井吉敬編。

(4)《ウォーレシアという世界（名為華萊士的世界）》，尾本惠市編。

(5)《越境するネットワーク（越境的網絡）》，濱下武志編。

(6)《アジアの海と日本人（亞洲的海與日本人）》，村井吉敬編。

9 此書於二〇〇六年出版中文翻譯本：高淑娟、孙彬译《中国近代经济史研究：清末海关财政与通商口岸市场圈》，江蘇人民出版社，二〇〇六。

10 此書於一九九九年出版中文翻譯本：朱荫贵、欧阳菲译，《近代中国的国际契机：朝贡贸易体系与近代亚洲经济圈》，中國社會科學出版社，一九九九。

11 Giovanni Arrighi、Mark Selden 為濱下先生編輯出版論文集 *The Resurgence of East Asia: 500, 150 and 50 Year Perspectives* (*Asia's*

Transformations), Routledge, 2004。另，本書有中文翻譯本：馬援譯，《东亚的复兴：以 500 年、150 年和 50 年为视角》，社會科學文獻出版社，二〇〇六。Mark Selden, Linda Grove (Ed.), *China, East Asia and the Global Economy: Regional and Historical Perspectives (Asia's Transformations/Critical Asian Scholarship)*, Routledge, 2008。本書亦有中文翻譯本：王玉茹、赵劲松、张玮译：《中国、东亚与全球经济：区域和历史的视角》，社會科學文獻出版社，二〇〇九。

12 此書也有中文翻譯本：王珍珍譯，《資本的旅行：華僑、僑匯與中華網》，社會科學文獻出版社，二〇一二。

13 一九七〇年的第一次《岩波講座　世界歷史》叢書中，亞洲、中國近代史部分的執筆者是佐伯有一、田中正俊教授，正好是濱下武志先生的老師。

序章
亞洲的「近代」

選自《岩波講座 世界歷史20 アジアの「近代」》，岩波書店，一九九九。

李侑儒 譯

前言

既往史觀的所謂「亞洲的近代」，只不過是從歐洲這面鏡子所映射出來的「亞洲」和「近代」。亦即，受到所謂「西洋的衝擊」，亞洲的歷史動因來自歐洲。亞洲只不過是歐洲的被動者，是相應於歐洲而存在的。同時，亞洲的近代也只是追求歐洲近代模式的亞洲，失去了作為歷史主動者的地位。

至於為何非得如此描繪亞洲的近代史圖像呢？這當然可以歸納出幾個理由。

首先，亞洲的近代被書寫成一段為了抵抗或模仿歐洲的帝國式與「殖民主義」式侵略，而追求民族獨立與形成國家的歷史。這點，其實也和歐洲的近代相同。

第二個理由則與上述第一點密切相關。既然亞洲近代史是因為對抗歐洲而形成的，那麼在歐洲勢力進入之前的亞洲就未必擁有自己的理論或體制，因此在某種意義上就更有必要描寫因歐洲而「覺醒」的亞洲。

第三個理由是將近代歐洲視為最高價值，並以此為基準來比較亞洲，使得啟蒙亞洲就成為亞洲知識分子的一大課題了。這也是重視歐洲近代的一個原因。

因此，亞洲的歷史可以說是被過度貶低，並被書寫為應該藉由近代歐洲來加以改革的對象。

那麼，今後又該如何重新反思亞洲呢？

首當其衝的第一項課題，應該是梳理出亞洲歷史的內在結構與發展理路。由於以往一般將歐洲的近代理解為世界史上普遍的近代，因而也在分析亞洲時援用近代歐洲為典範。為此，若要考察亞洲的近代，則有必要同時嘗試將歐洲的近代放回歐洲區域史的脈絡中，重新給予定位。

第二點則是探討近代亞洲與前近代亞洲之間的關係與連續性。固然有學者立基於「古典時代」（classical antiquity）而宣稱「亞洲就是亞洲」，但亞洲向來是以一種與歐洲相對照的形式被分析，抑或是直接使用亞洲的歷史用語及專有名詞來進行書寫的。因此，有必要將近代視為亞洲自身歷史連續性發展而形成的產物，再進一步開啟研究。

第三點，用來分析亞洲的方法，也必須要是一種能夠同時對歐洲提出問題的方法。這是因為目前在近代亞洲的論述中，主動者乃是歐洲，亞洲總是扮演被動的角色。期待在探討近代亞洲時，能有一種將亞洲視為主體，而歐洲只是參與者的整體構圖。

亞洲的「近代」——近現代史的視角

近年的亞洲研究中，在所謂的「近現代史」領域出現許多學說，無論是對於理解戰後的亞洲史全貌，或是對於如何了解現今的亞洲，都造成了重大影響。

這種趨勢主要可以歸諸於兩項原因。

第一是前近代史研究的多元化。

其中特別值得一提的是重新檢討前近代史研究的目的。以往研究前近代史，只是為了瞭解近代史的背景。但近年的研究除了探討近代史之外，也致力於釐清前近代（或是日本史上的「近世」時期）所獨有的歷史圖像和時代特色。[1]透過這些研究的成果，顯示前近代不再是因為近代才得到開放，前近代史也不再帶著受壓抑或封閉的印象，相較之下反而更為開放，在文化層面上也相當程度地具有自由的表現形式。

這種獨特性也明確地表現在對外關係史上。近年的研究並不僅限於因所謂「西洋的衝擊」而造成的「近代」，亦即在對比亞洲與歐洲時「亞洲近代化」的單一面向，反而有更多研究討論前近代時期將歐洲諸國也包括在內、持續發揮作用的東亞或東南亞區域秩序，也探討了以中國為中心所存續的東亞之「華夷」國際秩序。因此，學界開始認為亞洲各地曾經存在著一種歷史上持續運作的大範圍之區域秩序，也重新反省了以往亞洲是封閉的這種印象。

第二項則應歸因一九七〇年代起由於亞洲經濟發展之各種新趨勢，對歷史研究所造成的影響。

進入二十世紀，因為世界被二分為帝國與殖民地，亞洲多被歸類於殖民地一方，學界的主要研究也聚焦於亞洲如何在帝國主義列強控制之下，逐漸走向殖民地化或半殖民地化的過程。[2]基於這種學術關懷所進行的研究，在於亞洲的民族運動，亦即民族獨立運動如何進行，以及民族國家如何形成。整體而言，這些現代史研究所釐清的，乃是一段在反殖民地、反帝國主義以及反封建主義運動之下，民族或民眾運動得到推展，進而形成獨立集權國家的歷史過程。

然而，一九七〇年代以降東亞及東南亞的經濟發展與社會變化，為歷史研究帶來了新的研究課題。因此，學界開始思考各地區或各國的經濟發展究竟具備何種歷史根源，以至於重新檢視長時段的歷史發展趨勢。當時討論的議題，可分為下列幾點：

(1)第二次世界大戰後民族獨立、建立國家過程中所樹立的政權，雖然受到「開發獨裁」之類的批判，但確實影響了經濟發展。換言之，政府對經濟發展所扮演的角色開始受到重視。

⑵華僑商人或印僑商人開始積極投資母國，造成中國、印度以及東南亞的經濟向上發展。有鑑於此，這些以亞洲市場為活動範圍的商人所建構的商業及貿易網絡受到重視，連帶使得貿易網絡的歷史背景也成為研究對象。

⑶一九七〇年代末以降中國推行改革開放政策，因而開啟新的對外關係，亦即開放外國投資。若以歷史的視角進行觀察，在經濟關係層面上亞洲境內各地的相互關係，乃至國際間相互依賴關係的重要性都開始受到關注，也出現了應該納入歷史學觀點，重新檢視跨境區域經濟關係的呼籲。

⑷始於一九九〇年代末期的亞洲貨幣貶值、金融危機、經濟危機，代表著相對於「成長的亞洲」，開始轉變為「危機的亞洲」。然而無論成長或危機，兩者都是同一個亞洲。另一方面，在全球化持續進行的過程中，也開始討論亞洲作為跨境區域的歷史根據及其未來展望。

重新檢視近代的亞洲研究史與提出新視角

行文至此，筆者想要轉換視角，嘗試思考戰後日本之亞洲近代史研究的特徵。無論是戰後日本史，乃至於亞洲各國和舊殖民地所進行的歷史研究及建設新國家的運動，都對日本產生巨大影響。因此，誠如下文所述，近代史的樣貌出現大幅度的改變，從以前以外交史研究為中心的「當代史」，轉化為一段與現代緊密相連，且名為「近代」的時期，又以政治運動及其中活動主體形成的歷史為研究中心。

這些研究大概來自某些觀點。例如，經過所謂「西洋衝擊」之後，亞洲在與歐美列強及日本之間的關係中，遭受到哪些侵略或壓抑；抑或是，在亞洲各國內部的人民與地主、資產階級間之關係中，民族主義（nationalism）如何形成，而被壓迫的社會階級又如何獲得自己的權力等等。換言之，這些研究考察的是所謂反抗帝國主義、封建主義的政治運動，同時也和各國的國族認同直接相關。

這類作為政治運動的亞洲近代史研究，大致可以導向一個廣泛而共通的結論，即認為反殖民地革命與新國家的成立，正是近代史和近現代史發展的終點。就算只擷取近代史的部分來看，也常被理解為是邁向上述結論的一個階段，即便歷經各種曲折，基本上仍是朝著固定的方向前進。一九三〇年代何幹之等人的社會史研究，在「社會史論戰」中成功推展有關社會階層和階級鬥爭的研究。[3]這類以近代史研究為中心的史學理論，可以說是一種在戰後亞洲頗具特色的史觀，結合了十九世紀以降的社會進化論、馬克斯主義史學或唯物史觀史學。

然而，這些研究卻忽略了以下兩項重要問題的討論。

第一，政治運動的研究，從一開始就是在反外國、反封建的視點下進行，然而在此之前已持續數百年的清朝政治體制，其制度、組織的問題卻未被當成重要的研究課題。以往的近代史研究在定位和評價政治運動時，忽略了運動的展開與政治制度或政治組織有何種關係，只停留在一連串事件史的層次。

第二，可以說整個近現代被收斂朝單一方向前進，而欠缺基於同時代認識之同時代史、同時代認識之觀點而討論歷史的角度。針對近現代問題，雖陸續出現各式各樣的歷史論述、歷史觀和歷史認識，但迄今的近現代史圖像卻只限於在民族主義與國家形成這個極為特定的方向來討論歷史認識。雖然各國的知識分子實際上已對制度史、跨區域關係史及廣域地域史等進行了各種討論，但近現代史研究並未十分注意。

近代中國的同時代史歷史論

以下我們試著來看中國知識分子的歷史觀、歷史論及其歷史理解，作為一個近代史上當時人如何認識當代史的例子。清代的學術思想具有長久的考證學傳統，並且開拓出探討如何在清朝的政治制度下具體活用考證學的領域。到了清末，面對行政制度應如何吸收、依靠社會能量的議題，龔自珍（一七九二－一八四一）、魏源（一七九四－一八五六）等人提倡的以社會政策為宗旨的「經世致用」之學於焉登場。這可稱之為新官學的出現，也是今文經學的登場。

誠如「西學東漸」一詞所示，這時期也正是清末的知識分子開始吸收歐洲學問的時代。十九世紀中葉，因鴉片戰爭（一八三九－四二）等事件使海外資訊同時流入市井，中國的知識分子於是必須討論如何以過往的中華思想或華夷秩序世界觀來認識世界的歷史地理。魏源的《海國圖志》、徐繼畬（一七九五－一八七三）的《瀛環志略》、梁廷枏（一七九六－一八六一）的《海國四說》等著作陸續編纂成書，議論海國之強，或如何在中華世界中定位海國，乃至超越中華世界框架的世界地理認識。

在此之前透過朝貢關係等與王權相連結的亞洲國際秩序，隨著有關領土的討論而逐漸開展，連帶引起對於邊境的歷史地理學討論。例如，出現了作為邊境史學代表的張穆（一八〇五－四九）的《蒙古游牧記》、何秋濤（一八二四－六二）的《朔方備乘》等書。相對於原來的方志學（基於「天圓地方」空間認識的地政學），出現了加上了新的邊境認識之方志學。

西學東漸之中的歷史

甚而，與歐洲相關的「西學」也引起討論。洋務運動（一八五〇年代開始進行的一連串強化軍事、引進西洋技術的嘗試）期間，陸續出現了許多歐洲歷史書籍的譯本、對於外國遊記或散文等著作的介紹，以及透過留學和考察而進行的研究報告。王韜（一八二八－九七）討論法蘭西和普魯士的著作，以及黃遵憲（一八四八－一九〇五）的日本史研究可為代表。在此過程中，也出現了如何思考元朝和明朝的歷史學、如何編纂太平天國史等問題。

其次則可舉出變法時期（一八八〇—一九〇〇年代）對於歷史論、世界認識或歷史發展問題的認識。嚴復（一八五三—一九二一）《天演論》中的社會進化論是其特徵。由於將歷史視為從過去走向未來的過程，逆轉了中國向來以太古為理想的歷史認識。過程中出現康有為（一八五八—一九二七）主張的夏殷周三代歷史觀，以太古的夏殷周統治為理想，而梁啟超（一八七三—一九二九）、譚嗣同（一八六五—九八）等人的清末歷史論也可說為日後準備了新的歷史學體系。

從這些同時代人的歷史論和歷史認識，可以看出下列特徵。首先，它們非常多樣，而且有各自的動機和方法。第二，相對於過往以中華世界為中心的歷史圖像，這些論述的內容則產生自對西洋的關注，更同時著眼於社會的結構及其變化，試圖以進步史觀來理解歷史。

綜合以上兩者，則將讓吾人以第一之多樣的同時代史方法，改而將近代所提供的一種普遍性價值「發展」、「進步」重新給予相對化。

本文將注意「近代」之空間認識的主要對象：國家（以國境作為自己與他者的區別）。為了將這種空間認識相對化，首先必需透過貫穿國家時代的(1)大小區域之間的相互關聯、(2)網絡形式的連結、甚至(3)海域的視角，來考察以往已然存在的時代圖像，以及直到今日在逐漸進入的後國家時代仍不斷出現（即便理念各不相同）、橫跨近代並顯現出相似樣貌的時代圖像。而觀察的起點，就在於歷史意義重大的交易都市廣州。

亞洲的歷史性區域秩序及其轉變

十九世紀的東亞世界——以交易網絡為中心

十九世紀之前的廣東貿易

廣州，早在唐代作為貿易港即有顯著發展，尤其自八世紀初以降便有許多阿拉伯商人來航，九世紀的阿拉伯地理書音譯廣府記為 Khanfu。政府以名為市舶司的機關來管理貿易，甚至特別為外國人設置居留地——蕃坊。

廣州在北宋（十世紀後半至十三世紀初）時為中國最大的貿易港，貿易額約占全國總數的九成。但到了南宋，距離國都臨安較近的泉州日漸興盛，至元代（一二七一—一三六八）後貿易又更加衰退了。明代以後歐州人東來，首先是葡萄牙人於一五五七年來到澳門，並壟斷廣州的貿易。日後由於荷蘭、英國、法國隨後到來，清朝遂於一六八五年在此設置粵海關，透過官方特許商人十三行為仲介來控制貿易，自一七五七年起更將對外貿易限制在廣州一港。

朝貢貿易與蓬船（junk）貿易

十五世紀以來，中國在對外關係上建立了一套寬鬆的統治關係，亦即所謂的「朝貢關係」，其內部則由稱為「朝貢貿易」的貿易關係來定形。換言之，朝貢是亞洲境內（尤其東亞）貿易網絡形成的前提，兩者之間存在著相互促進的關係。因此，朝貢不僅促進了伴隨而來的民間貿易更加擴展，同時也塑造出亞洲

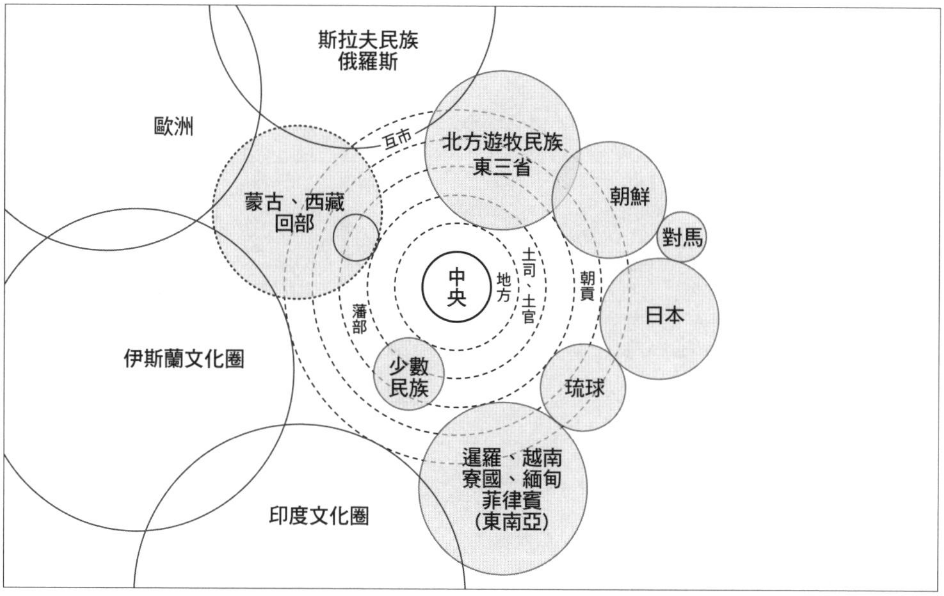

圖1　華夷秩序下的區域關係——以清代為中心

境內貿易的主要路徑。

連接暹羅（泰國）、麻六甲、越南、爪哇、菲律賓、琉球、長崎、對馬、朝鮮及其他各地與中國（華南、華北、東北）的朝貢貿易網，不但結合區域之間的沿岸貿易，也互為表裡地擴大了移民。印度洋的阿拉伯帆船（dhow）貿易範圍，西側所及包括中東的阿拔斯港（Bander Abbars，英文世界又稱為Gombraun）、馬斯喀特（Muscat）、亞丁（Aden）、非洲的蒙巴薩（Mombasa）、莫三比克（Mozambique）與印度西海岸的蘇拉特（Surat）之間；東南亞方面的貿易範圍則廣及緬甸的勃固（Pegu）、麻六甲、蘇門答臘的亞齊，與印度東海岸的默蘇利珀德姆（Machilipatnam）之間。

這個以中國為中心的朝貢和貿易關係，與前往印度的阿拉伯帆船之沿岸貿易關係，兩者共同促成了移民（此時尤其是商人移民）的增加，維持並擴大了轉口貿易。以暹羅（阿瑜陀耶王朝）為例，暹羅朝廷給予居住在國內的中國商人特權，令其負責調度和運送朝貢品，乃至其他各種貿易相關工作。這些商人原籍多為福建，極容易形成貿易關係，隨著朝貢貿易而來的走私貿易也逐漸增加。

東亞世界的交通與交易廣泛使用稱為蓬船的大小各式木造帆船。這個帆船貿易網絡也包括長崎，貿易內容主要是從華南和東南亞輸入生絲（白絲）、絲織品、香料、漢方藥材和砂糖，並從日本輸出銅與白銀。前往日本的外國船（唐船）當中，來自華中者有寧波船、乍浦船，來自華南者則有福州船、廈門船、安海船、漳州船和廣東船，又有從東南亞出發的暹羅船、柬埔寨船、交趾船、爪哇船，甚至也有臺灣船來航。

這些區域性的貿易圈橫跨數個地區，商品大範圍地流通，遠航帆船與跨境的商人活動熱絡，因而形成延展性的貿易圈。這種廣域的貿易圈由印度—華南、東南亞—華南、東南亞—東亞、華南—東北亞四個區域組成。這些廣域的貿易，隨著東北季風與西南季風的季節性變動，在一年內有兩次大規模的交流。

廣東十三公行

亞洲境內的貿易主要由印度商人和中國商人在各地之間進行貿易，進而建立起支付與結算的網絡。在其影響之下，連結各地之間的經濟。這兩大商人群體在組建勢力時，透過自身的血緣、地緣或同業商會來建構其交易網絡，組織獨占性的流通網。例如廣東的商業公會組織便有下文所述的歷史發展。

廣東的公行組織始於一七二〇年代，行商的原籍多屬福建省漳州府、泉州府，組織的背景是以廈門為中心的沿海貿易。廣東十三公行即為其中之一，其活動範圍廣及交趾、暹羅、馬來半島、爪哇、菲律賓等地。然而，企圖壟斷西洋貿易的公行在一七六〇年由行商潘振成（一七一四—八八）設立後，粵海關即分為專門從事西洋貿易的外洋行、從事南洋（東南亞）貿易的本港行，以及從事福州、潮州貿易的福潮行等三者，分別課稅。向來的研究以廣東貿易的行商——外洋行（廣東十三公行）為主，但考慮亞洲各地之間的貿易時，毋寧需要注意另外二者。原因在於中國的對外貿易以廣東、潮州、廈門、福州為中心，一方面與南洋進行貿易，尤其暹羅的米是華南米市場不可或缺的商品，另一方面又同時有從廣東至天津之間的南北沿岸貿易之故。特別是中國與東南亞之間的貿易，還包括了一種暹羅官方特許、由暹羅製造的帆船所進行的暹羅―日本―廈門之間的三角貿易。

這些貿易的帳務支付基本上使用白銀，根據後來廈門的報告，貿易收支的入超以華僑送回的資金來填補。華南的經濟，與華北、華中之間貿易而來的入超，由來自東南亞華僑的僑匯來平衡。可見華南―東南亞之間的貿易、金流關係之緊密。

從廣東十三行到香港南北行

香港的商業公會南北行之公所（集會場地）遲至一八六八年才建置，但南北行卻在此之前早已存在。南北行顧名思義為交易南北貨品的商人團體，其活躍期間就有上述廣東十三行的歷史背景。雖稱為廣東十三行，但未必就是十三名商人。例如一七八二年時僅有四名商人，而一七八六年有多達二十間商家，所以雖稱為十三行，但由於部分商家歇業或新開，數目並不固定。十三行是官府許可的商人，也就是官商，必須由官府指定才能營業。十三行商人的營業範圍大致可以分為三類：第一是承包外國商人的貿易請求，第二為代替外國商人繳納稅金等各種費用，第三則為外國商人的營業提供服務。例如，歷史上就可見翻譯或買辦（為外國商人備辦食物、提供市場資訊的中國商人）等工作。

那麼，南北行又是如何誕生的呢？就如前述，十三行內部早在一七六〇年就已出現分化，其中九家外洋行專門買賣歐洲商品，四家本港行經手南洋諸國來航廣東的貿易船隻，七家福潮行則以從近鄰各省前來廣東的貿易船為商業對象。因此，一般認為十三行又劃分為歐洲線、南線與北線，實際上南北行也就始於這個時期。

一八四二年鴉片戰爭後，簽訂《南京條約》，割讓香港，歐洲線上的英國商人地位水漲船高，在香港的勢力擴張。他們全都以中國貿易為中心，並從廣州移居香港。如怡和洋行（Jardine Matheson Company）即在一八四三年自廣州轉移至香港，其後南線與北線的中國商人也全都移轉至香港。在此環境下，這些商人很自然地集結起來，並組織南北行公所，直至今日。

地方貿易（country trade）——西洋加入亞洲境內貿易

歐洲人依循亞洲境內的沿海蓬船貿易網絡，進行沿海的區域交易，稱之為「地方貿易」。換言之，歐洲商人在加入亞洲沿岸貿易時，利用了原本既有的交易網絡，此為其特徵。相對於此，英國東印度公司的義務是運送並販賣英國製品，地方貿易商人（country trader）處理的則是鴉片、稻米、砂糖等亞洲境內的跨域性商品。

就輸入廣東的英國毛織品、棉製品而言，由東印度公司運送的數量壓倒性的多於地方貿易商人，但另一方面，十九世紀初期從加爾各答航向廣東的船舶數量，卻是後者遠多於前者。這些地方貿易船經手的貨物，以印度生產的棉花和鴉片為兩大商品，另外也將印度和東南亞生產的香料、海產、藥草等商品輸入中國。地方貿易是運送向來亞洲境內貿易貨物的轉口貿易。

在東印度公司的時代，從印度出發前往亞洲方向和非洲方向的沿岸貿易，統稱為地方貿易。東印度公司的員工在公司業務之外，也同時從事地方貿易，甚至這才是主要的收入來源。

一七八〇年代以前，地方貿易可以分為三個部分：(1)印度沿岸貿易、(2)科摩林角（Cape Comorinountry）以西的亞非間沿岸貿易、(3)科摩林角至東邊的緬甸、馬來亞及中國等地。它們各自對應著印度貿易圈、伊斯蘭貿易圈、東南亞—華南貿易圈。其中，第三部分原本掌握在葡萄牙與荷蘭手中，未必有利可圖。但十七世紀時英國掌握孟加拉地區，並開始向英國輸出生絲和棉布之後，東方的物產便受到矚目。這是因為孟加拉的砂糖和生絲不敵便宜的（荷）蘭領爪哇砂糖、中國生絲和紅糖之故。

如上所述，東印度公司在從事印度對中國輸出貿易時，因為英國本國的緣故，必須以在亞洲難以找到市場的毛織品為中心商品，因此實際的亞洲貿易便由地方貿易商人承擔。如此單向而失衡的貿易，讓公司的貿易活動陷入窘境。公司一方面利用壟斷貿易許可的特權，限制地方貿易商人將資金帶回本國；另一方面又因為設置鴉片專賣制度，而不得不依賴地方貿易商人來推展對中國的貿易。在亞洲，由於以中國和印度為中心發展出白銀經濟，從而產生從外部輸入白銀的需求。相反地，西洋也有必要輸入亞洲的產品。這種相互關係形成以來，自十六世紀以降白銀便持續流向亞洲，其中美洲新大陸的白銀更是大量投入。

在西洋，來自新大陸的白銀在提供亞洲貿易支付所用貨幣的同時，也對西洋白銀價格的穩定產生作用。然而，在十八世紀末至十九世紀初期，從新大陸輸入的白銀數量停滯不前，另一方面歐洲對白銀的需求則逐步增加，導致以往東西洋之間的白銀關係崩潰了。結果，東印度公司開始將重心從東西直接貿易轉移到亞洲境內的貿易，在殖民地印度與英國之間調整帳面上的赤字。其後接著的廢止東印度公司的亞洲貿易壟斷權，開啟了批判公司侵害亞洲地方貿易商人利益的端緒。進一步說，鴉片戰爭也可說是這種地方貿易之利害關係檯面化的結果，其脈絡不是由於英國工業化而要求擴大開放市場，而是來自商業網絡的競爭與對立。

華南與東南亞的貿易關係

連結中國華南與東南亞的交通路線，在亞洲境內各地之間的貿易活動中至為重要，其中又可再細分為下列三條主要路徑：

（1）東側路線

這是以泉州或福州為起點，連結琉球、臺灣、蘇祿群島的路線。它除了吸收明清與東亞朝貢國之間的貿易之外，自十六、十七世紀以降，也同時轉口了蘇祿與西班牙（馬尼拉）之間的白銀貿易，以及在臺灣之荷蘭東印度公司的貿易。另一方面，這條路線又從福州進一步北上，連接華北的大豆、豆餅貿易，媒介中國東部沿岸的南北交易。

（2）中央路線

這是以廣州為起點，由沿岸航線連結東南亞各地的路線。這條路線集結中國與暹羅、滿剌加、蘇門答剌等東南亞主要朝貢國之間的貿易，主要的交易商品為米、海產、香料，與廣東、廣西、湖南等華南一帶的糧食生產密切相關。尤其從東南亞輸入的米、砂糖，可說與華南的米、砂糖生產具有互補關係。進一步說，歐洲各國介入亞洲境內貿易的路線，也就是這條以廣州為起點的中央路線。而且在東南亞各國對中國的朝貢貿易品清單中，可見確實存在歐洲各國輸往東南亞的本國製品。

（3）西南陸路

相較於前兩條路線以貿易港為起點，且以海洋貿易為中心，這條路線則以中國西南地區的雲南省昆明為起點，連接老撾（Laos）、越南、緬甸。

這條通商路線由以漢族或回族（在民族上接近漢族的穆斯林群體）為中心的中國商人、華僑商人和其他商人承接，將出生地和移居地之間的貿易活動緊密連結起來，對他們來說並不困難。

然而，中國朝廷為了壟斷這些貿易利益而採取海禁政策，進行以朝貢貿易為中心的貿易活動，限縮私人貿易。另一方面，則讓商人團體包攬此項貿易的管理，以確保一定的經濟收入。乾隆年間，這些商人集團被整合成為外洋行（廣東十三行）、本港行、福潮行三個特許商人集團，三者分別獨占以廣州為據點的歐洲貿易、漳州或汕頭與東南亞之間的貿易，以及福建與潮州之間和福建與華北之間的沿海貿易。

「南洋」與日本之間的地域關係

透過上述積極往來於三條路線的商人團體，東亞和東南亞地區呈現出歷史性的區域發展動力，相應於此，也陸續出現了三次「日本」與東南亞（南洋）之間關係緊密的時代。

第一個時期是十四至十六世紀所謂「南洋日本人町」的時期。由於明朝實行海禁政策，華南地區的海外發展受到限制，於此時代背景之下，在其周邊地區形成的南洋—華南沿海—琉球—日本與朝鮮這個南洋海域廊帶充分發揮作用。琉球網絡（詳後）連結了這條海域廊帶與明朝為中心的朝貢貿易。

日本與這個華僑商人、琉球商人網絡競爭的同時，又利用南洋的華僑移民據點，建立自己的貿易據點，亦即所謂的「日本人町」，這是所謂的「勘合貿易」、「朱印船貿易」。日本在以明朝為中心且橫跨東亞、東南亞的朝貢（貿易）關係之中，開展了自己的對外關係。豐臣秀吉出手經略朝鮮半島、要求馬尼拉的西班牙總督派遣朝貢使節（西班牙短期曾如此照辦）、乃至逼迫果阿（Goa）的葡萄牙總督派遣朝貢使節，顯然都基於這種朝貢體制與華夷秩序觀。

第二個時期在十九世紀後半到二十世紀中葉。隨著清末開港，華南沿海之商人開始出現活絡的對外貿易活動。這也呼應東南亞華商以朝貢貿易為背景的歷史性交易網絡，甚至更加活絡。這些華商的活動，因十九世紀後半東南亞各國與歐美締約開港而愈加興旺。日本的開港也在此時，雖然在許多地方必須與華商競爭，無法充分地參與商業，卻能加入並活用華商的網絡，朝工業化的方向前進。

第三個時期則是一九三〇至一九四〇年代。這個時期因日本之「南進」，導致在東南亞各地的日本企業、會社、商人，與華僑商人、歐洲企業之間出現完全的對立和競爭。甚至到一九九〇年代的現在，因華僑經濟網絡的活絡化與中國的改革開放政策，和日本的中小企業前進東南亞、中國，在經濟上又逐漸出現與一九三〇年代類似的情況。華南與東南亞之間的相互連結，也吸引了日本積極進入。

東南亞的貿易原理

接下來，試著從東南亞的角度來考察上述的貿易關係。東南亞世界的貿易網絡，由下列幾項原理支撐著。這些原理，與其說是支撐著貿易網絡內部的「連結」，更像是總體上定向貿易網絡的內容。換言之，就是維持貿易網絡持續運作的原理性內容。

含括東南亞的原理有多種，除了一般常見的基於家族或擬似家族的結合原理之網絡，可以有下列五種結合：

(1) 地域原理（朝貢原理）
(2) 宗教原理
(3) 都市原理（貿易都市原理）
(4) 網絡原理
(5) 海洋圈原理

其中，地域原理作為一種包含大範圍的域圈，有以中國為中心的朝貢關係。中國以其壓倒性的經濟力為背景，含括周邊地區，在交易上給予優厚的回禮，而發揮了安定區域秩序的作用。此區域包括東亞和東南亞，內部依循朝貢制度所規定的儀式程序，由中國冊封朝貢國的國王，朝貢國則事以臣下之禮。藉由建立這種擬制型態的統治—被統治關係，讓區域全體的安全保障得以維繫。當然，其背景有經濟關係，也可以在經濟層面來理解朝貢的基本特徵。

宗教原理也是支撐貿易網絡的重要原理。不同的文化圈透過貿易活動接觸，形成相互的經常性聯繫時，採取臣屬關係，即使僅為擬制，也是一種合理的歷史性型態。而雖是朝貢關係，但基於宗教原理確認相互之同一性的方法，也可以成為擴展、維持網絡的原理。東南亞存在著印度教、伊斯蘭教、道教等，宗教圈錯綜，它們扮演結合跨域貿易網絡，且相互連接彼此的角色。

東南亞的貿易都市網絡，也是形成並支撐交易圈的重要原理。貿易都市位於貿易網絡上的各個節點，對內保證各種商人集團的居住和交易。具體而言，諸如劃定和保護居住區、開設市場、整備交易方法與結帳方式、建設港灣設施、保障航海安全等等，這與都市權力的形成密不可分。對外則藉由各種管道，打造貿易都市的外部網絡。東南亞貿易網絡相關的貿易都市與據點，包括廈門、琉球、臺灣、馬尼拉、巴達維亞、麻六甲、暹羅、緬甸和澳門等地。它們具各自的集散機能，並扮演仲介區域間貿易與廣域貿易的角色。

網絡原理連結貿易港／貿易都市，形成物品、人員與金錢的流動。它不僅是促使多個網絡之間相互結合的手段，也因網絡原理存在於更基底而可以看到物品、人員和金錢的流動。

以下將詳細探討的海洋圈原理，也是支撐貿易網絡的基本原理。海洋圈，可以暫時先將之想成是相同商人集團主要活動範圍的海域。海洋圈中，商人集團或許基於季風貿易，或許基於沿海貿易，而開設定期航路，並沿著航路建設貿易都市、殖民城市，而且整備保護交易為目的之航海安全設施（天妃宮、媽祖廟）。

從海域所見的近代亞洲

海洋與國家

在近現代，國家以「領域國家」的型態發揮功能，以國境來區分自身和他者，進而國家將範圍擴展至海洋，因而產生圍繞二百海里境界、南沙群島的紛爭。在國家作為唯一屬性而且萬事以國家為最優先的時代裡，國家這種排他性的領土保有、國境分割，遂成為交涉、衝突的最重要課題。不過，如果將國家本身當作實際上也不過只是一種地域統治的歷史性型態，而且地域具有多層次且多元的結構和內容的話，現代就應該可以來思考更為多樣化的地域構想。

然而，採取陸地的觀點、以陸地的對比所描繪的海洋，卻不能充分傳達出「海域」的意義。所謂「海域」，乃是以海洋為形塑陸地之條件，海與陸並未被海岸線一刀兩斷地切割或阻隔，而是也將陸地包含在內的空間。

筆者認為，若透過海域的觀點來看空間意義上的亞洲，腦海中便會浮現一些特徵，可以說明亞洲正是因為海域，從而展現出「最為亞洲」的特性。

歐亞大陸東岸的海域，從北到南持續展開著平緩的 S 型曲線，勾勒出大陸、半島、島嶼的輪廓，這可以說是亞洲形塑歷史性地緣政治學空間的前提。此外，「海域」所指的，不若「海洋」（ocean）般遼闊，而是指不像「海灣」（bay）、「海峽」（channel）那樣緊鄰的「海」（sea）。

接下來參照圖 2，依序從北向南來看亞洲的海域。鄂霍次克海形塑出堪察加半島和西伯利亞俄羅斯，接著南下接日本海、渤海、黃海、東中國海，形塑出朝鮮半島、日本列島、琉球群島。再南下到南中國海後二分：蘇祿海（Sulu Sea）連通班達海（Banda Sea）、阿拉弗拉海（Arafura Sea）、珊瑚海（Coral Sea）及塔斯曼海（Tasman Sea）；另一方面，自爪哇海西進，經麻六甲海峽與孟加拉灣相連。在這些海與海的交錯處，形成了長崎、上海、香港、新加坡等結合形成的貿易都市網絡。

以前講述的亞洲史，大多是以陸地為基礎的國家史，今後更應該以海域之間的連鎖為依據，來探討移動與交流的亞洲史。

海域的成立

東亞、東南亞這種詞彙所指涉的地域，是由東中國海和南中國海所形成的海域世界，所以從這點可以更合理地瞭解歷史上地域與海域的互動體系。其中發揮作用的海域世界，所指的絕不單純只是平靜無波的廣闊大海。

海域世界是由以下三種要素複合而成。

第一，沿海地域而形成的海與陸，是互動的地域與海域。清朝初期，為了避免以海為根據的鄭成功（一六二四—一六六二）之反清活動的影響，康熙皇帝（一六六一—一七二二在位）頒布「遷界令」。這正顯示沿海地區所固有的充滿活力、不穩定的海域世界構成要素。

第二，環海的海域世界是形成沿海之海域的構成要素。在此以海域為中心，於其周邊形成貿易港、貿易都市。這些貿易港，與其說是內陸向海洋的出口，不如說是海域世界相互連結的交叉點。例如，從歷史上來看，中國沿海海域地帶的寧波商人累積財富的方法，與其說是透過與內陸的交易，毋寧說是透過沿海地區之間以及跨海域的貿易。在對長崎的貿易中，寧波商人集團尤其扮演了重要角色。此處所謂的環海問題，近年因環日本海、環黃海議題的討論，也相當受到關注。

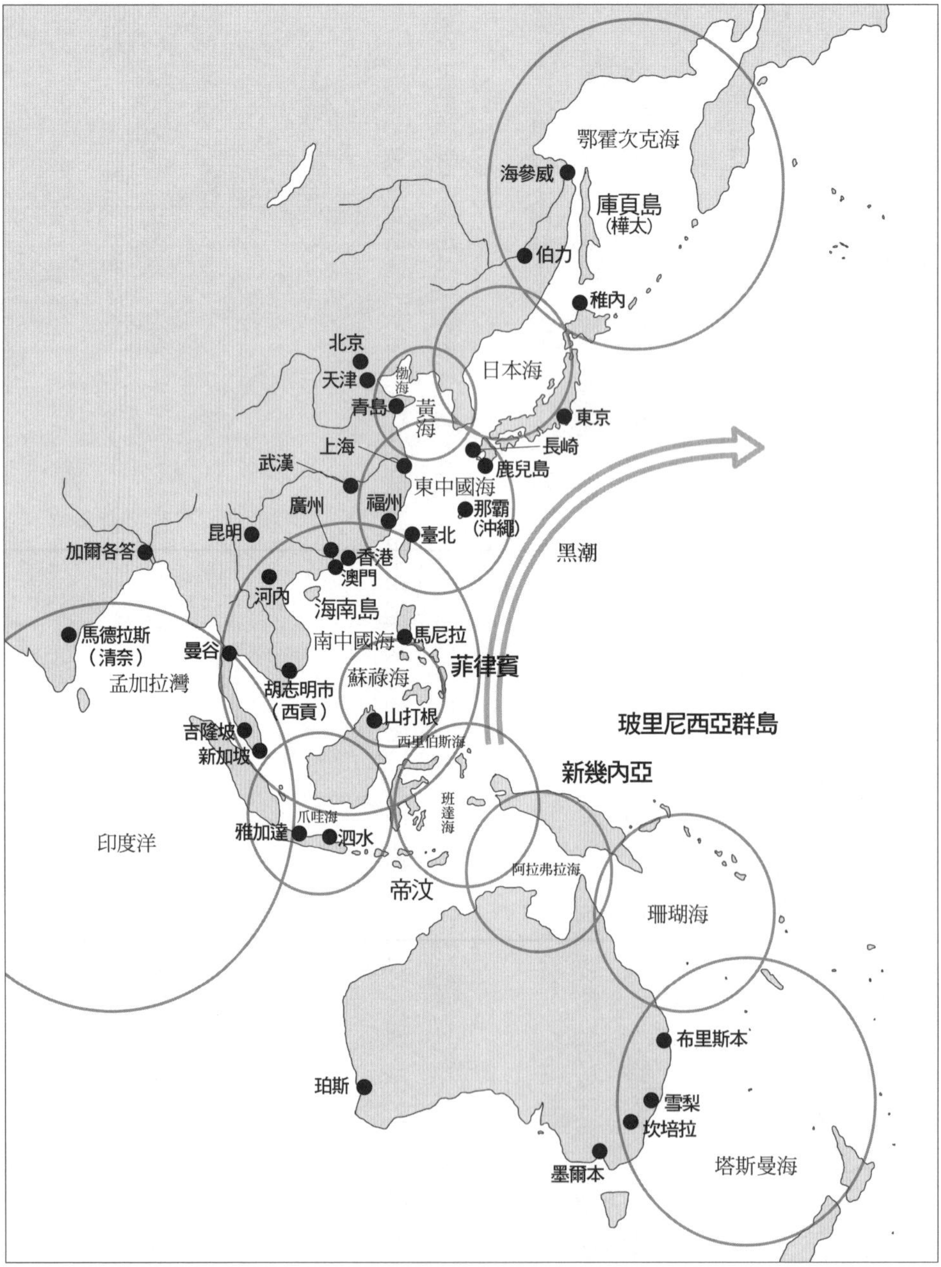
鄂霍次克海
海參威
庫頁島
(樺太)
伯力
稚內
日本海
北京
天津
渤海
青島
黃海
東京
長崎
上海
鹿兒島
武漢
東中國海
福州
廣州
那霸
(沖繩)
昆明
臺北
加爾各答
香港
澳門
黑潮
河內
海南島
馬德拉斯
(清奈)
南中國海
馬尼拉
曼谷
菲律賓
孟加拉灣
蘇祿海
胡志明市
(西貢)
山打根
玻里尼西亞群島
吉隆坡
西里伯斯海
新加坡
新幾內亞
班達海
爪哇海
雅加達
泗水
印度洋
阿拉弗拉海
帝汶
珊瑚海
布里斯本
珀斯
雪梨
坎培拉
墨爾本
塔斯曼海

圖 2　亞洲的海域圈

構成海域的第三項要因，則是連結海域與海域而形成的港灣都市。例如琉球的那霸、廣東的廣州和澳門，乃至於十九世紀以降取而代之的香港，都擔負著媒介東中國海和南中國海、促進海域之間的相互連動、多角化且廣域地活化海域世界的任務。至於媒介南中國海與印度洋之間的港灣都市，則是麻六甲及後來取而代之的新加坡，抑或印尼的亞齊等地。以此「沿海、環海、連海」三者而成立的海域世界，不同於陸地，可以說是一種具多元性、多樣性、包容性，且為開放多文化體系的世界。

海域社會的結合——朝貢、交易、移民、海神

那麼，以沿海海域、環海海域、海域連鎖三者而形成的海域世界，又是基於何種理念所組織，又是如何持續經營的呢？接下來，必須探討環繞海域世界的政治、經濟和文化要素。

首先，如前文所述，鬆散地統合海域世界的歷史性理念，正是以中國為中心且自唐代至清代都持續存在的華夷思想、朝貢關係。這與其說是中國中心主義，更是朝鮮、日本、越南等國也主張「小中華」，以「華夷」作為自他認識之德治的位階秩序所形成的。

所謂「華夷」關係，並不是自己居於中心的「華」和對置於周邊之他者的「夷」之關係。華夷認識裡的「夷」，是在「華」之影響下、應該接受「華」之恩惠的對象，而不是單純地將他者視之為「夷」。因此，「華」維持著不斷將「夷」納入的對外關係，而華夷秩序就成為地緣政治的廣域秩序理念。也就是以東夷、西戎、南蠻、北狄這種形式來表現地域概念。

華夷關係下實行朝貢—冊封關係。採取的形式是朝貢國定期向北京派出貢使，中國皇帝在朝貢國的國王易代之際派出冊封使承認國王。朝貢關係既是政治關係，同時也是經濟、貿易關係。朝貢使節除了以自行攜來之貢品交換皇帝的回賜品（主要是絲織品）之外，還帶著一群特許商人在北京會同館進行交易。此

外，更有十幾倍於此的商人團體，在國境或入港地進行貿易。舉例來說，琉球國朝貢使節在海上行駛的航路，其方向和目標都已固定，因此如果從海域的觀點來看，即可確認琉球在海域框架中的位置。海域基於利用季風，可以說掌握了測量沿海、天文以航海圖為始的點和線。除東亞、東南亞的華商團體之外，印度商人、伊斯蘭商人甚至歐洲商人也都參與朝貢貿易，進而成立了海域之間的連鎖。

因此，海域不僅是朝貢圈，也是貿易圈，更一般地說，也是人口移動的移民圈。日本有許多敘述海之無秩序性、離開陸地後之恐懼漂流譚；實際上漂流民只要能倖存而被發現，還是可以順著朝貢路線，在對方國負擔下被送回本國，所以也是移民、移動的一種型態。而且，九州沿海一帶也時有中國走私貿易船利用這點，故意在海岸附近觸礁造成船隻破損，自稱漂流船，而搶在官員到達前迅速進行交易。

就這樣，將物品、人員的移動組織化的海域，也就是順應自然的一種「社會」。因此，海域並不會試圖去管理自然，反而有各式各樣的海上守護神陸續登場。亞洲海域廣泛可見的海神，為起源於福建省莆田縣湄洲的媽祖。「澳門」（Macau）地名的由來，也來自於祀奉媽祖的廟宇「媽閣」。媽祖雖是宋代初期一位湄洲民女救助遭遇海難者的故事傳說化而成的產物，然而有趣的是，當政治力介入海域統治時，總是賜予媽祖爵位，甚至將其地位提升到天后、天妃，更是皇帝德治重複累積並覆蓋其上的結果。在皇帝之名下，且在作為海神信仰圈的海域中實行的威德統治，維持海域圈的官民利害穩定一致。如此，海域成為一個海域社會，鬆散地統合了人們的生活。在此可看到與陸地不同的貿易圈、移民圈、信仰圈。

朝貢貿易與琉球網絡

以下具體以琉球史為例，來看上述關於海域的討論。明代的琉球曾與暹羅、三佛齊（舊港，Palembang）、爪哇、滿剌加、蘇門答剌、安南、巡達（巽他，Sunda）、佛太泥（北大年，Patani）等東南亞各地之間從事貿易（《歷代寶案》第一集）。若再加上日本、朝鮮及中國，可見琉球貿易網絡的形狀。

這個也可稱為「琉球網絡」的貿易關係，成立的基礎是琉球與中國的朝貢貿易關係。至於琉球與東南亞之間的貿易，則是為了獲得向中國的朝貢品胡椒、蘇木（東南亞，尤以馬來半島之特產，用為染料）。此琉球的貿易網絡，具有下列兩項特徵。第一，十五世紀前半到十六世紀中葉這段期間，多可見與以暹羅為首的東南亞貿易。第二，十六世紀中葉以後，單就《歷代寶案》來看，與東南亞的貿易減少了，相對地與日本、朝鮮的貿易增加了。

僅就此現象來看，琉球貿易網絡存在著兩項值得探討的課題。亦即，(1)十六世紀中葉以後，雖然不見於記載，但琉球與東南亞的貿易關係如何呢？(2)東南

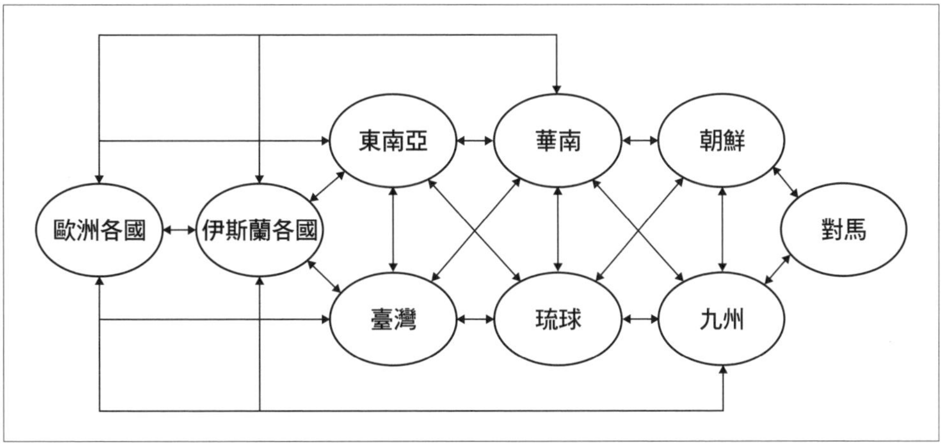

圖 3　17 至 19 世紀前半的東亞區域貿易網絡

亞與琉球的貿易當中，與呂宋（Luzon）馬尼拉的關係又是如何呢？之所以思考這兩個問題是吾人想定有以下之前提：中國華南與東南亞之間，就如上述的海域圈連鎖，存在著沿南中國海東側島嶼，從呂宋到蘇祿的貿易路線，及沿西側大陸沿海至暹羅、滿剌加的貿易路線，而琉球與這兩條路線都有關係。

同時，加上這些貿易網絡的分化，也可看到琉球與海域關係的重層性。亦即，⑴最底層的日常層次，有海、陸的交流，生計的比重和自然之影響較大。⑵其上層，存在著組織化的長距離貿易和貿易活動之網絡。⑶最上層的政治活動，將爵位賜予日常層次之媽祖，亦即規範朝貢的華夷秩序之層次。以上三層各自存在著不同的動原理，各自活動空間中交流的內容也不同。

歐洲與亞洲

清朝朝貢政策的轉換

本文試圖依循歷史發展脈絡探討歷史性形成的東亞、東南亞，甚至有時及於部分南亞至西亞這個廣域地域秩序及其變化的動態，因此強烈地意識到要反思所謂「鴉片戰爭史觀」所代表的向來之亞洲近代史像。這種史觀認為因為西洋的衝擊才開始了鴉片戰爭，而向來的亞洲史圖像也是「外部的」，而且「被動的」。以下，將檢討參與並策畫東亞地域動態的行為者清朝本身，自己究竟嘗試了哪些變化。

一八三九年五月七日，道光皇帝發出一道上諭，內容提到：

向來越南國二年一貢，四年遣使來朝一次，合兩貢並進。琉球國間歲一貢，暹羅國三年一貢。在各該國抒誠效順，不敢告勞。惟念遠道馳驅，載塗雨雪，而為期較促，貢獻頻仍，殊不足以昭體恤。嗣後越南、琉球、暹羅均著改為四年遣使朝貢一次，用示朕綏懷藩服之至意。4

清朝針對以往在政治上親近程度僅次於朝鮮的越南、定期輸入稻米的暹羅，以及一年一貢的琉球，下令大幅更改此前的朝貢及貿易規定。

鴉片戰爭的再檢討

這則上諭所見的朝貢政策之轉換，起因為何，目的何在呢？尤其，時間就在鴉片戰爭爆發前夕的一八三九年五月，更有其意義。因為以前對於鴉片戰爭都將之理解為是為了貫徹英美之貿易利益，逼迫閉鎖的亞洲各國開放市場的戰爭。但是，就如朝貢政策的轉換所見，清朝在鴉片戰爭前已準備採取一種特別的重商主義政策，比以前更為寬鬆。換言之，清廷試圖對於急速發展的廣東貿易投注心力，以從中汲取更多的財源。同時，廣東的地域主義則企圖將貿易特化，想要掌握廣東貿易，追求地域的利益，而對中央的財政政策有很大影響。這就是鴉片的嚴禁論、弛禁論的對立。吾人可以想像廣東十三行的商人與外國商人有密切的交易關係。

清朝中央為了改採重商政策而派出林則徐（一七八五—一八五〇），可以看成是為了中斷廣東地方追求自己的利益。在此意義上，燒毀鴉片事件也可看成中央與地方關於廣東貿易的利益之衝突、南北之對立。這讓吾人想起許乃濟的「鴉片弛禁論」。

清朝轉換朝貢政策的舉措，可以說將迫使吾人改變視角，不該只從外部壓力的觀點來思考鴉片戰爭。當然，當時越南發生內亂，暹羅與南掌（柬埔寨）之間也爆發衝突，可見紛爭各方都為了擴張勢力而引入歐洲勢力。換言之，由於周邊地區的政治鬥爭引入歐洲勢力，因此分裂為反抗清朝和親近清朝的兩大集團。朝貢體制下的各地方逐漸掌握力量，而清朝正摸索著如何才能強化中央的控制力。

周邊地域的政治變動

在周邊的問題上，道光皇帝雖曾考慮派遣地方上的土司（獲得清朝敘任官職的地方族群首長）前去鎮壓緬甸的內部紛爭，但又認為讓土司跨越境界至國外未必妥當。這或許可以說是擔憂放鬆朝貢關係，將會升高周邊的政治緊張，尤其使周邊的內亂影響清朝內部。若牽扯到軍事武力的問題，更是如此。這可從地方上屢次發佈邊境防衛、強化邊防而窺見一二。

然而整體而言，對於清朝透過延長朝貢之貢期來改變區域間關係的做法，琉球等國強烈抗議，越南則逐漸減少朝貢次數，暹羅後來甚至以遭受太平軍襲擊為理由停止朝貢。清朝的政策轉換、中央與地方的關係及周邊地區問題的出現，或許可以做為切入點，讓吾人能以不同於歐美外來邏輯的脈絡檢視鴉片戰爭。

日本與亞洲、日本與歐洲

從「近代」的脈絡來思考歐洲與亞洲之間的關係時，也必須重新檢討與上述「鴉片戰爭史觀」並列、所謂的「脫亞史觀」（它是一種斷絕、脫離東亞之歷史性地域關係的認識）。明治日本，絕不是從「亞」轉換為「歐」，而是以「歐」為手段來加入「亞」，試圖對抗東亞的華夷秩序。因此，思考歐洲與亞洲的關係時，關於日本的「近代化」，便不能只將之視為「脫亞」＝西化，而要考慮它本身也是從亞洲內部的地域間關係產生的。

民族、國家與地域

大民族主義與小民族主義

東亞的民族、民族主義，絕不是定式化、單一的。就如中國的國名、國歌所示，「中華」、「中華民族」這種表現，正是將「中華」這個意指歷史上宗主權的概念，與創建國家的動力——「民族」相結合而成的案例。換言之，此處所指的並非個別族群（ethnic group）的民族，而是用來描述這些族群的綜合體「中華民族」。

此處所謂的「中華民族」，也來自孫文（一八六六—一九二五）三民主義之一的民族主義。一九二〇年十一月四日，孫文在上海的演講中表示，當時主張「五族共和」是不適當的，應該把中國的所有民族融合成中華民族，成為文明的民族，這才完成了民族主義。[5]換言之，孫文將歷史性的中華世界與民族重疊，加以置換為民族主義，並用以形成國家。這可稱之為大民族主義的中華民族概念，另一方面卻也產生出與之對抗的小民族主義。人口占壓倒性多數的漢民族，將其他各民族稱為少數民族，這也表現漢民族作為多數民族的強烈意識。

此外，漢族本身也並未提供大民族主義最強的共通認同，反而出現「上海人」、「閩南人」、「廣東人」等這種還原為關係地域性特徵的小民族主義。這種小民族主義為了對抗大民族主義，有時強調雙方皆為中華，同屬文化中心地位，在競爭關係中對抗，有時又為了避免受到中心影響而閉鎖自己，抑或自我改變來發揮獨特性。例如一方面位於漢字文化圈當中，同時又發展出自己的表記法，朝鮮的諺文、日本的假名、越南的字喃等，都是這種例子。

我們可以將今日周邊民族主義的趨勢，視為這種歷史性動力的一種展現。換言之，一九三〇年代至一九九〇年代中葉的政治性、社會性變動所見的「小地方主義」、「反外國主義」、「地域排外主義」、「地域主義」、「個別民族主義」等，雖因各別的獨特歷史脈絡而起，在此之前卻也都是對於國家與民族糾合的反作用。

東亞國家形成的契機

整個亞洲（當然，亞洲的範圍究竟包含哪些地方？筆者在此之前的討論也需要反思這個問題。在此暫且泛指從歐亞大陸東部、南部，到印度次大陸、中近東、北非），尤其以中國為中心的東亞至東南亞地區，「國家」成為問題的歷史性契機，有以下三次。

(1)十九世紀初期之前，清帝國（一六一六－一九一二）、蒙兀兒帝國（一五二六－一八五八）和奧斯曼帝國（一二九九－一九二二）等統治大範圍領土的「舊帝國」，以宗主－藩屬關係、宗主－朝貢關係，收納周邊地區進行威德政治。在此華夷秩序，中心將周邊當成朝貢國（此「國」未必是領域國家），認知其國王的統治權，並以定期向皇帝派遣朝貢使節的行為來加以確認。

朝貢國彼此之間，甚至朝貢國與中心之間，都有爭奪「中華」的競合關係。朝貢國發揮強烈的民族主義來對抗中心，主張獨特性。換言之，這些朝貢國是宗主國所創造出來的「國」，又被編入以中國皇帝為頂點的位階制度之下，因此不只是與中國形成朝貢關係，也是在多國家間關係中發揮機能的「國」。

(2)十九世紀中葉至二十世紀初期，凝縮為「國家」的政治、權力單位，與東亞歷史上的「國」疊合，受皇帝承認為朝貢國。亦即，朝貢國採取中國所映照出來的國家型態，其後又試著借用西洋的力量對抗中華。這同時也意味著討論東亞的國家問題時，參照了歐洲的國家模式。例如，條約交涉時清楚地顯示了：各方皆公認來自西方國家的主權外交、國家主權乃唯一原則，並導入自戰爭而來的紛爭處理方式，故採用割讓領土、支付賠款等規則以終結戰爭。

然而，近年答案逐漸明朗的問題是，東亞至東南亞的廣域地域世界，其中維繫的原則是以中國為中心建立的華夷秩序，而西洋各國是從外部加入其中。換言之，如同前述關於孫文民族主義的討論，華夷秩序/宗藩關係之原理與結構對於這個「國家」項目，也可以說是此秩序一方面自行脫胎換骨，一方面也導入歷史的要素。例如清朝末年清廷對李氏朝鮮（一三九二—一九一〇）採用的對應方式並非權威政治，其政治性介入的方式採用了西洋式的強權政治（power politics）。另外，就像與此同時日清戰爭（一八九四—九五）後的李鴻章，在下關交涉和約時提出向來的朝貢/華夷秩序邏輯，也不採伊藤博文的西洋方式。這兩件案例顯示中國分別使用歷史性的權威與權力的局面。然而當時的知識分子卻將此稱為「西化」，試圖用西洋的概念來表述。

⑶第二次世界大戰前後的反殖民地獨立趨勢，是戰後東亞、東南亞國家形成的第三次契機。在東亞，舊宗主國的復歸、新宗主國的誕生、獨立國家的形成等各種趨勢錯綜複雜，在來自美、蘇的分割支配之強力影響之下，以民族獨立為宗旨建設了國家。

亞洲的國家形成，時常可見以民族的向心力為動能。一部分原因是殖民地這種歷史背景，其他理由則是國家統一的動能必須以民族的動能為基礎。亦即，未必要回歸到殖民地統治以前，也可以透過以殖民地為前提而與之對決，來獲得自己的認同。

但是理解現在之變化時，也不能忽視潛伏於這個政治過程裡的歷史因素。在近代已然成立且橫跨更長時段的廣域地域秩序脈絡，貫穿了上述東亞國家形成的三次契機，因此在追溯戰後的國家形成時，更應將其納入視野。

地域主義的國家化與民族化——地域動力（dynamism）的歷史形勢

從國家與民族問題的脈絡中來討論，是當今東亞各地出現的地域性自我意識（諸如香港的一國兩制、臺灣與中國之間的兩岸關係問題等）的一大特徵。以民族主義的形式主張地域主義，歷史上的例子所在多有，但這要在更上位的廣域地域中才能作用。因此，問題是此地域主義被擴大為民族主義和國家型態，而廣域地域的統治理念反而被框架在國家和民族裡時（如上述孫文的例子），兩者的緊張關係就可能升高。目前的狀況未必不存在這個傾向。

因此當前的課題，在於如何將國家、民族位置並列的狀況改變為多層次而且複合的地域關係，思考現在之地域動力的歷史性形勢。亦即，必須在國家、民族這種「正式」的關係與交流之外，看到實質上的地域間關係、網絡，甚而環海的都市關係等「非正式」的管道（而且，這實際上是長期歷史累積的結果）。這種非正式與正式的關係，往後將交互地浮上檯面，也正因此，確實應該有目的地建構出這些非正式管道的樣貌，尤其是國家或民族無法完全包含的華僑網絡等等。

日本與香港、華南關係史

在以中國為中心的東亞華夷秩序中直接、間接行動的日本，由於十九世紀後半推動明治維新，開始對亞洲各國改採不同於過往的思維邏輯。其內容為歐洲型的國家形成，而心理上、動機上的表現則是福澤諭吉的所謂「脫亞論」。

但是，這種心理上的脫亞和西洋化，終究還是要在歷史性的亞洲這個場域付諸實行。而且，當時日本的亞洲政策推行，切斷而轉變了此歷史性亞洲脈絡，導入了近代化之優劣這種新脈絡。這雖然將東亞廣域地域的歷史體系脫胎換骨，但其定位依然是近代化，同時即使包含正反兩面意見，終究還是西洋化。

儘管如此，這種與歐洲的關係雖被視為是西洋化，但其場域畢竟還是亞洲。這樣的例子，也表現在日本與香港、華南的關係史。明治以降的日本與其他亞洲地域之間的關係，若就國家（意圖將其他亞洲各地域納入此關係的框架）的脈絡，例如從對中國的關係來看，日本雖然以北京為中心進行交流，但也只能發揮部分且片面的作用，在此之外也必須注意日本與華南之間基於歷史關係的背景。

承上所述，「日本與香港、華南關係史」這個新的研究領域正逐漸成形，學者可以從中發掘出許多重要的元素，有助於重新檢視以往所謂「日本形成近代國家」的過程，並思考如何從外部的視角來觀察日本，以及日本各地域與亞洲之間各自的地域關係。以下透過日本與香港、華南關係史，條列得以重新檢討近代日本的歷史課題。

(1)觀察日本江戶末期，有一八五三年培里（Matthew Perry，一七九四—一八五八）來航、一八五四年開港的所謂「開國」等史事，而英國早在一八四二年便領有了香港，香港總督也曾呼籲日本開國。同時，法國也曾派遣司科主教（Théodore-Augustin Forcade，一八一六—一八八五）前往琉球，試圖以法國與琉球之間簽定的條約為施力點，進一步推展與日本之間的關係，而幕府也掌握了這項訊息。此外，培里艦隊乃是經由香港來到日本，可見培里利用了香港和華南所累積的日本情報。

(2)一般認為，一九〇二年的日英同盟乃是日本廢除不平等條約，初次和西洋締結的對等條約。然而，從英國來看，締約的前提是圍繞華南、香港地域的勢力發展脈絡。清法戰爭（一八八四—一八八五）後，法國以越南為據點向雲南及華南擴張勢力，英國在一八九八年與清朝締結條約租借香港新界，在華南建立了穩固的基礎，英日之間才得以締結條約。新界的租借期限是九十九年後的一九九七年五月卅一日，不難想見這期間神戶／大阪與香港／上海之間的緊密關係，經由華南和亞洲各地之間的連結，至今也依然重要。

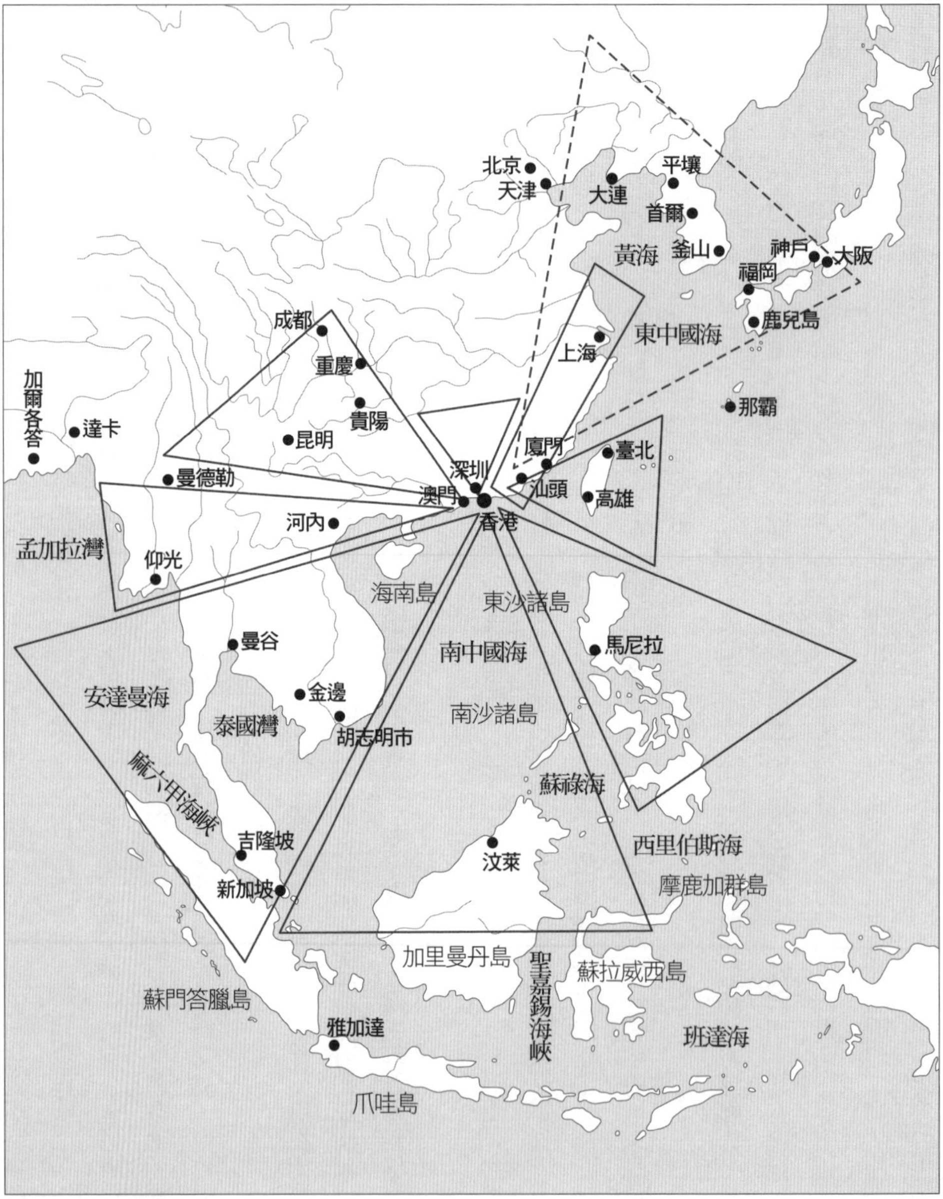

圖 4　香港多面的腹地關係

(3)在二次世界大戰後的日本「復興期」，大阪一面與香港、上海的纖維產業競爭，一面則擴大了東南亞市場。上海、香港、大阪的三者關係，自一九二〇年代棉布、棉絲製造之引入華僑資金以及來自日本的直接投資等情況之後，三者之方向雖各有改變，但整體還是保持著長期的循環結構。甚至，這種關係現在經由香港向上海浦東地區投資，仍然在運作中。

總而言之，必須再次注意：日本在進行自己的國家建構，同時形成對外關係的過程中，上述「非正式」歷史性地域間關係依然持續在華南和香港發揮作用。香港，與其說是在歐洲對亞洲的脈絡中變動，毋寧說是在內含歐洲勢力的亞洲中發生作用。日本，或許更精確地說，日本關聯的地域，則不斷地與香港維繫連結。隨著施行一國兩制，象徵後國家時代的「香港地域」於一九九七年登場，以地域日本來思考的觀點，更成為現實的問題。

移民與廣域地域關係

從亞洲「近代」論到亞洲「地域」論

新亞洲論——琉球和沖繩的歷史視野

亞洲史研究，因各種理解亞洲的方式，而有各式各樣的討論。歷史上，亞洲首先被歐洲認知為是「域外」的地區，之後亞洲人才將此名詞轉用為對自身的地域認識。諸如福澤諭吉的「脫亞」、岡倉天心的「亞洲一體」乃至孫文的「大亞洲主義」皆可為例子。另一方面，從中也可發現與歐洲相對抗的亞洲之民族主義或地域主義的概念。總而言之，這是從東西關係而來的亞洲論。

後來出現了歐洲、日本之殖民地政策等與向來不同的廣域統治，同時民族主義、國家創建也成為問題。這是殖民地與帝國主義之歷史時代所形成的亞洲論。在此時期，琉球以沖繩縣的名目被編入民族主義的內部，但仍維持自己的民俗、習慣、對外關係。

隨著亞洲自我認識之日益增強，研究也不再是與歐洲對比，而是強化從亞洲內部尋找歷史性動因。這是文明論的、地緣政治論的亞洲論，或者是基於上述華夷秩序的朝貢系統之研究。其中，琉球的亞洲論，亦即橫跨東亞與東南亞的廣域交易網絡論也為之展開。

二次大戰後，經過亞非地區的積極民族獨立運動，一九八〇年代末期的冷戰體制崩潰，要求吾人有新的亞洲研究與亞洲圖像。尤其一九七〇年代的亞洲新興工業化國家（NIEs）（四小龍）、一九八〇年代的東南亞經濟急速成長、一九八〇年代以降中國的改革開放政策，使得跨國的複合性地域關係浮出檯面。特別是華僑、華人、印僑的網絡，越南和韓國的網絡，沖繩的「ウチナンチュー」（當地本土語言「沖繩人」之意）網絡，讓以往被稱為「離散」（diaspora）的狀況變而為堅強的彼此連結。此外，一九九七年香港主權歸返中國後的一國兩制，創造出了一種新局面，令人想起以往國家成立前之歷史性宗主地域統治關係。

就這樣，相對於以往以國家及其相互關係來探討亞洲的研究方法，今後將更需要整體地來理解海洋國家中國、一國兩制區域的出現，乃至跨國網絡的蓬勃發展。其中，透過考察屬於日本卻又同在亞洲範圍內的沖繩，將亞洲長期性的歷史變動趨勢納入視野，來探討圍繞琉球／沖繩而生，歷史性「宗主、主權、網絡」之相互作用及海域／地域關係，應該是亞洲「地域」論的基本主題。

宗主權與國家主權——東亞史上的「地政」（geopolitics）與「權政」

就如上述檢視東亞地域的歷史性動力，以貫穿十九至二十世紀地域變動的歷史概念，一般化地觀察東亞地域史上地域秩序之理念及地域統治方法，則可以將之概括為宗主權與國家主權相互間之交涉、對立、衝突、興替的歷史循環。

亞洲歷史上所見的宗主權與討論國家概念時的主權，兩者之間究竟是似是而非，或是有部分重疊呢？甚至，宗主權在其延長線上得以展望國家主權嗎？歷史上，中國為了實現廣域統治，並非採取直接統治的方法，而是透過宗主—藩屬關係進行威德政治，藉由華夏理念來共享文化上的歸屬感。對此，朝貢國有時採取主權政治的策略試圖轉換華夷，有時將「中華」脫胎換骨於自己之下而標榜「小中華」。

亞洲的民族主義和華夷秩序觀本來並不相同，但十九世紀後半「中華」與「國家」出現交集，因而亞洲的民族主義帶有地域主義的特色。同時，中華也具有主張民族主義的面向。回顧歷史，東亞的民族主義，可以從共享中華觀念的各個國家，針對中國王朝及皇權獨占、奪取或維持中華的正當性，表達同意或反對的過程中得見。在此，想要統治廣域地域／複合地域的「地政」，和想要集中自己的權力來對抗地政的「權政」之間，不斷反覆地進行中心與邊陲的相互交涉。因此，東亞史的發展過程中，（廣域）地域主義與民族主義兩者，乃因應不同局勢而被選擇使用。

在十九世紀至二十世紀期間可見兩者的交互運用。十九世紀中葉，朝貢國、周邊國引進西洋以對抗清朝的宗主權，另外以大亞洲主義、大日本主義、大東亞等主張宗主權，對抗和主張宗主權兩者週期性的出現。

那麼，前述於十九至二十世紀的東亞到東南亞，於華夷秩序、朝貢體系、宗藩關係這種廣域地域秩序中作用的歷史性動力，在十九世紀末的日、清、朝、美關係裡如何出現呢？

接下來，筆者將透過日清戰爭前後時人的觀察及見解來重新檢視。當時人所討論的「主權」和「獨立」

等主要的議題，經常被直接認識為一種時代的趨勢，且猶如近代化的代名詞一般，被當作是理所當然存在的前提。但實際上，「主權」和「獨立」等主題，在清末時也不過才剛出現，而作為其歷史依據的「宗主」和「宗主權」等概念，卻是持續存在已久的隱性主題。只是這些所謂的隱性主題甚至在前提上就遭到否定，而被置於當時人的意識之外。因此，無論對於「宗主」抑或「主權」，都已失去了藉由爬梳東亞的歷史連續性或地域發展動力的脈絡，對其進行定位、認識並據以行動的動機和契機。

廣域地域秩序與國際關係——以日本為例

明治日本的涉入與朝貢關係的變化

江戶幕府在一八五四年想要「開國」時，面對的國際秩序是以清朝為中心的華夷秩序，亦即所謂的中華世界秩序。因此問題是：明確地回到此前在間接的對外關係行動之原理（朝貢關係），或是以完全不同的理念、手段來與東亞各國交往。

同時，日本也積極地想要在歐洲的國際關係中重新定位這種新的對外關係。日本選擇對馬、琉球甚至臺灣等地做為與清朝之間的中繼地點，來展現日本的國家意志和定位。換言之，可以說轉換了朝貢—冊封關係這種「權威」體系，成為國家間關係的「權力」體系。只是此過程並不是從舊到新的直線進行，可以說置換了各種歷史上的統治模式，背後各有不同理念。日本對琉球、對馬、臺灣、朝鮮關係的重新調整，呈現如下：

一八五三年　美國東印度艦隊司令官培里航抵那霸，與琉球王朝交涉，並試圖以那霸為據點接近日本。

一八六一年　俄國軍艦航抵對馬。
一八七三年　六月　清國大臣向日本遣清副使柳澤前光明言「臺灣生番為化外之民」。特命全權大使副島種臣會見清國皇帝時行三揖之禮，遞交國書。
一八七三年　十月　天皇採納岩倉具視上奏，無限期延後派遣使節前往朝鮮。
一八七四年　十月卅一日　日清兩國針對臺灣問題，於北京簽署互換條約。
一八七五年　內務大丞松田道之在首里城，向琉球藩宣令廢止向清國派遣使節及接受清國冊封。
一八七九年　三月十一日　向琉球藩王宣布廢藩置縣，藩王位列華族，命其移居東京。
一八七九年　三月卅一日　內務大書記官松田道之率兩個中隊，接收首里城。
一八七九年　四月四日　布告琉球藩改為沖繩縣。
一八七九年　五月二十日　清國公使提出抗議，拒絕承認琉球之廢藩置縣。
一八七九年　五月廿七日　外務卿寺島宗則答覆此舉乃是內政問題。
一八八〇年　四月十七日　閣議決定將琉球的宮古島及八重山島割讓給清國為交換條件，要求於條約中加入最惠國待遇。
一八八〇年　十月廿一日　駐清公使宍戶璣與清國政府議定有關分割琉球與最惠國待遇的條約案。
一八八〇年　十一月十一日　李鴻章上奏皇帝反對條約案，清國迴避簽署條約。
一八八一年　一月十五日　宍戶公使通知今後將自由處置琉球案件。

誠如上述，日本首先藉由納入周邊各地域（亦即以往作為網絡節點、日本面向亞洲的出入口），來宣稱自身為「國家」。可說它不是因為內部結構，而是必須對外部的華夷秩序表現與以往不同的國家主權。

此外，值得注意的是關於臺灣的討論。明治政府雖然讓清朝說出「臺灣生番為化外之民」，但在《清高宗實錄》一七八九年卻可看到「臺灣生番」混在朝鮮、暹羅等國「使臣」當中參加宴會的紀載。[6]雖然當時使用的文字並非「使臣」，但畢竟列席了宴會。這與荷蘭使節有關係，或者是有商人團體自稱為生番，需要進一步探討，但可見臺灣也在朝貢關係之內。

華夷秩序下的民族主義與日清戰爭

明治政府拒絕回歸以朝貢秩序為基礎的華夷體制，而採取名之為西洋化的民族主義說辭，不再參與華夷體制。

形成於東亞至東南亞的歷史廣域地域秩序「朝貢體制」，在中國迎向海洋開放時，周邊地區對於中國影響力的增加，以組織廣義的民族主義，以及集結本身的向心力、集權化來與之對抗。明治政府採取的民族主義，當初並不是民族主義形式，而是以西洋化、近代化、工業化的形式為特徵。這些形式的實現，未必是自我目的化的，而是被選擇為表現民族主義的手段，其後兩者才未有區別地渾然一體，實際上僅止於手段者則被擴大解釋為具有普遍價值。

日清戰爭也是一八七五年江華島事件以來檯面化的地域變動之政治過程的歸結，也可以理解為宗主權與國家主權之間的交涉及衝突。這也迫使學者反省以往將十九世紀後半的東亞描繪成等質的國家間關係，乃至於歐洲國際關係進入東亞的視角。在與西洋的關係上，也必須重新確認東亞地域內在的歷史動態如何在十九世紀表現。

「朝鮮主屬論」

透過「開國」，並且明示此舉乃是基於歐美的要求，明治政府明確地從維持千年之久的東亞朝貢體系中分離出來。可以說避免了隨著開國而復歸歷史的「中國體系」，而且以西洋化迴避了被圈入的「恐懼」。為了達成這個課題，明治政府更強烈地對清朝，也對清朝周邊地域主張自己的國家主權。因此，對於幾個歷史現實與論理，便必須順著當時面對的課題導入新的論理。即，⑴朝鮮的政體是從屬於中國，或者是獨立國？亦即主權與獨立的問題。⑵國際法的觀點，即朝鮮是否加入萬國公法所代表的主權國家之林？

如前所述，對於臺灣問題日本想要確認其為「無主」，對於朝鮮則想要檢視其是否為自主之國，那麼清朝的宗主權如何定位呢？這真是有趣的問題。

以下透過幾則史料，順著當時人的看法具體地檢視這些「邏輯轉換」的實際情況。

首先，關於朝鮮究竟是自主之國抑或是從屬之國的「主屬」論，整理編輯了非常有系統性的歷史文獻。以下以〈朝鮮主屬論文件〉[7]中收錄之文件，分就清朝的內部情況和外部關於萬國公法的資訊兩個主軸，來看兩者之間如何定位清美、美韓、清韓、日清、日韓關係，多面向地考察清韓關係，尤其是朝鮮是否為獨立國的問題。

首先，美韓條約草案第一款明確認定朝鮮為中國屬邦，但內治與外交自主：

> 第一款　朝鮮為中國所屬之邦，而內治外交向來歸其自主，今大朝鮮與大美國彼此明允定議，大朝鮮國主按此條約內各款自主公例，允必要認真照辦。大美國主允認明朝鮮國為中國屬邦，嗣後永遠不相干預。[8]

可見這份資料的特徵是將宗主權視為主權。

此外，森有禮公使與清國政府談判時的備忘則記載如下：

> 清國政府雖揚言朝鮮為其屬國，既如本月十三日之報告，本月十日與總理衙門談判中明言朝鮮之地非清國所領，故不能干預彼國內政，至於其外交之事亦任其自主，可見並無其所謂屬國之實。夫全有內政外交權力之國，不論其政體勢力等如何，皆稱之為獨立自主之國。此公法諸家皆同其說，且歐美諸國均公認此理，掌理其外交。即對埃及、塞爾維亞等國所掌理之交際亦是也。……朝鮮雖有獨立之實，因冒清國屬官之名，獨如塞爾維亞等之於土耳格國，不得與其他純然獨立諸國等同視之。[9]

如上所述，當時人的見解似乎認定朝鮮是中國的屬國。因此，問題在於當時人並未認知存在朝貢關係這項事實，所以想要以不同原理對應時，朝貢關係便被定義是極為「曖昧」且妨礙近代化的，而未必正面看待東亞歷史的地域秩序，即朝貢關係。在此認定為屬國，則與非獨立同義，便必須不斷加以否定。換言之，進貢也被當成是一種主權的表現，並沒有被看成是屬國與宗主國的關係。而且，日本對清朝主張朝鮮的自主，對朝鮮指出其對清朝的從屬，藉此作為對日關係並非對等的論據，於是導入近代化政策。

「國民分限」的決定

明治政府聘用的法律顧問丹尼森（Henry Willard Denison，一八四六—一九一四），在其關於「臺灣及其附屬島居民現下的國民分限和與日本國之間的關係」報告中說：

下關條約第五條規定：割讓給日本國之土地上的居民，欲至上述割讓地區之外居住者，得自由販賣其所有之不動產並離開。為此，自本條約批准交換之日起給予兩年猶豫期間，但上述時間期滿而未離開該地區之居民，日本國得酌宜將其視為日本國臣民。這項規定應有如下幾點疑問：

第一，臺灣及其附屬島嶼之居民現時的國民分限如何？

第二，出生於上述兩年猶豫期間的小孩，其國民分限如何？

第三，經過上述兩年猶豫期間之後，為了使割讓地區之居民成為日本國臣民，日本國有必要設立補充下關條約之法律乎？……

下關條約中，居留臺灣島之臺灣居民在兩年猶豫期間內並非日本國臣民，此事無庸置疑。其原因在於，依據該條約帝國政府保有之選擇權必須等猶豫期間過後始能實行之故。

若依照國際公法及下關條約之規定來回答第一點疑問，則無法不回答其「仍為清國臣民」。而兩年過後尚未離開割讓地區之臺灣居民，其國籍之決定屬於日本國權限之內。……

又，即使帝國政府在臺灣決定給予具有戶籍之居民日本國臣民資格，仍無法因此稱這些居民可於臺灣享有在日本本國和日本國臣民享有之相同權利。憲法之規定不能自動及於日本國的新領地。因此上述歸化居民不過只能享有政府在臺灣賦予日本國臣民之權利。

第二點疑問則不需討論，可依前述回答。亦即，出生於兩年猶豫期間內的臺灣居民之子，亦從其雙親之屬籍。

對於第三點疑問，日本國應無須為賦予臺灣居民日本國臣民之資格而另外立法。關於這點必須加以說明的是，下關條約並未記載任何與臺灣居民未來國民分限相關的約定。日本國保有決定國民分限的權能，而立法即為實行此保有之權力。

一千八百九十五年十一月二十七日　於日本外務省[10]

此處指出選擇國民的過程中，可能發生雙向出入的移民，而且日本的憲法規定並不及於這些國民。換言之，此處乃是在討論「殖民地」國民統治的問題。但當時並未看到有關殖民地政策與內地化政策之區別的討論。日本國臣民、國民分限、居民、出生地主義等，圍繞國家、國民、國籍三者的問題並存，可見明治政府在規劃殖民地政策的過程碰到了何謂「國民」的問題。因而，不待福澤諭吉說出日本有「國家」而無「國民」，對於原來就面對歷史性國家建構的明治政府而言，「成為國民是因住民的選擇」這種國際法的說法，也應該是值得更深入討論的國內問題。

近代化政策

近代化是改革舊體制、企圖改善制度與生活的正面性論理，但明治政府卻將其當成民族主義的一個手段加以利用。同時，以之行使於朝鮮，將之當成向從屬於清朝的朝鮮推行近代化政策的論據。「井上〔馨〕伯爵捧呈韓國皇帝內政改革要目書」條列以下「改革」項目：

條陳下列緊急建議事項，以圖斷絕隸屬清國之心，使朝鮮國之獨立今後更加鞏固。〔省略各條之內文〕

一、　所有政治權力出於同一根源。

二、　大君主既有親裁政務之權，同樣地，亦有遵守法令之義務。

三、　王室事務與國政事務分離。

四、制定王室組織。
五、制定議政府及各衙門之職務權限。
六、租稅統一歸於度支衙門，除以固定之稅率向人民課徵租稅之外，無論以任何名義均不得徵收之。
七、衡量歲入歲出制定財政基礎，預定王室及各衙門所需費用之額度。
八、制定軍制。
九、各項事務免去虛飾，矯正浮誇流弊。
十、制定刑律。
十一、讓警察權自於一途。
十二、建立官吏服務規則並嚴格執行。
十三、限制地方官權力，收攬於中央。
十四、設立官吏任用及免黜規則，升降不應出自私意。
十五、徹底禁止勢力爭奪或猜忌離間的惡習，政治上不該抱持復仇觀念。
十六、工務衙門尚無必要。
十七、修改軍國機務處之組織權限。
十八、應事務需要聘用熟練各衙門事務之顧問官。
十九、向日本派遣留學生。
二十、為了鞏固獨立之基礎，確定上述內政改良相關之必要事項的國策，宜宣誓宗廟、布告臣民。11

首先，第一項即否定韓國皇帝的主權及隸屬清國這二重權力關係。此處也將宗主權視為一種主權，但未必討論朝貢關係的實際及其歷史性。當時人的觀察與後代的理解，可見有相異之處。即，明治政府的政策中多包含歷史脈絡，而且很受到外國法律顧問提案與觀點的影響。此外，一般被視為是明治政府施政的方策，也是直接、間接應對清朝的策略。那麼，針對現實上明治政府所施行各種與主權與自立相關的朝鮮政策和臺灣政策，同樣也有必要更為全面地討論歷史上日本所面對的廣域地域秩序構想，亦即清朝的宗主及宗主權。明治政府視為具普遍性的近代化內容，是否同樣適用於韓國？它極可能只具有批判清朝的動機。

清末華夷秩序的展開

以中國為中心，包含歷史上長久以來受其影響的朝鮮、日本、琉球、臺灣、越南等各國各地域之東亞，其近代化開始於周邊地區對中國的自立，亦即朝貢制度的鬆動。

十八世紀末至十九世紀中葉，清朝內部接連發生白蓮教亂、太平天國之亂，中央政權的力量減弱，湖南、江蘇等地的有力鄉紳開始集結勢力對抗亂軍。此外，曾國藩、李鴻章等地方官僚則推行引進西洋器械技術、擴充軍備的「洋務」。

清朝中央權力弱化帶來地方勢力的抬頭，並不僅止於清朝境內。中國周邊的東亞、東南亞之朝貢國與周邊國家，也趁機重新調整與清朝之關係，或藉此謀求自立。

圍繞朝鮮開港的國際關係

最先顯現這種趨勢的是日本。一八五四年簽訂《日美和親條約》而開港時，日本並非採用朝貢這種傳統東亞域內之外交關係的方式，而是歐洲域內相互關係的條約方式，然後以此重新建構與清國以及鄰近諸國的新關係。一八六八年明治維新以後，日本與清國於一八七一年締結《日清修好條規》，恢復自一五四七年足利幕府派遣最後的勘合貿易船以來三百二十餘年的外交關係。一八七二年，將一三七二年以來與中國維持朝貢關係的琉球王國改為琉球藩。一八七四年出兵臺灣，就殺害琉球漂流民事件，與清國展開折衝。

在江戶時代，日本與朝鮮之間的交流關係，有派遣對馬宗氏至釜山的倭館，以及從朝鮮招徠朝鮮通信使至江戶。但明治維新天皇掌政後，不再維持向來將軍與朝鮮國王之間的通信使關係。明治政府以一八七五年的江華島事件為契機，要求朝鮮開國，並於一八七六年與朝鮮簽訂《日朝修好條規》（《江華條約》），這是規定釜山、仁川、元山開港，及治外法權、關稅豁免的不平等條約。因此，日清之間關於日本與清國的朝貢國折衝擴大為圍繞朝鮮問題的對立。

清法戰爭與交趾支那的宗主權問題

Vietnam[12]早在黎朝（後黎期）的十八世紀中葉便允許傳教士入境，受到法國影響。一八〇二年阮福映（一七六二—一八二〇）統一了國土並建立新國家，首都置於順化。阮福映建國的過程受到法國支援，他制定國號為「南越」，即顯示想要從長久以來與中國之朝貢關係脫離的自立意志。

對此，清國則以已有越王朝而予拒絕，將其國號改為「越南」，Vietnam 因而顯示高漲的民族主義。十九世紀後半以後，法國深入干涉越南國，數度締結西貢條約，推動保護國化。一八七四年的修好條約（《甲戌條約》），除了割讓領土、開港之外，又有承認越南為完全獨立國的條款，試圖實質上切割清國的影響力。一八八四年，法國與清國開戰，攻擊臺灣、福州。一八八五年，李鴻章與法國全權大使巴特納（Jules Patenôtre，一八四五—一九二五）簽訂《天津條約》，清國放棄 Vietnam 的宗主權並承認法國的保護權，以及給予法國在清國南部各省通商、建設鐵路的特權。

從上述事例來看，相對於以往多討論與歐洲的關係所見的近代亞洲，毋寧更應以廣域地域秩序內部的變化（以清朝為中心，橫跨東亞與東南亞），來觀察亞洲的近代，也就是朝貢關係之變化。這就是定位從朝貢國批判清朝之行動所導出的「近代」的視點。圍繞越南宗主權的清法之爭，可看見歷史性的清朝宗主權政治空間轉換成殖民統治的契機。因此，在這個亞洲地域秩序變動的過程中，西洋是被各朝貢國中批判清朝的集團所選擇的手段，而主張與清朝維持連結的集團則傾向於批判西洋。

與此趨勢連動，朝貢國方面也嘗試集中權力。面對朝貢體制周邊國家的這種趨勢，向來作為中心的清朝則減低其中心性，沿海各省的貿易和移民轉而活躍了起來。經濟上，加重了東南沿海的南向對外關係，北方的權力則受到來自南方動向的威脅，進而迎來了清末的變動年代。南北關係的抗爭、對立，也進而成為所謂東西關係的重要變動軸，鴉片戰爭即可謂其典型的事例。就如前文〈歐洲與亞洲〉一節所述，向來多將鴉片戰爭放在與歐美的關係上來討論，但若從中央財政與廣東地方之利害對立這種南北關係來看，應該可以發現更為重要的元素。

此外，賦予十九世紀東亞、東南亞特徵的變動軸，則是沿海與內陸角色的轉換。在此之前，各政權仰賴內陸（而且是土地）的財政結構，如今轉變為依靠沿海通商港口的對外貿易經濟與財政結構。一八五四年設立外國人總稅務司制度（在以往的常關之外，於通商口岸設立由外國人負責的海關），正是最為顯著的表現。這促進、支撐了財政結構的轉換，而且可見民間的經濟活動活躍、沿海商人集團抬頭。

從漂流到移民

朝貢體制之下，朝貢使節和冊封使節正式地相互來往，但也附隨著多數半正式、非正式的貿易和移民。

就如先前〈亞洲的歷史性區域秩序及其轉變〉一節所述，其中尤其是藉著漂流名義而從事貿易、依照漂流民送還制度返回出發地的方法，可說是附隨於朝貢體制卻又非正式地支撐著朝貢體制。

這建基於華夷秩序理念，但在十九世紀發生了幾次試圖改變的情況。其中一個代表性的案例，是一八八二年《中朝商民水陸貿易章程》中關於送還費用由本國負擔的條款。向來由送還方負擔費用，在此變更為由朝貢國自己負擔。這當然造成朝貢國的不滿，但對清朝而言，財政狀況導致不得不如此變更。

另一個例子是一八四二年香港的開港。香港並不在朝貢體制的漂流民送還制度當中，但占據著連接東中國海、南中國海的位置，不但是漂流民也是亞洲航路的據點，因此成為重要的寄港地。

朝貢的變化

最後，朝貢使節究竟如何，又以什麼理由而停止了呢？看來似乎有兩種形式。其一是與歐美、日本等國締結條約關係，結果讓身為「第三國」的朝貢國改變或「維持」朝貢關係。另一種情況則是在清朝與朝貢國的兩者關係中，由朝貢國或清朝方面發起改變以往的朝貢關係。無論是哪一種變化，都可說是與清朝的主動、切換方針、改變詮釋等有關，並不能說是被動地對應歐美的要求。

而且，一八三九年清朝雖將暹羅、緬甸、琉球一律改為四年一貢，但實際上卻未必照此規定進行。清朝仍然傾向繼續維持由禮部管理朝貢關係，但也不能忽略一八八〇年代總理各國事務衙門開始主導外交交涉。後者以領事外交關係為中心。以往朝貢關係關心的中心為朝貢國的國王，此後取而代之的是與清朝外交政策直接有利害關係的華僑、華工和華商。

一八三九年，越南從以往的兩年一貢變更為四年一貢。就《實錄》所見，朝貢關係之後持續到一八八〇年代初期。清法戰爭後，新國王阮福明向清朝請求冊封。但同時，清朝的總理各國事務衙門卻也正開始

1850s	1860s	1870s	1880s	1890s	1900s
1851-64太平天國之亂	1861設立總理各國事務衙門		1884-95清法戰爭	1894-95日清戰爭 1898戊戌政變	1906英國與圖博簽訂條約
		1873大院君引退，閔氏政權成立 1875江華島事件	1882《中朝商民水陸貿易章程》、壬午軍變 1884甲申政變 1885-87英國占領巨文島	1894甲午農民戰爭 1897改稱大韓帝國	1905日本設置朝鮮統監府
	1861俄國軍艦航抵對馬	1873副島特命全權大使會見清朝皇帝	1880琉球分割案		1904-05日俄戰爭
1853培里至琉球		1879琉球處分			
		1873清朝稱「臺灣生番為化外之民」 1874日清兩國互換條約			
		1874法國占領東京灣	1883法國將越南保護國化 1887成立法屬印度支那聯邦	1893法國將寮國保護國化	
1852暹羅朝貢使節在廣東遭到太平天國軍隊襲擊					
			1884-86第三次緬甸戰爭 1886英國併吞緬甸		
		1877英國成立印度帝國		1899美國發布門戶開放宣言	

年代		1790s	1800s	1810s	1820s	1830s	1840s
清朝						1836許乃濟「鴉片弛禁論」 →1838黃爵滋「鴉片嚴禁論」 1839規定越南、暹羅、琉球四年一貢 林則徐燒毀鴉片 1839-42鴉片戰爭	
朝鮮		李氏朝鮮					
日本	1779松前藩拒絕俄國的通商要求 1792拉克斯曼(Adam Laxman, 1766-1806?)抵達根室			1817-22英國船艦航抵浦賀			
琉球				1816英國霍爾(Basil Hall, 1788-1844)航抵琉球			1844法國科主教至琉球
臺灣							
越南	1773-1802西山黨之亂		1802阮福映統一越南 →1803阮福映請求將國號變更為南越，清朝則指示改為越南				
暹羅	1782～曼谷王朝（扎克里王朝）						
緬甸							
香港							1842香港開港
英美法		1793英國使節馬戛爾尼前往清朝		1813廢止英國東印度公司茶葉以外的獨占權利 1816英國使節阿美士德前往清朝 1819英國占領新加坡			

表 1　十九世紀的朝貢關係及其變化

全面地與法國進行條約交涉。換言之，朝貢關係與條約關係可說是分頭進行，各司其職。

值得注意的是清朝在二十世紀初期轉向民族政策，曾關心起越南的華商，提到西貢的華僑，認為越南各通商港口有十餘萬中國工人、商人，應該在當地建立商會、學堂以自立。[13]

清朝之朝貢理念的變化、解釋，也值得注意。一八八六年英國併吞緬甸，清朝認為這出於英國與緬甸聯手。緬甸與清朝派遣的曾紀澤交涉時，曾紀澤批判「中華字小之義」，強調「中華所重，在乎不滅人國」，朝貢與否並不重要。[14]可見清朝當時一面轉換實際行動方式，一面同時強調新的理念。

國籍法的制定

一九一二年十一月十八日，中華民國臨時大總統袁世凱頒布《國籍法》，制定固有國籍、取得國籍、喪失國籍、恢復國籍及附則等相關條文，共五章二十二條。這部《國籍法》採血緣主義，規定下列各種人皆屬中華民國國籍：出生時父為中國人者；父死後出生但其父死亡時為中國人者；生於中國且父為外國人或不詳，而母為中國人者；生於中國而父母均為外國人或無國籍者。此外，具備下列情況的外國人可擁有中華民國國籍：妻為中國人者；父為中國人且得到其父承認者；父為外國人而未獲其父承認，但母為中國人且獲得其承認者；歸化者。

另一方面，下列中國人則喪失中華民國國籍：成為外國人之妻並取得其夫之國籍者；父為外國人且獲得其父承認者；父未承認但母為外國人且獲得其母承認者；希望歸化外國且取得外國國籍者；未獲中國政府認可而成為外國官吏或軍人，遭中國政府下令辭職而不從者。不難發現特徵是其構想的國家與國民橫跨朝貢與移民之間。

國家與地域兩者重疊的主題，是「移民」這種人的移動。對於地域、網絡、海域等場所而言，移民既是日常現象，也有其必要。但對國家而言，人的移動不僅在統治上，即使在財政上、社會上都可能是重大事件。同時，國家與地域之間彼此互補，透過人的移動與移民，事實上也擴大了國家的版圖和影響力。國家一方面以賦予國籍，將人固定並安置在國家之中；另一方面又積極地移動人員，推進移民、殖民，來實踐殖民地統治、帝國統治等宗主權式的統治形態。換言之，國家藉著對自己內部宣示主權、領域來發揮凝聚力，但內部也同時具備擴張的元素，兩者既彼此互補，也相互交替。總體而言，近代雖以國家為特徵，其實並未與過去截然二分，毋寧說國家本身反而是地域歷史發展中的一種表現形態。就國家形成的過程而言，若要在某種意義上針對「亞洲的近代」定義其特徵，肯定會想到貫通於亞洲之中的地域原動力（dynaimsm）。就此意義來看，十九世紀亞洲的近代，同時也是前所未有的「移動」與「移民」的時代。

總結與展望

現代亞洲的國際關係與廣域秩序——「新帝國」與「舊帝國」的觀點

現在的焦點，是東南亞正以東南亞國協（ASEAN）為中心展開新的國際關係，而歐洲則以歐盟這種形態，形成廣泛的國際關係或地域間關係。同時，舊殖民地的獨立過程留下了各種地域問題，此時也大為發酵。因此，思考現在的世界情勢或國際關係時，若只考慮以近代史為基礎的國家及其歷史，應該是不夠的。就如本文所述，必須考慮複合性的地域關係。「這些地域的問題，在歷史上究竟是如何存在的？」也是理解亞洲近代史時所必須面對的重要課題。

在此，值得參考「帝國」這種曾經統治廣域地域的歷史經驗。回顧歐洲的歷史，十九世紀之前，就有羅馬帝國、拜占庭帝國、神聖羅馬帝國等稱為帝國的廣域統治。在非歐世界，十九至二十世紀初期以西亞為中心則有奧斯曼帝國，以印度次大陸為中心有蒙兀兒帝國，以東亞為中心則是清帝國。雖然或許並不自稱為「帝國」，但依然與所謂的近代民族國家不同，將多數地域、文化、民族含括於共同的整體之下，一方面樹立超越性的權威（表現為皇帝的形式），另一方面則維持各地域的特殊性，採取維持安定之相互關係的統治策略。在此暫且將這些形成於近代之前的帝國稱之為「舊帝國」。

在敘述近代國家誕生之前的歷史發展時，以往史家大多會從這些舊帝國內部（特別是當該帝國的中央極權理念、統治動搖時），抑或帝國周邊地域，甚或是鄰接於交易地域的地域當中，主張（強調）各種基於民族、地域或宗教的強烈民族主義、地域主義、原教旨主義。這股力量在亞洲廣泛地成為國家形成的母體。因此，思考近代國家時，就如歐洲是在神聖羅馬帝國之下形成現在各國的基本關係，尤其帝國周邊地域表現出強烈的近代國家主張，非歐世界也可以說是從舊帝國孕育出了日後民族國家的基礎，而且形塑了各種民族國家的性質特徵。

如果考慮舊帝國是民族國家的前提，那麼應該如何看待十九世紀以降展開的廣域統治呢？特別是應該如何理解十九世紀中葉締造了稱為「不列顛治世」（pax Britannica）的時代，擁有極為廣大的殖民地，且國際性地調動勞力之移動，組織生產與分配、市場與交通的大英帝國呢？為了與民族國家之前的帝國區別，此處暫且將其稱為「新帝國」。這種新帝國的背景，可以上溯到葡萄牙、西班牙確定全球規模的活動範圍，建立各種貿易、移民據點與殖民地的十六世紀。其後，荷蘭、法國、英國也陸續跟進，甚至德國、義大利，乃至亞洲的日本也隨後加入行列。

這種新帝國，向來被理解為帝國主義，以十九世紀後半以來的帝國領土擴張競爭為其特徵。然而，若考量到十六世紀以降已然形成目的為長距離貿易的廣域貿易關係，那麼「新帝國」也不該只是二十世紀初期之後的帝國主義時代獨有的特徵。相較於此，或許更應該轉換視角，將其視為人流、物流、金流及資訊的移動趨向世界化的過程，另一方面則是在舊帝國末期，形成以吸取非歐世界資源為目的的廣域貿易體系之結果。

從民族國家模式走向新亞洲地域論

【國家與地域】民族國家形成過程中達成其產業發展、工業化或近代化這種結論與目標之近代史的延長線，到底是否可以用來理解現代經濟的發展呢？尤其是一九九七年來的金融危機，讓吾人懷疑在金融國際化的全球化當中，國民經濟（nation's economy）究竟在何種範圍內有其獨自存在的理由呢？

同時，有一種討論的架構是以國民經濟為單位，將各國民經濟等同地並列為經濟單位。然而，在討論香港或新加坡的經濟地理時，即可發現它們各自在周邊地域關係中扮演的角色，絕不僅等同於其任何鄰近地域，毋寧應該說它們扮演了與其他各地域之金融上的橋樑或中繼基地的地域。但，在此之前，這種地域也同樣是一個國民經濟的單位。

在這一點上，標榜「亞洲」但實際分析亞洲各國的亞洲論述，在前提上也必須要轉換成組合各種大小地域經濟的方式來思考。不但資金、商品流動，還包含人的移動之地域，因應時代的變化而進行各種組合，因此不應該只在主權國家的框架中考察亞洲，而也應該要考察超越主權國家的廣域地域。同時，也應該反方向地考察小地域及其相互連結之歷史性。

【全球化與在地化的兩極化】現在雖然強調全球化，但也必須留意同時並行的在地化趨勢。以前在國家領域框架內，兩股朝反方向前進的力量雖逐漸往中間靠近，但現在由於國家吸引力的減退或多樣化，則往全球化與地方化兩端分極化。這種傾向現在也重新提出了應該「如何思考亞洲」的問題。

就以一九九七年的金融危機為例。關於其理由、說明方法，可看出幾種特徵。從全球化的觀點來說明的話，亞洲金融危機是金融市場世界化的結果，它是一九八〇年代產生自英國的一連串金融危機（金融改革）的一環，這與各國個別的生產結構層次不同。此觀點認為短期資本大量流入、大幅度拉抬，是各國經濟無法單獨對應的問題，強調金融的世界性或相對的獨特性。這是強調金融與生產乖離或巨大化金融市場之世界性的論點。

另一方面，若從國民經濟論的觀點來看，則認為原因是亞洲各國沒有總體金融政策，或金融制度的改革不完全之故。此外，仍然從亞洲各國個別的政治不安定，抑或經濟政策的特質來討論亞洲問題。這是往區域的方向，或往區域經濟的個別方向來尋找原因，與全球化的觀點正好形成對比。

【亞洲的國家與國民經濟】那麼，我們可以如何概觀近代亞洲的國家及國民國家的特徵呢？

第一，從歷史上來看，東亞及東南亞的國家形成，具有民族國家的特徵。因此，國民之內容與民族有強烈的等值性，很少將國民或國民經濟當成問題，而是以民族經濟、國家經濟為其主要內容。雖有各種傳統的民間經濟（尤其在信用經濟的領域），卻被吸納入國家層級的政策，成為改革的對象。在此，民族概念不斷地被置於國民概念的上位，分析的尺度本身有被還原為民族關係之對比、差異的傾向。

第二，由於一切思考的前提皆為國家，而且是主權國家，因而忽略了歷史背景中的廣域地域擴張、結合，甚至在國家層次看不見的小地域等國家上位、下位的地域圖像。實際上，亞洲有廣狹不等各式各樣的區域經濟存在著，而且運作著。

尤其是國家層級下位的中小規模區域關係、區域複合，或是被稱為「地方」等歷史性的群體，都不加考慮，導致習慣以脫離現實狀況的「國家」討論。透過考察各種層級的區域之複合關係及複層關係，才能將向外擴散的地域認同與內在連結的宗族關係也納入視野。

例如，華南與東南亞的一體化，近年隨著香港主權的轉移，似乎更為加速了。經過香港的潮州網絡，從鄰接福建、廣東的潮州開始，經由香港、東南亞連結到泰國，展現日益增加的活力。以這種與潮州相關地帶的關係來觀察香港的主權轉移，就可以用跨地域的視角來理解現今的變化，及其與現實緊密扣合的歷史脈動。因此，關於中國，現在被要求以華南地域為中心所見的中國、華僑華人社會網絡認同與華南地域的關係等，來討論多樣的地域中國樣貌。反過來，這個問題對於在亞洲中重新認識日本的現況，以及在此之前的歷史過程，都是非常關鍵的線索。

東亞區域史的變動與連續性

向來，東亞的歷史性廣域地域關係，是在描繪王權、民族或「國」等內向性的集合，並且以之構想前近代國家時期的相互關係。這種觀點在理解其相互間的網絡、貿易港間的多元貿易網絡上，可以說具有一定的意義。可是，檢討更為含括這個網絡的地域秩序朝貢關係、地域統治理念的華夷觀，分析其地域秩序的動態，將可以把東亞當成一個具有整合性的地域。這點十分重要。

⑴開與閉的相互交替——基於對內、對外的理由，歐亞大陸東岸、東南沿海地區，乃至半島、島嶼地區，時而開放（展海），時而閉鎖（海禁）。開放意味著企圖活絡民間的對外活動，以累積來自華南的財富；閉鎖則是企圖強化北方政權。移民，雖然直到清末為止基本上都未被承認，但歷史上，尤其在開放時期，則隨著對外關係的興盛而大量增加。海禁政策與海防政策相關，目標在於阻絕來自外部的政治影響。雖有〈亞洲的歷史性區域秩序及其轉變〉一節敘述為了孤立鄭成功而頒布的遷界令，但「海禁」並非如字面所見的閉鎖（日本的鎖國亦同），而是意味著中央強化對沿海地區的直接管理。

⑵南與北（南方的財力與北方的權力）——廣域地域的發展動力，也可見於南北關係當中。為了確保

財力而向南方展開，進行交易的直接管理與華南開發。向北的展開，則意味著權力更加集中強化、中央的管理強化。歷史上有北「塞防」、南「海防」這樣的說法，都具有防衛的意思。此外，向南方的開放，意味著政權展望東中國海到南中國海一帶海域的財富與貿易。人稱為「南洋」的海域，形成了移民、貿易、朝貢、匯款的網絡。承擔各朝貢國朝貢貿易的商人，大部分是來自福建、廣東的移民群體，這也讓此網絡更加穩固。不只國家層級的商業政策，也不能忽略更具地域性的社會結合的強烈作用，如同族、同鄉、同業間的網絡。其他如中央與地方的關係、沿海與內陸的關係、官與民的關係之變化，也是引起地域發展動力的重要因素。

必須將亞洲地域當作與現代連續的一個歷史性地域秩序，檢討在其中作用的華夷理念、朝貢冊封關係，利用「移動」、「邊緣」、「網絡」等方法論的觀點，來對十九世紀以降所謂「近代」的國家與民族的時代，進行相對性的定位。因此，今後需要更詳細地探討來探討這項地域秩序顯現出何種歷史變化的軌跡（依據各地域固有的歷史發展動態，而非進化論式的線性史觀），並且探討變化產生的因素為何。

注釋

1　參照《岩波講座　世界歷史 13》，岸本美緒〈東アジア・東南アジア伝統社会の形成〉一文。

2　參照《岩波講座　世界歷史 24》，木畑洋一〈危機と戦争の二〇年〉一文。

3　何幹之，《中國社會性質問題論戰》，上海生活書店，一九三九年。《中國社會史問題論戰》，上海生活書店，一九三七年。

4 《清宣宗實錄》，卷三二〇，道光十九年（一八三九）三月庚申。

5 編注：「現在說五族共和，實在這五族的名詞狠不切當。我們國內何止五族呢？我的意思，應該把我們中國所有各民族融化成一個中華民族。（如美國本是歐洲許多民族合起來的，現在卻只成了美國一個民族，為世界上最有光榮的民族。）我們中國許多的民族也只要化成一個中華民族。並且要把中華民族造成很文明的民族，然後民族主義乃為完了。」《國父全集》第三冊，國父全集編輯委員會編，一九八九，頁二一八。

6 編注：《清高宗實錄》卷一千三百二十，乾隆五十四年（一七八九）正月壬戌。

7 《秘書類纂22 朝鮮交涉資料 中》，伊藤博文編，秘書類纂刊行會，一九三六，頁七三—四。

8 《秘書類纂22 朝鮮交涉資料 中》，頁七九。

9 《秘書類纂22 朝鮮交涉資料 中》，頁一〇三—四。

10 《秘書類纂18 臺灣資料》，伊藤博文編，秘書類纂刊行會，一九三六，頁二二六—三三。

11 《秘書類纂23 朝鮮交涉資料 下》，伊藤博文編，秘書類纂刊行會，頁四五五—六三。

12 編注：此處強調越南此「地域」，而非其上的政權，故採用拼音，不使用國號。

13 《清德宗實錄》卷五四四，光緒卅一年（一九〇五）四月癸亥。

14 《清德宗實錄》卷二二四，光緒十二年（一八八六）二月丁丑。（編注：考之實錄，這裡引用的文字是清廷對曾紀澤的指示。）

參考文獻

中江兆民，《三醉人經綸問答》，岩波文庫，一九六五年。
田代和生，《近世日朝通交貿易史の研究》，創文社，一九八一年。
荒野泰典，《近世日本と東アジア》，東京大學出版會，一九八八年。
永積洋子，《近世初期の外交》，創文社，一九九〇年。
Ronald Toby 著，速水融、永積洋子、川勝平太譯，《近世日本の国家形成と外交》，創文社，一九九〇年。
Dittmer L., Samuel S. Kim eds., *China's Quest for National Identity*, Cornell U. P., Ithaca/ London, 1993.
古屋哲夫編，《近代日本のアジア認識》，京都大學人文科學研究所，一九九四。
原田環，《朝鮮の開国と近代化》，渓水社，一九九七。
木畑洋一編著，《大英帝国と帝国意識》，ミネルヴァ書房，一九九八年。
石井摩耶子，《近代中国とイギリス資本》，東京大學出版會，一九九八年。
奥田乙次郎，《明治初年における香港日本人》，臺灣總督府熱帶產業調查會，一九三七年。
高良倉吉，《琉球王国史の課題》，ひるぎ社，一九八九年。
濱下武志，《朝貢システムと近代アジア》，岩波書店，一九九七年。

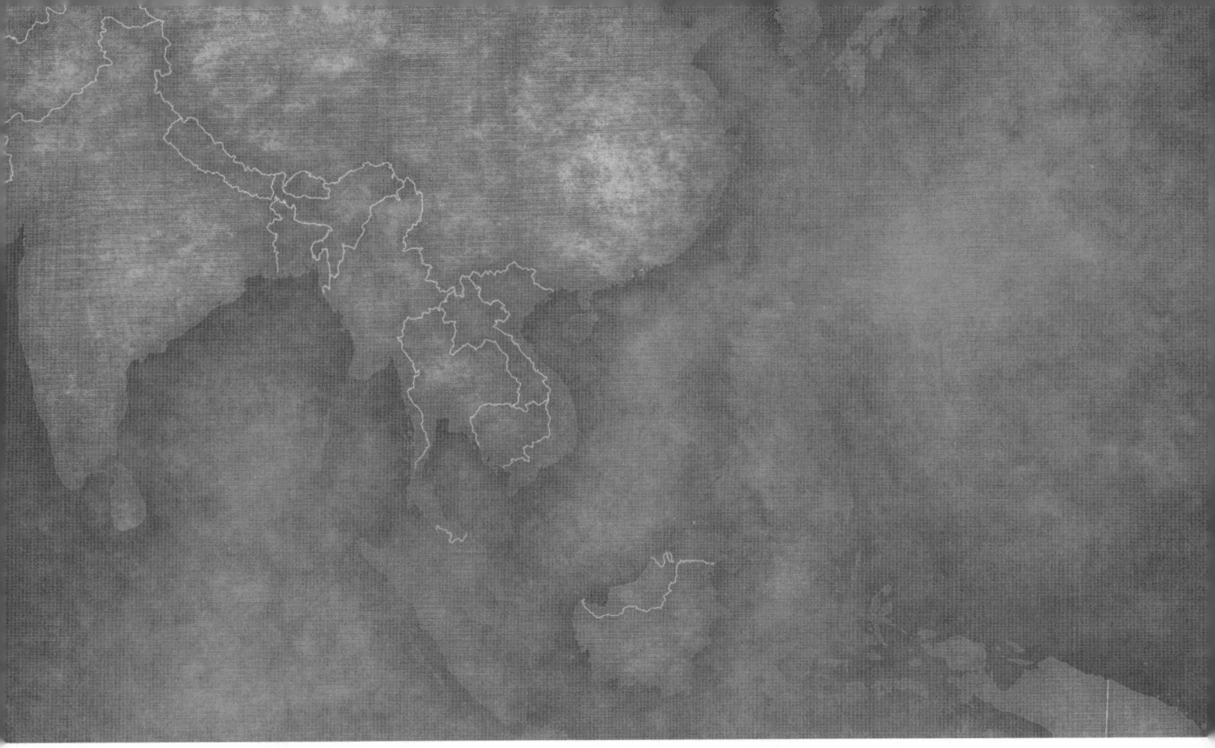

第一部

從亞洲思考

第1章 從亞洲思考

選自《アジアから考える1：交錯するアジア》、《アジアから考える2：地域システム》、《アジアから考える3：周縁からの歴史》，東京大學出版會，一九九三—四。

許佩賢　譯

亞洲研究的現在

「現代」與世界認識的框架

從亞洲整體來理解亞洲歷史，近年越發增加其重要性與急迫性。理由是亞洲本身也在變化，為了看清其現在與未來，也有必要從亞洲內在的歷史脈絡來加以理解。同時，從「現代」這個時代之自我認識的變化，也可以導引出瞭解亞洲歷史的現在意義。

自一九八〇年代中葉以降，戰後世界發生了很大的變化。如果從世界認識的框架來思考這個變化，可以看出以下三點特徵。(1)資本主義、社會主義等全球性理論的內容轉趨多樣且不斷動搖，使我們不得不重新檢討世界認識的框架；⑵地域主義的現實問題浮現，一方面出現各種利害關係、互相競合，另一方面也主張「地域」之合理性與正當性，甚至發生許多矛盾與衝突；⑶由於這種世界規模的變化，地域問題叢生，反而使國家意識更被強調，出現恢復或維持國家意識的狀況。

隨著這樣的變化，大家也開始懷疑過去理解世界的框架，而開始進行新的摸索。只就歷史的脈絡來看，就有以下幾種檢討課題被提出來討論：

⑴不再將資本主義視為嚴密的經濟結構，而開始思考是否能將之視為更和緩、長期的財富累積過程。[1] 對於以國民國家、國民經濟等框架為中心而成立的國際關係，過去多認為商品、資本會移動，而人（勞動人口）不太移動。但現在顯著的人口移動，不得不使國際關係的框架也發生了變化。

⑵社會主義一向被認為是排他的、以內部安定為目標，但是除了計畫經濟之外，也出現各式各樣的問題（例如「發展中國家」之類的問題、民族問題，或是民族多元性及社會組成之多層性），其交錯關係使不安定的因素更形擴大了。

⑶因⑴、⑵等課題，使歐洲懷疑其在十九世紀中葉以前形成的世界性、普遍性、發展性等自我認識，也是世界認識，改而留意到自己曾經是一個「地域」，而開始追尋新的認同。[2]

⑷歷史普遍性的再檢討，也迫使歐洲重新檢討其對非歐世界的歷史觀點。其端緒是批判「東方主義」，亦即歐洲的亞洲認識。非歐世界要求必須重新檢討二十世紀以歐洲為中心的世界圖像。與此狀況相對應，從非歐世界來看，也有必要重新檢討該當世界、該當地域之「西方主義」的歷史。[3]

如上所見，亞洲問題現在可說已經具備了重新檢討的環境條件。特別是一九六〇年代以降的日本、七〇年代以降的亞洲 NIEs、還有八〇年代以降的中國與東南亞國協，整體而言，東亞、東南亞之經濟發展，即使仍然受到美國市場很大的牽引，但引發重新解釋「亞洲」經濟變化的理由，已經有了很大的變化。

亞洲研究的視點與方法

關於亞洲圖像所提出的討論，有幾個特徵。而這些都與亞洲的自我認識，也就是自我認同密切相關。

(1)開始透過各種不同領域的研究方法，來探討亞洲的「社會」，特別是文化人類學、社會學在亞洲各地的社會調查，大大地改變了過去只從文獻來理解亞洲社會或亞洲民族社會的樣貌。亞洲作為田野研究的對象，重新登場了。

(2)其次，出現可說是文化研究取徑的亞洲研究方法。例如，針對儒教問題的東亞特色，關於漢字文化圈的構成、儒教與家族式企業經營之關係、儒教與國家的關係等，都重新被檢討。這些討論是對於被批評為「沒有道德的經濟發展」之「經濟發展至上」論的一種論點，它們也同時證明了只有經濟發展至上論無法說明亞洲之「經濟發展」。此外，我們也不能忽視在此討論過程中所表現的民族主義、歷史性中華意識等文明論的相關研究。

(3)作為說明的手法，也有人用人口動態、生態分析式的方法來了解歷史及現代。生態分析式的方法雖然對象是個別的，但說明的方法則指向根本的問題，結果有取代現在動搖著的全球化理論的傾向。

上述亞洲研究所顯示的社會調查、社會史調查、文化史研究取徑、宏觀理論等課題，同時也對社會科學的方法整體，以及對現代認識及現代之歷史研究整體，都是具有廣泛意義的提問。

社會科學內在的整個學理體系、研究對象之客觀性、分析概念之普遍性等，都開始受到質疑，而開始關注社會科學的學理體系之「歷史性」本身。不斷分化的社會，以綜合、普遍概念已無法掌握。或者說，在這個層次的討論中，存在著無法感性地理解的意義空間，必須從地域研究中才能看得明白。

此外，作為社會科學方法重新檢討之一環，亞洲的地域研究也出現如何能夠充分地依其內在邏輯來描繪該當地域之結構這樣的課題。過去社會科學分析對象時，多著重將分析的概念、方法、體系本身精緻化，藉以映照出該對象。亞洲的地域研究，也對過去這種研究方法提出質疑。也就是說，不只亞洲，包括歐洲在內，都開始著眼於地域及地域社會中能使本身實在化的自我認識方法、自我表述方法、與他者交涉的方法、自我象徵化作用、地域社會中共有的象徵與儀式或共通認識。這種變化可以從語言和贈與等自我表現或與他者間關係的方法看出，而且也是藉由該當社會特有之時間的、空間的或價值的（意義的）座標軸，才有可能操作對象認識及對象分析的方法。在此，毋寧要捨去普遍性，而藉由將對象特殊化的方法來理解該對象。

與此同時，戰後的歷史學、歷史研究被認為是「社會科學」的一個領域，強調「客觀」分析的特色，這也有必要重新思考。如前所述，地域的歷史、社會的歷史、民族的歷史等，隨著歷史的「主體」不同，歷史分析的方法或組成自然也會不同。此外，就地域史來看，地域也保有該地域特有的歷史認識之語言與文法。這些既然具有該當地域或社會獨特且合理的意義，那麼，認為歷史是「客觀的」這種看法，即使可以究明歷史認識主體的「主觀」動機，但是從想要究明對象認識的主觀結構這種歷史研究的主題來看，「客觀」史的主張其實並無穩固的根基。

日本的認同

包括這些歷史認識的方法在內，以上所述的討論，無可否認都直接或間接與日本的自我認識、日本論、日本人論等與日本認同有關的論述，有密不可分的關係。

日本的認同，也隨著日本社會的變化而有各式各樣的變化。換言之，只要日本社會對內、對外產生了變化，就會提出各式各樣追求日本認同的討論。對於自明治以降就以歐洲為模範，特別是在對應其他亞洲地域或國家時，有意讓自己的行動盡量類似歐洲的日本而言，之所以會再思日本認同的問題，和一九六〇年代以降急速的經濟成長有關。從歷史上來看，在開國、戰爭、戰敗等巨大的社會轉換期，一定會有相應的日本論、日本人論。但是相對於過往以近代歐洲脈絡為前提，說明日本相對歐洲的發展落後，或說明歐洲因素的成熟度等，六〇年代以降的日本論、日本人論則開始主張日本的特質或日本的個性。「日本是日本」這樣的言論，一方面想要抹去明治以降日本知識分子一貫懷抱的對歐劣等意識，同時也是因為更加有必要和其他國家說明日本的結果。

往上追溯的話，就會知道日本在歷史上輸入許多外部信息。過程中，可看到兩大特徵：第一，日本在歷史上是信息的輸入大國，輸出極少。第二，明治時代以後，外部信息傳入的路徑從過去的由南經中國華南地方而來，轉變為由北自國家或國都而來。

第一個問題，意味著歷史上日本極少要向他國說明自己或是主張自我。也就是說過去的歷史是日本在與中國、西洋的關係中定位自我，以此為自我認識的內容。此事也意味著日本的他者認識，並不是在與自我認識的對話、交涉中成立的。這又與第二個特徵有關，日本並不是把自己當成一個地域來自我認識，而是毋寧是不斷地凝縮自我為一個「國」。而且，這個「國家」未必能以近代國際關係中的國家來定位，而是具有更古老歷史的存在。亦即在以中國為中心的東亞華夷秩序中，日本的自我主張是追求成為該體系中的一個「國家」。明治以降，則是主張自己是在歐洲近代國際關係中的國家。這種主張同時隱含的目的，是想要從中國在東亞、東南亞所具有的歷史性國際秩序中區別出自我。

這個主張自己是「亞洲國家」的漫長歷史，特別此處「國家」一詞的涵義採用的是近代的定義，使得日本並不從與鄂霍次克海、日本海、東中國海、南中國海的對岸文化交涉中來理解日本之邊陲地域的特徵，而是與之切分，努力靠近「中心」。結果，「地域」從「日本」消失了，只留下「國家」。歷史性的地域認同，被作為國家的認同所取代。

由於上述日本認同之歷史性特徵，可以預想日本要「回歸」亞洲，無論狀況或動機為何，都有相當困難。其亞洲認識中不可或缺的前提，即將「日本」相對化，也相當困難。仔細思考這些問題，就是現代的我們不可迴避的課題。

地域研究與亞洲

多面性的亞洲

《從亞洲思考》叢書的第一卷《交錯的亞洲》，[4]聚焦於亞洲本身的多面性，並嘗試用各種切入點來呈現。除了追問地域、民族、國家、語言、社會、經濟、宗教、文化等的廣泛分野，同時也強烈地要求接近這些對象的方法。即，一方面意識到應該要積極地活用社會科學及人文科學的分析架構，一方面也應該要思考是否可以藉此引導出亞洲的內在邏輯、歷史展開以及以整個亞洲為對象的特有方法。在各種探討亞洲的過程中，讓我們了解到必須重新檢討自己所根據的學問原理及分析方法的架構。因此，現代的地域研究、亞洲研究，可以相對化十八世紀後半以降的近代西洋、甚至近代世界的認識本身。《交錯的亞洲》這本論文集所展現的多角度檢討，以及對亞洲認識之歷史特徵的檢討，目的即在重新思考亞洲的歷史本身。「以亞洲歷史的形成樣態為對象」這種思考本身，甚至其探討的方法、歷史認識的內容，都應該是非常多樣性的。

對此，本卷嘗試將亞洲當作一個整體來理解。換言之，從大範圍的時間、空間，來探討亞洲地域內在的展開邏輯，並透過地域概念的重新再檢討，來呈現亞洲的歷史樣態。「如何理解地域及其動力？」這樣的視角，應該是理解亞洲整體的有效方法。而朝貢貿易是思考亞洲地域史的一個重要關鍵。

朝貢貿易——地域網絡

過去朝貢貿易是連結亞洲各地域的道路。以東亞地域為中心，通過東中國海、南中國海連結東南亞，經由麻六甲海峽進入印度洋，達於南亞地域。甚至，與伊斯蘭地域圈的交易也透過朝貢貿易的框架來進行。在朝貢貿易的名義下，交易可以有免稅特權，以仰慕中華皇帝威德的形式，「自由地」進行交易。

加入朝貢貿易這個廣域交易圈的商人，有中國商人、印度商人和伊斯蘭商人。這些商人相互重合，互相進入對方的圈域，進行交易活動。因此，各商人團體都不會只侷限在單一地域。例如中國的伊斯蘭商人在東南亞交易，而東南亞的中國商人負責朝貢貿易。因此，商人集團的「民族性」或「宗教性」只不過是便宜行事的分類罷了，毋寧說他們是歷史上具有可以稱為「朝貢貿易商人」的共通性的廣域商人集團。

其次，朝貢貿易在各地形成交易港及交易都市，彼此相互連結。地域性交易圈與其他交易圈交叉而形成廣域交易圈時，兩者或三者之間的相互節點，也就有了物品、人、金錢或信息的流通，互相仲介交涉，形成具有交易市場及港灣設施的交易都市。歷史上，麻六甲及廣州為其代表性都市。以這些地方為起點，交易都市之間形成網絡，有從麻六甲北上到檳城或曼谷的路線、或是南下到印尼各地的路線，還有到馬尼拉或中南半島的路線等等。從廣州有北上到臺灣或廈門的路線，有南下到馬尼拉或印尼的路線，還有從中南半島往麻六甲的路線等等。這些交易路線的系統，與地方末端的交易路線相互連結，拓展了朝貢貿易的範圍。如此一來，麻六甲及廣州就成為了交易網絡範圍的中心，而且是在重層的市場圈當中成為仲介著更上位市場圈及更下位市場圈的節點。

這種經由交易都市連結到中國的貿易，可以細分出三種交易方式。(1)朝貢品與回賜品的「買賣」；(2)北京會同館的朝貢使節團與中國特許商人集團之間的交易；(3)入港地、通關地的交易。其特徵是朝貢與回賜不只是儀式性的活動，也是一種對價的交易。其中入港地、通關地的交易，規模最大且最富商業利益。雖然名義上是朝貢貿易，但絕大多數的交易集團都不是到北京去交易，而是在入港地交易商品。總之，官方貿易與私人貿易重疊，利用朝貢貿易的框架吸引私人貿易。[5]

這些活動的前提，是因為中國具有高度的經濟力。周邊國家是為了利用此經濟力才朝貢，因此如果不能達到此目的，例如已經手工業化而不再輸入生絲（白絲）的地域，或是以朝貢貿易為主要財源的地域，如果朝貢貿易的對價低，他們便會公然抗議，甚至要求增加回賜品。[6]

如果將目光轉向東亞西北部的話，許多民族集團與中華的關係雖也可說是朝貢，但可以理解為納稅的一種形態。皇帝任命地方首長為土司、土官時，隨著統治關係的緊密化，朝貢的貢納色彩就會變濃。其次，來看位於東亞邊陲的朝鮮、琉球、越南等地，朝貢與冊封具有一體兩面的機能。亦即朝貢國派遣使節，承認皇帝的權威與威德，執臣屬之禮。皇帝對朝貢使節的回禮，是給他們下賜品，並且派遣冊封使承認國王，確認王權。在此可看到具有以「朝貢—冊封」關係在邊陲地域配置王權，中心在地政（geopolitics）上包覆整個地域的中華原理。

這種朝貢貿易中，物品的流動、人的來往移動重合交錯著，形塑出了權政（power politics）與地政的競逐場。朝貢是同時具有吸引力及排斥力的理念，扮演包覆多種而且多樣的空間。朝貢可說是將亞洲地域，特別是東亞地域，塑造成「地域」的網絡及理念。

「華夷變態」——地域的動力

在亞洲，地域與國家的關係形塑了地域的動力。東亞歷史中，地域與國家的關係表現為「華」與「夷」的關係。「華」以「昔帝王之治天下，凡日月所照，無有遠近，一視同仁，故中國尊安，四方得所」，[7]

證明其超越性的權威。被日月映照者，得以樹立王權，在其下訂出對應的位階秩序。得到中華的冊封，王權即被承認。在中華的周邊，「華」映照四夷，王權才被映寫成形。也就是說，由「華」形塑出「夷」之國。總之，「華」的政治空間，其外圍有「夷」，再外側則是化外之地。「華」透過「夷」來吸引化外之地，並且由「夷」來確認「華」的地域輪廓。

「華」的歷史展開當中，也曾嘗試將「華」轉換為民族主義。周邊的朝貢國，也嘗試將「夷」轉換為國家來與華對抗。這種趨勢顯示各民族與國家不同的向心力，同時，其前提是他們共有華夷關係這種歷史背景。在此可以看到各地域主義都有民族主義之主張。也就是說，亞洲的民族主義一方面主張族群或國家主義，同時也有地政上之廣域地域主義基礎。而且亞洲的民族主義具有很強的地方主義面向。有時反外國主義也被稱為民族主義，甚至地域末端顯示的排外主義，也有被視為民族主義者。這是因為亞洲的民族主義，與廣狹多樣的地域主義具有密不可分的關係。

就這樣，華與夷各自代表不同的廣域地域（「域圈」）與國家，以華夷秩序為背景的兩者交互地交替出現（「華夷變態」）。這也意味著亞洲地域史研究必須究明地域與國家兩者如何相互重疊，而在地域之上映照出國家。在此，「華」用來表示「地政」，「夷」表示「權政」，[8]兩者皆以對方的存在為自己維繫的條件。「華夷變態」本來是十七世紀初期從明朝的觀點來形容明清交替的事態，然而此變化並不止於明清交替之際，而是出現在更長期的東亞史當中。「華夷變態」即是地域主義與國家主義的交替，也就是地政與權政的交替，可說東亞史的歷史動力。

如果歷史性地概觀，亞洲的地域與國家之關係，可以說是依據「域圈」，即廣域地域或複合地域為基礎的「華」之主張，並且將同一關係下的「夷」分離出來。此「華」與「夷」改變其表現、替換形態，並且兩者輪替和互相轉換時交涉、對立、再編的過程（即亞洲各地域、各國共有的「華」這個中心，與共有的「夷」這個異化作用，相互轉換姿態的華夷變態過程），賦予了廣域地域形成一個政治體的機能基礎，形塑了亞洲史動力的內在動因。例如，十九世紀後半日本形塑的「亞洲」，是批判歐洲擴張、實踐亞洲民族主義之場域。同時，日本也意圖在東亞和東南亞，取代中國長期以來所維持的廣域秩序，使其脫胎換骨，由日本來取代中國的角色。

「亞洲」、「合邦」、「東亞」、「連邦」等表述，顯示東亞知識分子基於歷史共有之「華」意識的廣域地域統治、複合地域的統治構想。這也是不斷想要「興華」之知識分子的願望。當我們從其與現代的連續性視野重新思索它時，就會有很多應該檢討的課題。擺在那裡的各種問題，有時因關係到衝突、紛爭，甚至是戰爭，而無條件地成為批判的對象，有時則成為完全被忽視的研究對象。但是想要討論亞洲之歷史與現代的關係，與其從時間軸的變化來檢討，毋寧必須在空間軸的連續性中透過歷史時間的蓄積，從地域主義的觀點目的性地發掘橫亙兩軸之間的各種課題。

這是因為過去國家利益的實現與整體世界的發展互相連動的方程式，現在已經不得不改變成地域典範的方程式，即必須變成由形成複合地域以追求廣域地域之安定化。

從邊陲思考亞洲

邊陲化的世界

現代世界的各種問題，在各式各樣的意義上，可說是因為世界不斷「邊陲化」而產生的。邊陲地域發揮變動的能量，但過去的中心無法吸收，反而採取封閉態度。過去處理中心與邊陲之間問題的框架，遂逐漸無法發揮作用。

現在，大家都在思考如何理解邊陲（周邊、境界、前線、邊境）的能量。國境貿易、移民、民族的分離獨立運動，甚至環海的連結等邊陲的變動，無法透過測量他們與中心的距離來理解。事實上，邊陲的能量本身即是地域的動力。現代對於地域研究的要求就在此，地域研究的特徵最重要的，就是邊陲研究。

過去所有的研究，可以概觀地說都在瞭解中心、核心，即所謂的「本體」。也就是說，過去的研究是以更抽象化和純粹化的形式來理解、接近事物的本質。相較之下，邊陲本身很難成為研究的對象，邊陲完全成了中心的附隨和從屬，向來被漠然視之，沒有獨特的地位。

觀諸歷史，這並不是沒有原因的。因為自十八世紀後半，西洋的思維本身就是在追求普遍性，而其前提則是以進步及發展為中心理念，因此必須在時間軸上設定「共通」的目標。為了達成目標，因而形成各種分析架構。自然科學本就如此，人文科學、社會科學各領域也一樣，都在致力於究明此種理念，並且將其正當化，視之為世界共通的理念，將歷史描繪為人類的發展史。從社會科學到博物學的所有分析或分類架構，為了分析對象，通常會將自己的手法精緻化，將概念、語言普遍化。而且這種追求普遍性的向心力，是對象分析的架構，同時也是追求自我認識、自我認同的架構，也就是把自己歸屬於國家、國民，於是普遍性和進步性成為時代的價值標準。

如今，應該檢討的對象很明顯，分析方法及目的不辯自明的時代已經過去了。只有一種歷史評價標準的時期，也就是第二次大戰後無條件地肯定反殖民地、族群自立、民族獨立等的時代，如今也面臨重新思考。與過去中心指向型的研究不同，如今的地域研究，其研究對象，小自地方、大至國際關係，內部是可流動的範圍。

這種過去之中心的變動，不只是戰後結構組成上的變動，也是十九世紀以降世界圖像的變動，也就是所謂近代世界的變動。因此，如何將眼前的變化放在長期的歷史範疇中思考、應該要在怎樣的歷史認識中探討這樣的課題，就越發重要了。邊陲研究的主題，是將這個近代世界本身納入視野的觀點，與過去由中心構成的觀點不同，是要導引出邊陲本身的方法，藉以將整個近代世界視為對象的方法論課題。

這就必須強烈的關心分析方法中的「邊陲化」。過去走向「中心」的向心力追求純粹化、普遍化、同化等方法、指向、發想，如今為了掌握被概念化的「邊陲」，更為講究追求涵蓋性、媒介性、個別化、差異化。但這不是援用過去的方法來分析對象的變動，而是伴隨著對象的變動，方法也必須隨之調整，才可以主張邊陲的獨特性。中心與邊陲的關係，不是強弱、權力大小的問題，而是邊陲本身的內在性照射中心，兩者之間的往復作用。這是地域研究在邊陲研究中嘗試此方法的理由。

地域研究的邊陲——東亞史上的穆斯林、華僑

邊陲獨特性的特徵是什麼呢？邊陲，以往實際上是與中心相對，以「中心—邊陲」關係被討論的。歷史上，是以近代歐洲為中心，以亞洲為邊陲，亞洲是經由歐洲而被認識的。本卷（《從邊陲來看的歷史》）不是以歐洲史為中心而存在的邊陲，而是將亞洲的邊陲當成對象，從「邊陲」這樣的觀點來思考亞洲。例如，日本一貫所追求的民族主義，無論在時期上或國家形成的內容上，過去都認為是明治以降西化的問題。但是，如果從亞洲地域史的觀點、邊陲研究的觀點來看，民族主義的形成並不是明治以降才開始，而是在歷史上橫跨東亞域圈全體的「朝貢—冊封」關係中，直接、間接形成的日本認同。這個論點就是想定亞洲的中心性，從邊陲映照出亞洲而引導出來的，可以表現出地域史中前近代與近代的連續性。

邊陲未必只對應單一的中心，不斷地對應複數的中心，也是邊陲的一個特徵。邊陲的特徵是以其與某一個中心的關係來定位的。但邊陲也同時與其他中心具有複合的關係，它是媒介的、仲介般的存在。也就是說以中心—邊陲關係構成複數的經濟圈、政治圈、文化圈，彼此相互鄰接而形塑出來的邊陲，其所顯示的歷史主題相當具有複合性。在此，各種多樣的異質要素互相交流、交涉，而為了保證其交流、交涉，便

形成了數個社會機能。例如使人之移動與居住變為可能的都市機能、不同經濟圈之接觸而產生的市場機能，還有為了媒介不同文化圈之信息而產生的語言機能等等。換言之，邊陲地域以統括複數中心的機能而成立。因此，邊陲研究之出發點就具有複合式主題，可說是以主題的複合性為前提而開始的。

過去的歷史研究，多研究中心、核心或本體之部分。以中國為例（用「中國」一詞即相當表現了其中心性），就是中華、漢族、皇帝、集權的官僚機構等。但是，試看中國史上的穆斯林（回回、回民）歷史。唐代以降經由所謂絲路進行東西交易，在中亞、土耳其斯坦等地，以維吾爾為首、信奉伊斯蘭教的諸民族，就已經到達中國北邊。宋代有高達數萬阿拉伯、波斯系伊斯蘭商人經由海上來到泉州、杭州、揚州，進行商業活動。他們生活在稱為蕃坊的居住區內，具有一定的自治權。這是由南方沿著東南沿海北上的穆斯林。

元代，在蒙古帝國的範圍中，伊朗系等中亞諸民族，以色目人的身份被任用為元朝的統治階層。他們一方面南下，同時也向各方面移動，過程中有許多回族穆斯林移居到以雲南為中心的中國西南地區。結果中國由西北到東南沿海，甚至到西南的邊陲地帶，形成了可說是伊斯蘭教的邊陲多民族帶狀地帶。

從歷史背景來看，這些穆斯林並無一致性，而是分屬不同的民族、不同的宗教派別，並且與中國王朝具有不同的關係，與中國進行交易活動、移民，並且集居於北京的牛街，相當多樣化。此外，雲南出身的穆斯林鄭和，在明朝盛世的十五世紀初葉，受永樂皇帝之命，七度赴印度洋至伊斯蘭地域的大航海活動，與伊斯蘭外部世界形成了交流。處於中國邊陲的伊斯蘭，即使到了現代，基本上也仍然存在。思考邊陲的歷史關係時，它提供了重要的課題。[9]與此相關的是，亞洲地域的邊陲中，華僑和印僑的移動與定居、世代交替與認同變化、甚至當代人的移動等主題，都可以從邊陲研究的觀點，更積極地加以定位。[10]

邊陲化的亞洲此一視點，在檢討多面性的亞洲之後，成為重要的方法。也就是說，新觀點將亞洲地域整體視為一個政治、經濟空間，而且在當中有複數的中心—邊陲關係相互重合。從複數的中心理解政治空間的間隙，是邊陲地域權力性格的特徵。討論這種歷史性動力時，積極地將邊陲圖像納入視野，才是討論亞洲的方法論根據。

地域史研究中的中心與邊陲

十九世紀以降歷史評價的標準，長期以進步、發展的脈絡來討論，因此歷史可說是相當時間序列式的，是從過去到現在單方向的時間之流，而且是發展式的時間之流，幾乎沒有往上回溯過去的歷史認識與周期性交替出現的歷史圖像，歷史可說只在追蹤結果之合理性或歷史必然性。的確，以時間序列、發展階段、時代區分來討論歷史的因果關連，是思考歷史的一個方向，但是在此很難找到思考個別性或邊陲的動機。而且，如此討論的現在，是站在歷史的高處，藉以評價、裁判過去之標準的現在。結果，討論的是沒有同時代認識及邊陲認識所媒介的歷史，歷史認識與現實越發地乖離了。

為了思考邊陲的歷史，必須斟酌歷史探討中的回溯法與周期性。如果把回溯視為地域研究的方法，邊陲就會映照出中心的回溯形態。這是因為中心的內容乃是由邊陲所累積、維持之故。此回溯形態雖然表現於中心與邊陲的交涉過程，但中心的集中性也有各式各樣的要素並存。相對地，邊陲則有其選擇性或排他性的傾向。從這裡可知邊陲本身具有個別化及異化的作用。

關於歷史周期性的討論，主要集中在是否能找出經濟史上景氣變動的方法。例如用十年週期的經濟恐慌來討論十九世紀，或是五十年週期所謂「長期波動」的景氣變動等。中心－邊陲關係中構成的地域論，也有可能以周期性來說明，而且也有所必要。在此所見之周期性，是中心與邊陲相互交替的周期性，也是中心與邊陲力量相互轉換的周期性。

中心發揮向心力，企圖透過各式各樣的力量將影響力擴大至邊陲，或是透過各式各樣的制度、組織，使邊陲盡可能地擴大。無論上述哪一種情形，都是將權力、權限集中在中心或中央，整備行政上的維持機能，確立財政然後發揮稅收與歲出機能。一段時期之後，邊陲便要開始面對內外兩面的三個問題。第一，在與中央的關係中，政治、經濟的均衡關係是否妥當？第二，中央統治邊陲的正當性可否接受？第三，與鄰接的其他中心之關係是否安定？當中央逐漸從分配財富和權威轉而為集權，邊陲就會開始抵抗。中央開始弱化時，邊陲也就開始發揮力量。中國史上，唐代以降各王朝的集權與衰退，即顯示此「中央—邊陲」關係的勢力消長。宋末中央的衰退與女真、蒙古的崛起，元末與明的登場，明末與倭寇的活動，清末沿海地方的活躍等關係，其特徵即是中心與邊陲的力量消長、官民的力量交替。這種周期性即使在現在也還是一樣，我們在理解華南地域的變化時，可以作為歷史的視角。

中心與邊陲的關係是「成對」的，彼此相互補全。如果從地域史研究的觀點來看，即是把地域當成一個整體，了解如何形成其政治、經濟、文化上的「中心—邊陲」關係。其中，也包含以海域為中心形成的開港商埠、交易都市之相互關係。東中國海、南中國海邊陲的海港都市相互結成此種交易、移民之網絡，這也是地域史、邊陲史研究的視野得以開拓海域史研究的原因。

中心之所以得以為中心，是注意到邊陲乃自己成為中心所不可或缺的構成因素。中心因此致力於包覆整體，一方面要對多樣的以及地域的、海域的範圍，採取更含括性的方向，同時為了對此範圍有不斷的影響力，必須具有更集中化和普遍化的權力、權威或制度，乃至價值。相對於此，邊陲的認同、自我主張，在與中心的關係來看，是個別性的主張，被中心所異化，亦即是對抗集權與集中的分權，或主張相異的價值評價。這種個別性，有時以民族的形式表現，有時則是以表現文化價值差異的宗教出現。但此傾向原理化時，若與地域認同不能並立，便會招致地域紛爭。

注釋

1 參考フェルナン・ブローデル著，神澤榮三譯，《地中海世界》1、2，みすず書房，一九九二—三。〔中譯本：費爾南・布勞岱爾（Fernand Braudel），《地中海史》（二卷），曾培耿、唐家龍譯，臺灣商務，二〇〇二。〕

2 Fernand Braudel (Sian Reynolds translated), *The Identity of France*, *Harper & Row Publishers*, 1988. 此外，可參考 Vassilis Lambropoulos, *The Rise of Eurocentrism: Anatomy of Interpretation*, Princeton University Press, 1993.

3 參考エドワード・W・サイード著，板垣雄三監修，今澤紀子譯，《オリエンタリズム》，平凡社，一九八六。〔中譯本：愛德華・薩依德（Edward W. Said），《東方主義（2023年版）》，王志弘、莊雅仲、郭菀玲、游美惠、游常山、王淑燕譯，立緒，二〇二三。〕リチャード・H・マイニア，〈オリエンタリズムと日本研究〉，《みすず》一九八二年三月號。

4 編注：《アジアから考える1：交錯するアジア》，溝口雄三等編，東京大學出版會，一九九三。

5 濱下武志、川勝平太編，《アジア交易圏と日本工業化—1500-1900》，リブロポート，一九九一。

6 《歷代寶案》，鄭良弼本，第九冊。

7 編注：《明太祖實錄》卷三十七，洪武元年（一三六八）十二月壬辰。

8 林春勝、林信篤編，《華夷變態》上中下，浦廉一解說，東洋文庫刊，一九五八—九。

9 中田吉信，〈中国におけるイスラム史の研究状況〉，《東方学》第七十六輯，一九八八。Gladney, Dru C., *Muslim Chinese*, Harvard University Press, 1991. 此外，關於邊陲的基督教與諸民族之關係，可參考 T'ien Ju-K'ang, *Religious Cults of the Pai-I*（擺夷）*along the Burma-Yunnan Border*, South East Asia Program, Cornell University, 1986.〔原書：田汝康，《擺夷的擺：芒市那木寨的宗教活動》，國立雲南大學社會學系研究室，一九四一。〕

10 Wang Gungwu, *Community and Nation: China, Southeast Asia and the Chinese*, Asian Studies Association of Australia, 1981.

第2章 東亞所見之華夷秩序

選自《東アジア世界の地域ネットワーク》，山川出版社，一九九九。

許佩賢 譯

前言

十八世紀末以降，實現國家利益成為世界發展的主要方程式。因民族主義相互共存、競爭，使得世界這個母集團整體得到發展與擴大。

但是，現在以此國家利益為基本的國家相互間關係（亦即國際關係），受到二個問題夾擊。第一是地域主義，第二是全球主義。現在的地域主義所說的「地域」，未必是「國家」的下位概念，有時候「地域」會擴大，成為複合地域，而包含過去國際關係之領域，甚至有時也會在某一個倡議之下形成地域體系（或許可以將之稱為「域圈」）。而且，就算是在國家下位的「地域」概念，也絕非和過去相同，單純地從屬於國家，而有開始主張其獨特權限的情況。這些地域主義中，經常因民族問題、宗教問題等新的認同內容而更加凝聚或排他。

此事也意味著國家與世界這種過去的結合單位或交涉主體，甚至是國際關係的構成及其向心力、堅固的中核、擴展的範圍及離心力等，過去堅固的紐帶全部都出現疑問。同時也因為東歐局勢變化及蘇聯瓦解的刺激，現在——二十世紀末的世界，也有可能直接面對新的認同危機。重新追求的認同，雖然也以地域、國家、世界、民族、宗教等各種歷史經緯為背景，但未必是從其中選擇某一個作為認同對象，而是由這些要素複合而成。

在這樣變動的現代世界中，如果想要琢磨其歷史位置、思考其未來面貌，就必須將「現在」置於可上溯數百年的長期歷史變動中，並且掌握可以預見「將來」的根據。如此才有可能導出安定化或不安定化之要因，得到解讀現代的線索。本文將以「以東亞為中心的廣域地域」為對象，從華夷秩序的展開這樣的視角思考其歷史構成及廣域秩序理念。

橫跨海域的「中華治世」（Pax Sinica）

歷史上實現長期廣域統治的例子可以舉羅馬治世（Pax Roma）、在十九世紀到達頂點的不列顛治世，或是二十世紀的美利堅治世（Pax Americana）。

將目光轉到亞洲的話，也曾有中華治世或蒙古治世（Pax Mongolia）等廣域統治之事例。但是以歐洲為中心實現的廣域統治，與亞洲的廣域統治性質不同，而且中華的廣域統治也和蒙古的廣域統治不同。我們必須留意統治理念的「世界性」及「普遍性」，同時也必須注意廣域地域的統治秩序之具體樣貌各自不同，不能忽視文化影響所產生的問題差異。

現在，第二次世界大戰後所謂美利堅治世的時代結束，美洲大陸地域內部或歐洲地域內部都不斷走向統合。另一方面，在亞洲地域也是一樣。一九七〇年代以降亞洲 NIEs 所見之經濟發展，八〇年代以降所見中國之改革、開放政策等，與東南亞國協諸國的經濟發展同樣大大展開。在這些亞洲地域所見之經濟發展，與其後九〇年代的金融危機，其歷史根據及意義究竟何在？必須從這種當下的問題視角，解明在長期歷史變動中東亞、東南亞所具有的地域紐帶。發展的亞洲也好、危機的亞洲也好，都必須以同一視野來檢視。

從歷史上來看，從東北亞到東亞，甚至從東南亞到大洋洲，存在著好幾個海域圈，位於其邊陲的國家、地域以及交易都市相互影響，是此廣域地域的重大特徵。此處所言「海域」的大小，不是像印度洋、太平洋那樣的「洋」，而是如黃海、日本海一般的「海」所顯示的範圍。

如果我們看從東北亞到澳洲東南部的連續海域，從鄂霍次克海開始，接連著日本海、黃海、東中國海、南中國海、爪哇海、班達海等，接著進入澳洲近海，接著是阿拉弗拉海、珊瑚海，然後到塔斯曼海（參照圖 1 亞洲海域圖）。這個連環海域包含的海域，在世界其他大陸周邊海域之中，數量最多，同時相互交錯的情形也最顯著。勉強要比較的話，可以說比較像地中海海域的內部構造，而以更大規模、更往南北向擴大而成。

這些海域被大陸部、半島部、島嶼部三部分圍繞，也與其他海域有所區隔。而位於各個海域邊陲的沿海地域之相互關係，是彼此位置鄰近而可以互相影響，同時也保持著絕不會同一化的距離，而能維持相互的獨特性。

由此可知，在思考亞洲地域史時，亞洲海域史的探討不可或缺。在此海域，各個政治、經濟權威或權力經常此消彼長，加上海域文化圈的形成，使多個地域間互相交涉與複合。現在成為話題的華南經濟圈問題也同樣如此，其與歷史上南中國海的構成密不可分，而環日本海、環黃海經濟圈的構想亦同，拿掉亞洲海域的歷史性前提就不可能如此構想。

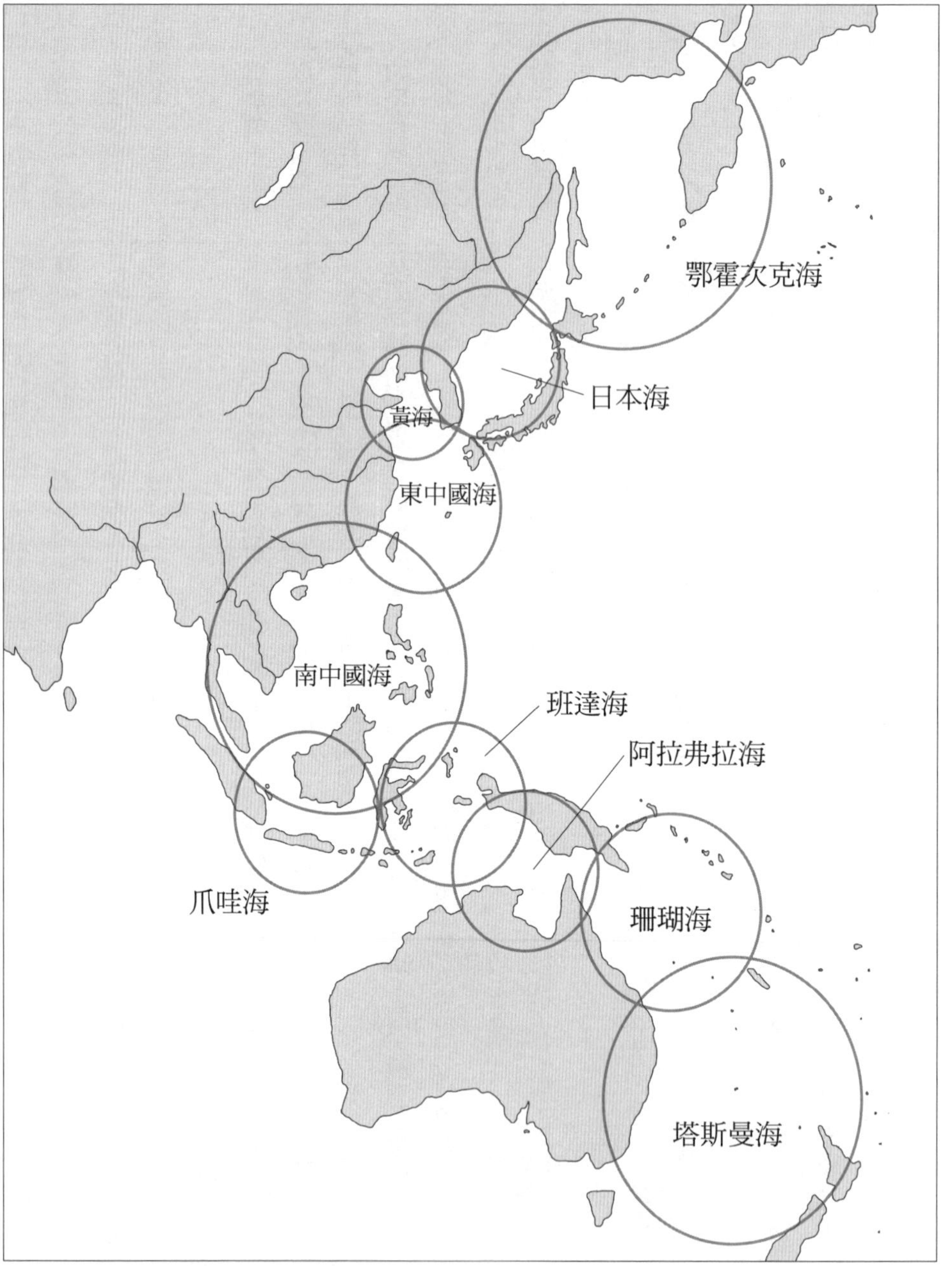

圖 1　亞洲海域圖（現況）

東亞史所見之華夷觀

屬於廣域統治的中華治世之華夷觀，是一種秩序理念，同時也是統治理念。這是於歐亞大陸東部及廣泛分布於其沿岸的半島部、島嶼部，在地理相互複合的環境下，而在政治地理上或經濟條件上，都相互依存、相互補充的理念。

大陸部（中心部）豐富的自然、社會、文化條件，與周邊部之間有各種交涉；而周邊部——如蒙古、滿洲族，有時依恃武力短期進攻大陸部，而被吸收或排除。相對於此，在大陸部有時也導入佛教等宗教理念以進行統治，北魏即為其例。

但是，只有軍事或宗教並不足以維持政權，而須追求更具普遍性的統治理念，此即儒教所主張的禮治或德治，亦即華夷秩序的理念。基於華夷秩序的天下觀，將邊陲部全部容納進來，超越異質政治要素之個別性，而企圖含括異質性的理念。這就是被稱為中華／華夏的「中心世界觀」。

明代洪武元年（一三六八）年發出內容主旨為「四海一家」的詔書，派遣使者至日本、高麗、琉球、安南、占城。詔書內容有如下一段文字：

昔帝王之治天下，凡日月所照，無有遠近，一視同仁，故中國尊安，四方得所。[1]

此處所見之天下理念、華夏（中華）理念，是附隨皇權的超越性普遍式理念。而作為此種理念的華夏觀，以華夷意識來表現，可以稱為「自我世界主義」，以此建構自我認識，也就是世界認識。

「華」與「夷」的關係並不是以自己為中心，將自己視為「華」，而將相對的他者視為「夷」。華夷認識中的「夷」，是在自己的影響下，應該要接受自己恩惠的對象，並不是把他者本身視作「夷」。因此，「華」不斷地意圖將「夷」含括到內部，以此形態來維持對外交涉關係，華夷秩序即是一種地政式的廣域秩序理念。如東夷、西戎、南蠻、北狄，以方向概念來表示，即是其例。

此處的「夷」，是沐浴在皇帝德治的恩惠之下，為感謝此恩惠而派遣使節前去朝貢，而中國則派遣冊封使認可國王。

如此看來，前文雖然提及華夷秩序在歷史上以中國為中心，是中國的對外秩序觀，但華夷認識本身，是以自己為中心，將自己視為世界的地政式廣域秩序理念。因此，被中國視為夷的國家或地域，未必認為自己是「夷」，而也有可能認為自己是「華」。華夷秩序這種理念的最大特徵即在於此。

對於前文提及的明太祖詔書，日本的懷良親王在回信〈上太祖表〉中有如下反駁：

> 蓋天下者，乃天下（人）之天下，非一人之天下也。[2]

如此處所見，形式上是朝貢國向皇帝上的「表」，但內容是強調天下（華）絕不是由國家大小或強弱來決定，而是所有人可以共有的理念。換句話說，華夷理念本身可以被共有，華與夷很容易就可以互換。可以有很多「華」並存，任何一個國家也都可以主張自己是「中國」。越南在編輯其國史《大越史記全書》時，也可以看到這種共通的動機。

華夷理念與位階制度

華夷的理念是由位階制所支持。皇帝權力的超越性與其說是在其自身，更是因為權力超越此位階制度之外而得到更多保障。在中國，中央官制、地方官制皆分成九品，品次是一種上下關係的秩序。而此位階的分配或升降都集中在皇帝之手，使得皇帝權力更加聳立於外部。

此位階制度不只是上下關係的秩序，同時也有一種平行關係，與其他國家或地域的位階秩序連動，一起含括進廣域地域。此位階制的縱橫關係，便形成廣域地域整體的綜合位階秩序。此即中華治世的內容。

中國地方官的位階如表 1 所示。位階不是實際職位的稱呼，而是對應職掌的等級，意味著官職的高低。藉此制度將所有官員定位、序列化。

此位階在其他國家、地域也存在，與各自官職、職掌的差異無關，但等級可以互相對應。例如琉球國，是分成正九品和從九品（表 1 中只列到七品）。

而這些國家、地域的國王之位階任命，最後也是集中在皇帝手中，以此形成整體的位階秩序。

現在以具體的實例來看橫跨明、清，長達五百年間具有朝貢冊封關係的琉球。

琉球國王被冊封為正二品。同樣具有二品銜的中國地方官為布政使，因此琉球國王對福建布政使實際上為平行關係。各國、各地域內部秩序的品次階梯可以相互連結，整體而言可以視為中國皇帝透過朝貢、冊封關係讓整體關係各就其位。

在此還有如下兩種關係存在。第一，如圖 2 所見，位階相互並行、對等之關係，各自的國內秩序對應對外關係的秩序。來自琉球的朝貢使與來自中國的冊封使之來往是對等的，而各自有對應的位階。這裡

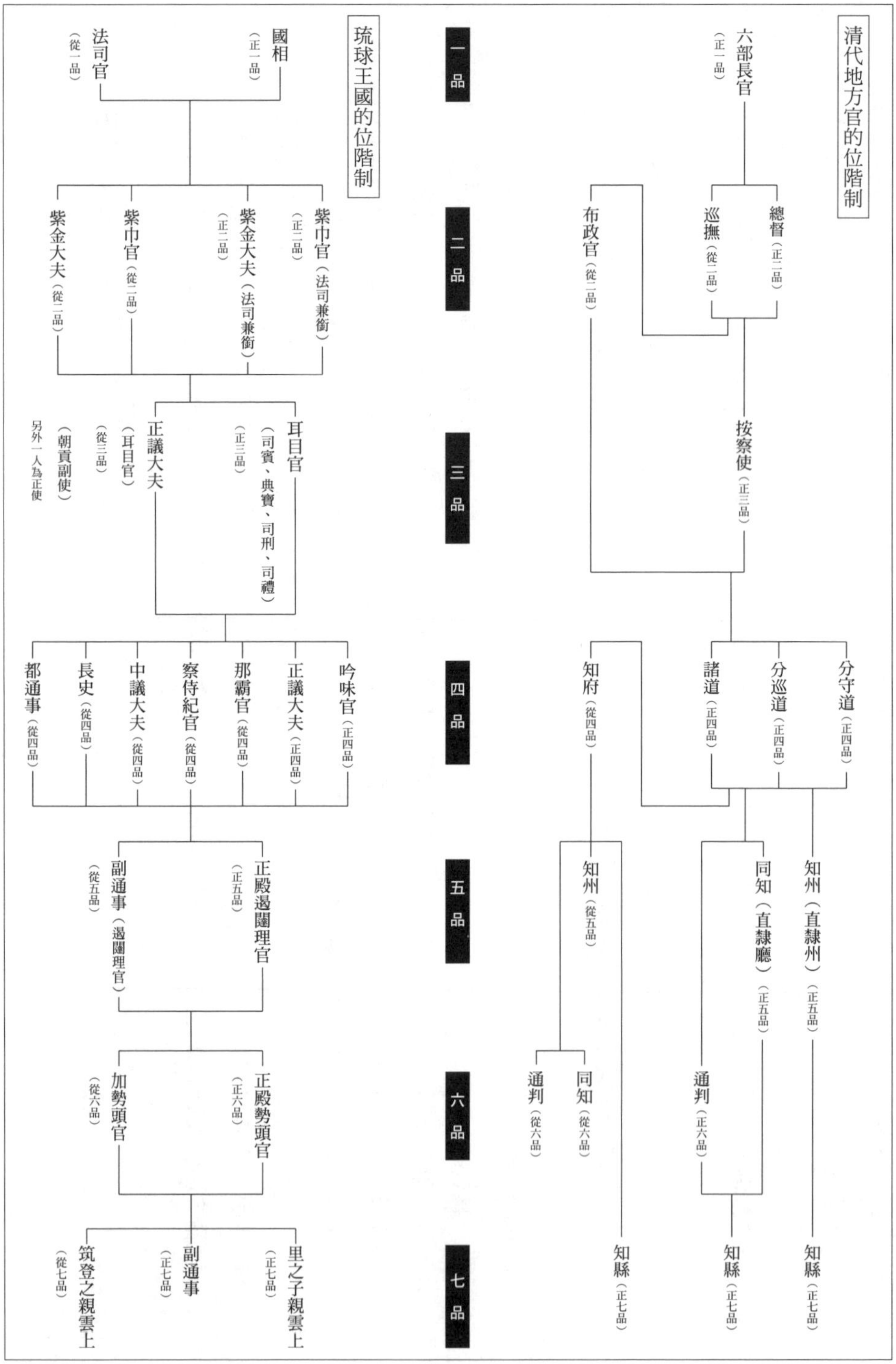
清代地方官的位階制
六部長官（正一品）
總督（正二品）
巡撫（從二品）
布政官（從二品）
按察使（正三品）
分守道（正四品）
分巡道（正四品）
諸道（正四品）
知府（從四品）
知州（直隸州）（正五品）
同知（直隸廳）（正五品）
知州（從五品）
通判（正六品）
同知（從六品）
通判（從六品）
知縣（正七品）
知縣（正七品）
知縣（正七品）
一品
二品
三品
四品
五品
六品
七品
琉球王國的位階制
國相（正一品）
法司官（從一品）
紫巾官（法司兼銜）（正二品）
紫金大夫（法司兼銜）（正二品）
紫巾官（從二品）
紫金大夫（從二品）
耳目官（司賓、典寶、司刑、司禮）（正三品）
正議大夫（耳目官）（從三品）
（朝貢副使）
另外一人為正使
吟味官（正四品）
正議大夫（正四品）
那霸官（從四品）
察侍紀官（從四品）
中議大夫（從四品）
長史（從四品）
都通事（從四品）
正殿遏闥理官（正五品）
副通事（遏闥理官）（從五品）
正殿勢頭官（正六品）
加勢頭官（從六品）
里之子親雲上（正七品）
副通事（正七品）
筑登之親雲上（從七品）

表 1

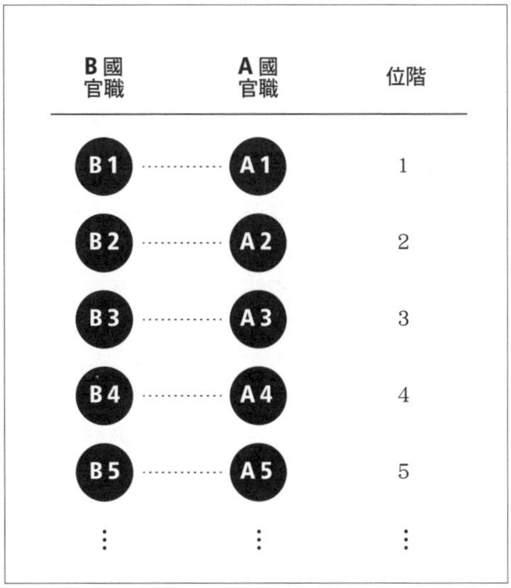

圖 2　官職與位階的平行對應關係

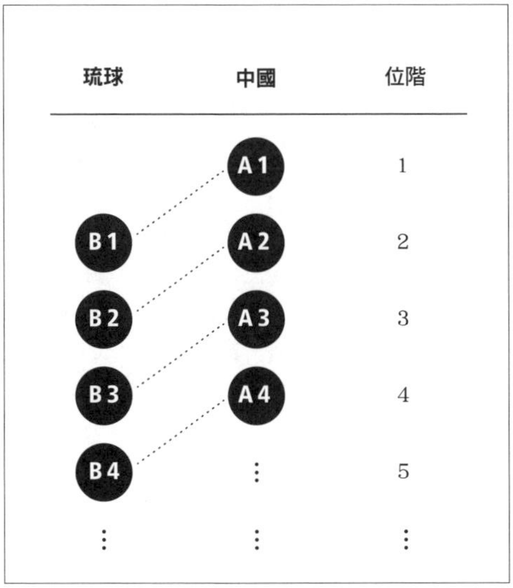

圖 3　位階對應關係之差距

雙方都是三品官。

第二，這種關係同時也可以在歷史上中國與琉球國的關係上見到，受中國皇帝冊封而得到二品銜的琉球國王，產生了位階對應關係之差距。

如圖 3 所見，因為琉球國王被定位在中國的位階之中，而使得整個朝貢國的官職體系全部被納入其中。

結果，透過位階制度的對應關係，中國的「對外關係」不只是中國與朝貢國的關係，事實上也使朝貢國之間彼此成立某種關係。而華夷秩序便是建立在以下的關係之上：將「夷」變成「華」的對外交涉，形成位階的上下關係及平行關係；而「夷」遣送朝貢使節至「華」，「華」則定期地向「夷」遣送冊封使節。

華夷秩序的交涉方式

表現在位階制度的華夷秩序，一般說來具體顯示在相互往來的書簡格式上，其形式的確認即是交涉的契機。總共有三種形式，即由下位寫給上位的格式、上位寫給下位的格式，以及兩者平等的格式。

自十五世紀初起，琉球王國與中國之間有長達四百五十年的朝貢關係，《歷代寶案》即是詳細記錄朝貢、冊封關係的交涉過程，將各種書信格式關係全部記載下來的寶貴歷史資料。例如在派遣朝貢使節的乾隆五十三年（一七八八）十一月二日，琉球國中山王尚穆寫給中國方面的文書多達十五封。將這十五封信依文書格式及收件人分類的話，可以分成如下四類。

1 琉球國王寫給中國皇帝的「表」及「奏」（三封）
2 琉球國王寫給禮部的「咨」（四封）
3 琉球國王寫給福建布政使司的「咨」（五封）
4 寫給福建連絡事情的「符文」及「執照」（三封）

如果從位階關係看這四類可知，琉球國王寫給中國皇帝意味著下位者向上位者的交涉，文書格式是「表文」或「上奏文」。琉球國王寫給禮部及福建布政使司，因為雙方都是二品銜，因此使用平行文書的「咨文」。禮部是中央官廳，專門負責接待朝貢使節，福建布政使司則在朝貢使節入港地福州負責接待朝貢使節。符文及執照是上位者寫給下位者，用以聯絡朝貢使節事務的文書，通常記載攜帶物品及隨行人員等。這些文書都是用漢文書寫。

另一方面，在琉球國王交替時，負責替中國皇帝冊封新國王的冊封使，會帶著皇帝給琉球國王的「詔」及「諭」，兩者都是上位者寫給下位者的文書。

琉球的朝貢貿易主要是調度來自東南亞的蘇木、胡椒，將這些作為提供給中國的朝貢品，占有重要地位。因此，琉球國王也會送使節至東南亞的暹羅、爪哇、舊港（三佛齊）、滿剌加、蘇門答剌、安南等地，希望收購被規定為琉球朝貢品的蘇木、胡椒。此時寫給東南亞國王的文書是「咨」，意味著平行關係。

即使到了十七世紀以後，琉球也把這一套對外關係的模式，應用在與日本的往來上。特別是一六〇九年薩摩藩進攻琉球後，琉球成為薩摩藩屬地，琉球對江戶幕府也是在每次將軍交替時遣送慶賀使。而琉球國王交替時，則是派遣謝恩使。

江戶幕府在歷史上原本都是記載「中山王來朝」，但在寬永十一年（一六三四）慶賀使訪問以後，都改記為「來貢」，將琉球來訪視為朝貢使節。對此，琉球有時接受薩摩藩的要求，採取臣下之禮；有時發出表現兩者對等的文書，而此種情形經常會造成雙方的摩擦，成為交涉案件。琉球在正德四年（一七一四）新的將軍繼任時派遣慶賀使至江戶幕府，攜帶的信件格式成為問題。當時幕府方面的官員新井白石提出文書格式的問題，例如(1)不應使用真名（漢字），而應使用假名（日本的文字）；(2)不應該使用宛如同輩之國的「貴國」、「大君」等詞。這也是重視「文書格式」的外交交涉。

琉球也與朝鮮有交涉關係，特別是明代後半，琉球與朝鮮來往頻仍，朝鮮國王將琉球稱為「交鄰」，以表現平行、對等關係的咨文互寄來往信件。此外，琉球國派了三品銜的正議大夫為使節，負責交易實務，對此，朝鮮國方面也同樣由三品銜的吏曹判書發出平行文書「移文」，記錄禮物的受領。從這裡可以看到琉球與朝鮮的關係，相互以同階層的等級對應。由這個例子可見這種關係的前提是琉球和朝鮮都是中國的朝貢國。

朝鮮的位階制度在對外交涉上也嚴格適用。一七一九年派遣到江戶的朝鮮通信使在經由對馬時，因為主張與島主不同階層，拒絕對等的接待，是其中一個典型事例。[3]

關於琉球王國的對外關係，可以看到以下特徵：⑴王權的位階是由與中國的朝貢、冊封關係來定位；⑵與其他朝貢國，如朝鮮、東南亞等維持對等關係；⑶與日本的關係，琉球內部的觀點是兩者為對等關係，但因為臣屬於薩摩藩，日本方面會採不對等的對應方式。總之，東亞各國和各地域的相互關係是對應位階、等級的相互關係而形塑的。

結語——華夷變態、東亞史的動力學

如果我們把廣域地域所具有的歷史形態稱為「地域體系」，那麼在東亞、東南亞所看到的與中國之間的朝貢關係，可以視為地域體系之一的表現。

此朝貢關係是以各地域內部及外部所形成的多角、多層次之交易活動及人的移動為基礎。而其前提是規範政治、外交、軍事的秩序，在歷史上以中國的皇權為中心所組成的廣域地域秩序（中華治世）之一部分。如圖 4 所示，在地方秩序及異民族統治等方面，是透過藩部、土司、土官等行政官廳進行，但朝貢關係是由禮部管轄，是比較間接且交易占有重要比重的統治關係。從禮治、華夏（中華）、華夷等表現也可以看到朝貢關係具有華夷關係的特徵，華與夷的位階秩序含括全體，經常針對華夷意識的階序進行交涉。在此可以看到如下三種趨勢。

⑴各個朝貢國對其他朝貢國或非朝貢國，經常把自己置於「華」的位置來行動，可說是衛星式的華夷關係。

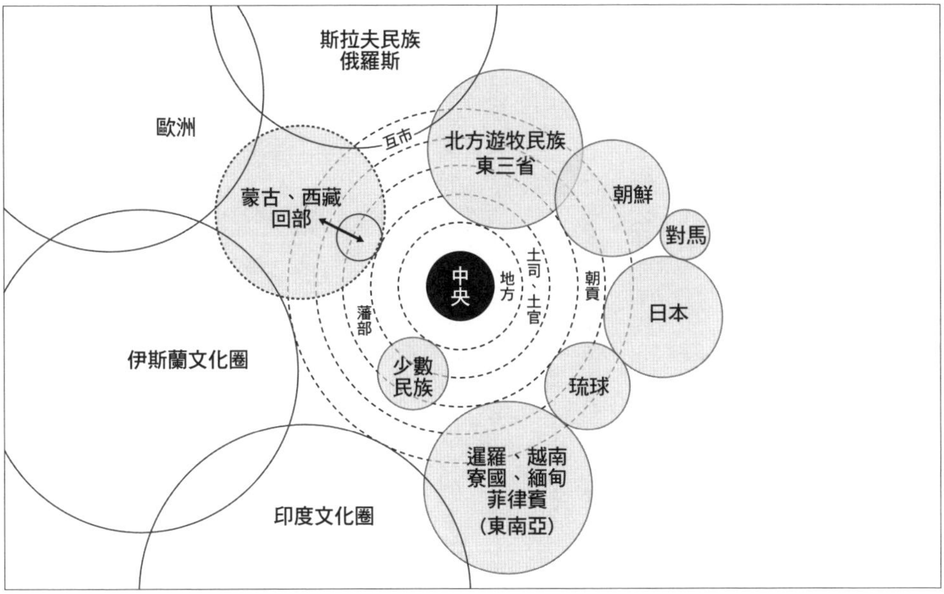

圖 4　東亞的華夷秩序（清代）

(2)有時朝貢國批判中國的中華，並且將「華」奪取過來，使向來的華夷關係逆轉或產生變化。這就是所謂的「華夷變態」（這個詞是來自林春勝、林信篤編輯的《華夷變態》一書，該書是將江戶時代對航行至長崎的唐船問訊調查書[4]編輯而成，其中用此詞語來形容明清交替）。

(3)作為「華」的自我意識，將自己與作為「夷」的他者區別開來，在內、外都產生實態與認識的乖離。但是，彼此之間都是將自己「視為」華，而將他者「視為」夷的關係，產生出一種不將實態關係直接表現出來的中間式交涉方式。

關於(1)的「小中華」或衛星式華夷秩序，在歷史上可以看到一些事例。例如暹羅想對交易中繼基地麻六甲持續行使影響力，或是越南進攻占婆或寮國，意圖將它們變成朝貢國，而中國對這些動向不斷地交涉介入。日本對琉球的關係，可說混合了(1)和(3)。

關於(2)「華」與「夷」逆轉的趨勢，是直接、間接形塑東亞史和東南亞史的歷史動力。

使華夷關係逆轉，也就是夷對華的反動，將自己變成華的嘗試，變更了對應位階的上下關係。「華夷變態」的嘗試如圖 5 所示。歷來的華夷關係之中，若是宣稱自己是「華」，且在廣域秩序全體中並存，摩擦並不會那麼大（圖 5 的 a）。但是新的「華」想將過去的「華」變成「夷」，而過去的「華」不承認新的「華」，而想強調他們是「夷」的時候（c 和 d），就會產生衝突，而出現華夷變態。b 和 e 則是互相「視為」的關係下之華夷變態。

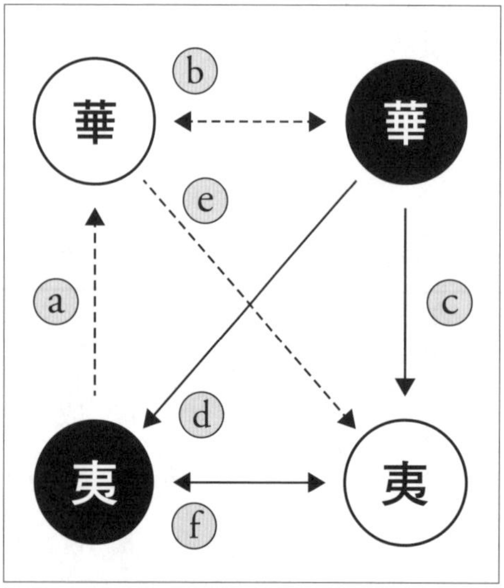

圖 5　華夷變態

這種作為東亞地域體系的華夷秩序，與作為歷史動力淵源的華夷變態，常常可以看到中國依據自身條件進行交涉和調節，但是如果交涉不能發揮作用，中國就會對外部切斷自己的經濟力，這就是海禁。而周邊的朝貢國為了與中國對抗，或是為了獨占性管理與中國的政治、經濟管道，也會採取同樣的政策。江戶時代所謂的「鎖國」也是其中一例。

如以上所見，東亞地域體系的構成與其周期性變化的動力，在「朝貢」形式結束的十九世紀末有了很大的變化。或者可以說因為也吸收了西洋的因素，所以雖然有很大變化，但如同本文所見，「實質的」地域性動力之要因仍如同基因一般，埋在具有重層的、多角網絡的亞洲地域史，特別在東亞地域史中，而被維持下來。這個問題，在摸索新形態廣域地域關係的當下，是無法迴避的課題。

而從地域性動力的視角重新看亞洲史，拓展可以預見亞洲未來的框架，也是當前的急務。

注釋

1 《明太祖實錄》卷三十七，洪武元年十二月壬辰。

2 《明史》卷三二二，日本列傳。

3 申維翰，《海游録─朝鮮通信使の日本紀行》，姜在彥譯注，平凡社，一九八三。

4 編注：到日本的中國船隻帶來的中國相關訊息，由幕府收集整理而成的文書。

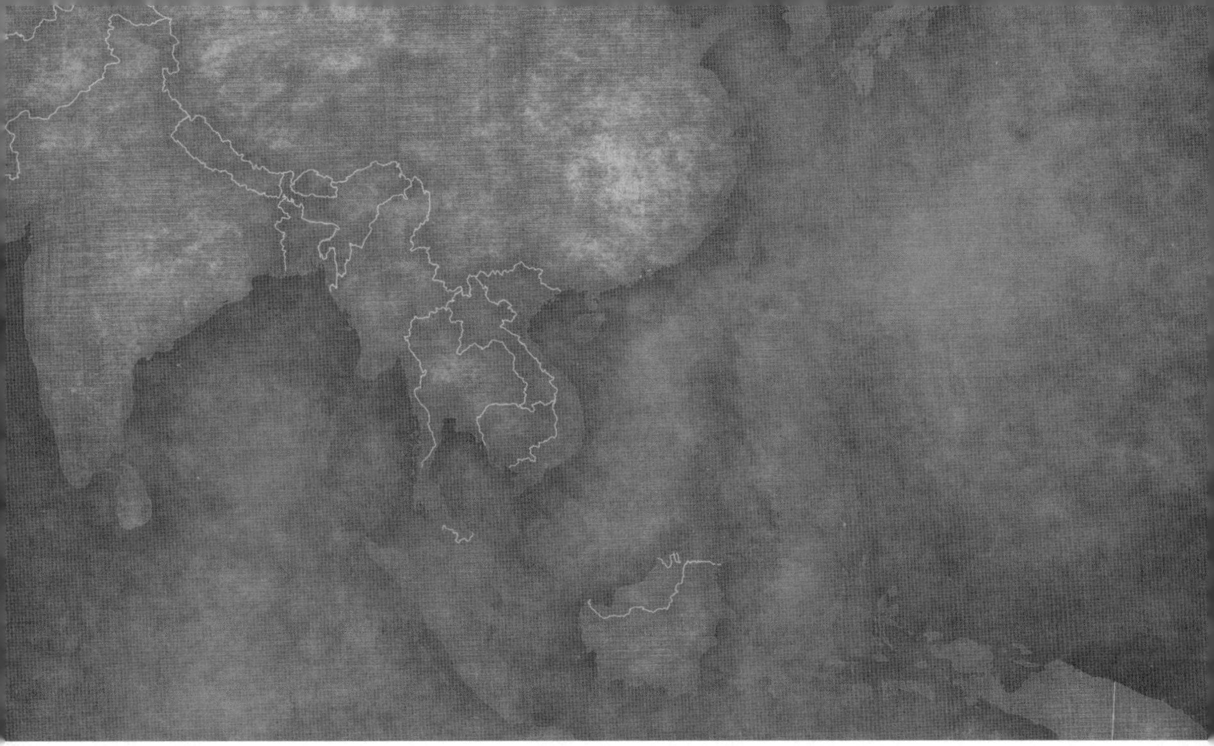

第二部

海的亞細亞

第3章 海洋亞洲所開啟的世界

選自《海のアジア1：海のパラダイム》，岩波書店，二〇〇〇。

陳延湲　譯

一

如果說有「地理」，亦即「陸地」的「道理」。那麼，「海」也自有其道理，亦即「海理」。同樣的道理，如果有「地利」這種說法，當然也可以說有「海利」。「地球」雖往往令人只想到其中「陸地」的部分，但考量到其表面積的百分之七十二其實是海洋，那麼稱之為「水球」或「海球」還更貼近實際情形呢！

亞洲的海洋，從歐亞大陸東端的東中國海開始，經過東南亞海域、印度洋海域、紅海，達於非洲東岸，幾乎占了地球圓周的三分之一以上。自古以來，這片海洋不斷被追求「海理」及「海利」，並將它持續提供給鄰接的「陸地」。向來，從歐亞大陸東端到西端，「海上」及「陸上」的連結維持著互補關係，並形成了許多不同的海域、地域模式。

亞洲的「海理」，由於稱為「亞（洲）太（平洋）」此一新「海洋時代」之到來，對於海洋與地球環境的保護與活用這類攸關人類且放眼未來之課題而言，更顯重要。

岩波書店《海的亞細亞》系列叢書站在世紀之交的現在，回顧過去幾個世紀、思考展望以後幾個世紀之歷史的、也是未來的典範（觀點、展望、檢討的架構）。也是嘗試重新從「海洋」來理解世界、亞洲和二十世紀。

二

「海的亞細亞」包含以下三個想要傳達的信息。

第一，嘗試站在海洋的觀點，來重新看亞洲、世界、自然、歷史及文化。

向來在以陸地為中心的世界認識當中，海洋是陸地之間連接的手段，思考海洋時將其視為陸地的延長。從海洋的命名、存在著的境界線，都說明了此現象。但是，如果考慮海洋擁有其獨自的世界，而且同時廣泛地賦予了陸地之樣貌等條件，就必須將海的理念、海的由來、海的動力、與海的關係等，當成對象、當成方法、進而當成思想來思考討論。另外，提示人類如何構築以海為目的的生活系統（life system），也是重要的課題。

第二，將視點放在海洋，嘗試找出與以往用來認識亞洲不同的視角。歷史上，亞洲首先被歐洲認知為其「域外之地」，而後被亞洲方面轉用為自己的地域認識。福澤諭吉的「脫亞論」、岡倉天心的「亞洲一體」、孫文的「大亞洲主義」都可視為其例子。這類論述中可觀察到歐洲才是其目標，以及對抗歐洲的亞洲之民族主義、地域主義。這可說是來自東西關係的亞洲論。

但如果從海洋的視點來看亞洲時，向來的歐洲圖像、東西關係論，就要大幅修正了。首先，從日本、中國等東亞地區到歐洲西北部，存在著廣大的海洋空間。歷史上，要經過以下十個海域，才能由此到彼。①東中國海；②包含越南沿海、暹羅灣、馬來半島東岸、菲律賓等在內的南中國海；③以爪哇海為中心，東自摩鹿加群島、蘇拉威西島南岸、由婆羅洲到民答那峨的蘇祿海，西達自麻六甲至蘇門答臘北部的安達曼海之海域；④印度次大陸兩岸海域。其中南印度、斯里蘭卡、古吉拉特、孟加拉尤其重要，也是長途貿易船與阿拉伯帆船之世界；⑤從紅海到東地中海；⑥從西地中海到伊比利半島；⑦伊比利半島以西；⑧北歐；⑨漢薩同盟商人活躍的北海；⑩漢薩貿易網越過波羅的海而擴展到更為東邊、東北邊的海域。

可以說亞洲由複數的海域構成，也連結到歐洲，具有將歐洲也涵蓋為其一部分的海域文化。這些海域文化的連鎖，必須來填補兩者之間的差距。

第三，嘗試勾勒海洋與陸地的內在循環結構。海洋這樣的空間，並非水的平坦擴展，而必須考慮它具有專屬的結構與運用方法。站在這樣的基礎上來思考海洋與陸地的循環，近年變得急迫且必要。環境、資源、人口、能源，這種不僅當下，將來更是人類社會生活所不可或缺的問題，不論肯定或否定，全都與海洋有關。

透過上述三項信息來思考海洋亞洲，將能跨越理論上、心理上，甚至物理上向來的界線。在此，不但跨越的本身有其意義，更希望令人重新思考本來就與人類連結著的海與人類生活聯繫的原則。

三

《海的亞細亞》系列叢書的第一冊，分為〈海洋的典範〉、〈海洋亞洲史〉、〈從海洋所看的現代〉、〈對海洋的感受性〉四部分，再附上以圖像資料表現的「凝視海洋的眼光」與「何謂海洋、何謂亞洲」座談會記錄。

首先，〈海洋的典範〉檢討在海域與人類互動的長遠歷史中，人類之社會史過程與海洋之自然史過程的相互交流、交涉。人類不僅受限於來自海洋的條件，同時也積極將之納入並加以活用。這也將揭示亞洲海洋所專有的自然特徵及海洋的豐富性。

〈海洋亞洲史〉試著以海洋來重新認識亞洲及其歷史。海洋亞洲以海流及季節風為特徵。亞洲各海域不僅互相關連，也加入了與「陸地」的關係，因而醞釀出相互關係的獨特動力。沿著印度洋西端的馬達加斯加往東進入海洋亞洲的空間時，阿拉伯帆船活躍的世界躍然而出。從東而來的，則是廣袤展開的蓬船世界。兩者圍繞著東南亞各海域豐富的產品，不斷展開激烈競爭。

〈從海洋所看的現代〉則思索海洋的心性與邏輯。對海洋的想像力，給予許多希望，同時也帶來絕望。人類認為可用法律管理海洋，實際上卻也可說一直無法如願。即使在「進步的」人類的社會生活中，海洋可說依然在其根本質問人類社會的樣貌、自我認識，以及對海洋的管理。

〈對海洋的感受性〉，則描繪人們對海之憧憬、對海之依賴的深度惶恐與畏懼。科學技術的發達，似乎已將「克服自然」的思維化為實際，但如果考慮到與此不同的、對於自然環境的畏懼而產生的文學及宗教，那麼，人類社會不斷拒絕被海同化，但海又不斷加諸於人類社會的，不就是人類與自然相互關係中反復出現的、無法解決的自我矛盾嗎？

最後，對思考「海洋」之方法論的特質，稍作考察。向來的自他認識，將人類史、世界史當成進步與發展的歷史，將各國、各地序列化，區別為發展與非發展。但「海」的方法，在檢討海與相連地域各自具備固有的歷史連續性同時，也檢討相互關係的共時地多樣並存。這樣的視角，從向來的學科領域之分類來看，是將國家的範圍相對化了。向來所有的近代各種科學，基本都是為了實現廣義的國家意志與國家利益而成立的，如果將之視為服務於個別國家的「國學」，那麼，「海學」就毋寧致意於將重點置於跨越國學的境界領域。而且，海洋國家這樣的觀點，可說是對以國家利益為基本的主張發出警告，其目標是從世界史的角度，綜合性思考地球與地球環境的「地球論」。

在國家與國民經濟架構下追求國家建設、現代化、經濟發展、工業化等，這樣二十世紀來自「北」的邏輯，將會被「海洋亞洲」所提出的未來圖像所取代吧！

第4章 朝向由海洋出發的亞洲論

選自《海のアジア5：越境するネットワーク》，岩波書店，二〇〇一。

陳姃湲 譯

越境的網絡

相較於「領海」一詞，我們很少有機會聽到「境海」此一說法。不僅如此，我們用字遣詞時雖然經常用到「鄉土」，所以可以想像「鄉海」這樣說法的用意，但似乎與我們心目中海洋的印象大相逕庭。過去，海洋往往被視為陸地的附屬，只是連接不同陸地的手段罷了。不過，本書所提倡的「海洋亞洲」圖像，將試圖把它顛覆。亦即，將探問納入了海洋的亞洲圖像、甚至是基於「海洋」的亞洲圖像，究竟為何？更進一步地來說，要討論的疑問是，至今為止，海洋如何被納入文化或文明論，甚至是思想架構中呢？和辻哲郎曾在《風土》[1]提倡亞洲地政論，將氣候列為人類生存的條件，卻沒有提到「海洋」。不僅如此，人類學家梅棹忠夫的《文明的生態史觀》[2]曾著眼於內陸的乾燥地帶，海洋則不在他的關心範圍內。這些對海洋的理解，大多將海洋視為一個整體來討論，這樣就會連結到一個疑問：這些關於文化、文明的境界形成的討論，是否就不可能將海洋個別處理，進而討論海洋在地域上的特徵了？也就是說，海洋本來就是跨境的，因此在沒有境界的海洋中試圖建構境界的文明論，就會陷入自我矛盾。導致此一海洋討論的困境，或許是因為以往我們將海洋理解為遠遠超越「人為」的「自然」之故。從歷史而言，海洋是「人為」的海洋、是「作為」的海洋。

另外，吾人強烈期待海洋可以成為在分析上更綜合、在對比上更融合的媒介，而得以綜合、融合地闡明全球化與在地化同時並行的現代世界，與十九世紀以降根據國家學的基礎形成、被劃分為各個領域的人文社會科學與自然科學完全不同。資源、環境、能源、人口、糧食等現代社會所面臨的一切問題，事實上並非與「海洋」無關，毋寧說與海洋直接連結。

圍繞海洋的儒教與國家

以往，海洋與陸地被對比、對立地討論。而且，因為民族、國家，甚至文化等各種境界的關係，歷史上無視海洋的動機延續，並有意識的強化。從國家而來的「鎖國」、「海禁」，以及相反的「開國」、「展海」等表現方式，都可說是代表性的事例。這讓吾人馬上想到，亞洲的海洋在理念上、思想上積極地作為分斷的意義。這是東亞儒教、民族、國家、民族主義等思想複合結構的結果。

現在先來看「儒教與海」。沖繩學之父伊波普猷在著作《古琉球》（一九一二年初版）中收錄一篇〈三鳥問答：一百年前琉球儒者的農村觀〉[3]。這篇文章的作者松永親雲上金文和是沖繩出身的儒學者，一七九八年琉球王府官生（琉球派遣到中國的官費留學生）騷動之際，他被流配到距那霸久米村三百公里的久米島。「三鳥問答」藉烏、隼、鷺三隻鳥之口，諷刺當時政府的失政。

久米島具志川的郡公舍[4]西南側，有一座名為君嶽的山丘（俗稱鳥森）。因為君嶽凸出於海中，其上草木繁茂，人皆崇拜為靈山，無人敢踏入其中。一旦入夜，島上鳥類便會群聚於此。對於鳥兒而言，沒有比此更好的休息處了。某個滿月之夜，長期棲息於此的烏、隼、鷺，在此一同賞月。（中略）

〈烏〉那麼，我們就開始慢慢討論這座島的盛衰榮枯吧。聖人說「三人行必有我師焉」，就算是我們三隻鳥的問答，多少也有若干真理吧。以稻田為巢的鷺君，最精通稻田的事情。常在野地玩耍的隼君，可說是旱地專家。我則經常在村落徘徊，瞭解民家之事。接下來，就來說說古今盛衰榮枯吧！

（中略）

〈烏〉如今由於不同以往，五穀歉收，不少人民淪為欠稅者，經常被招到公舍責備，甚至鞭打。不僅如此，差役比以往多了幾倍，連修繕小破爛的時間都沒有，以致損害身體健康，即使耕作旱地，也無法好好工作。四十歲以下的女人必須在布屋縫紉編織到三更半夜，老婦則忙著到廚房煮飯。終於返家，也是聚在一起討論這個該怎麼處理、那個該如何備齊，而嘆息不止。看了都不忍心吶！

〈鷺、隼〉（異口同聲地）大家現在居然陷入如此的慘狀啊！於此太平盛世，為何墜入此般深淵呢？

（流下眼淚。）

〈烏〉（面對著鷺與隼）假如兩位是此地此時的長官，打算要施行怎麼樣的政策呢？

〈鷺〉首先當然是整頓田地。這樣一來，民眾生活自然漸漸充裕，欠稅者人數也會逐漸降低。

〈隼〉不，田地每年不過一作而已。即使有幸適逢豐年，如果不耕作旱地，仍難免飢荒，最終仍會陷入困境。如果是我，想先從整理房屋著手，而後飼養牛、馬、豬，以便取得肥料。施肥耕作，有利於水田、旱地豐收，以此來救濟飢苦貧困。（二隻鳥爭先恐後，大聲鬥嘴。）

〈烏〉（一頓沉思後）兩位剛才所說的都是自私的謬論。無論如何，必須先摒棄自身私見，進行公平客觀的討論。三種主張各有道理、不可或缺。在我看來，兩位需各自提出相對應的理由，做為立論基礎。為了整頓房屋，需要先處理租稅等事，盡可能減少公共差役，增加人民自己的勞動時間，方能顧及自家農事。又，若是只見眼前利益、不顧牛馬是否成長就要賣給渡名喜島人，此屬嚴禁事宜。要講究可以讓牛馬充分成長、多多繁殖的方法。

此處所描寫的是在農村從事農業、男耕女織的農村圖像，以及守護土地、忠實地完成納稅義務的儒教家庭想像。有趣的是，這段故事雖然講的是琉球，卻完全沒有提到海，而是排除了海上的生計和社會規範。這同時也是批判當時琉球王府依靠海域進行朝貢貿易維持財政的農本主義立國論。

這篇〈三鳥問答〉，令人想起明治初期中江兆民在《三醉人經綸問答》（一八八七年）[5]中提出的文明論。此書登場人物包括代表西洋文明之「洋學紳士」的啟蒙輿論、代表日本國學而「若干落後於時代」的「豪傑君」，以及分別代言亞洲及中國的「南海先生」與「漢學先生」。其中，「西洋」或「洋學」等字眼雖本來就有洋、海洋之意，但蘊含的意義卻是國家、近代，甚至是民主主義。可以說無論是儒教或近代國家觀，都同樣忽視海洋，毋寧是假借海洋來討論陸地和領域。南海先生的「南海」雖借自「南中國海」但卻指的是南洋（大陸部中國）。

洪吉童的故事

所謂越境，是如同前文所述，為了和他者區別開來、不依存試圖表現自我歸屬感的向心力，反而是逃開的力量。事實上，誠如本書所顯示，在歷史、傳說、口傳文學、願望及夢想中，表現出跨越環中國海區域的象徵，可說多於個別歸屬感的呈現。特別堅持海禁並自認守護儒教精神的韓國，其歷史論述也還是有不少海遊錄、漂海錄、海洋文學和海洋傳說。在此，摘錄韓國延世大學薛盛璟教授對於洪吉童傳說的分析。洪吉童是朝鮮王朝中期的義士，他是歷史上，也是小說上出現的、從朝鮮渡海到琉球的人物。

洪吉童，雖然確實是實際存在於朝鮮時代、被收錄於《朝鮮王朝實錄》的人物，但也有不少人視之為小說中的虛擬人物。視之為實際人物的一方，根據的是《朝鮮王朝實錄》。實錄中記載，洪吉童曾於燕山君六年（一五〇〇）被義禁府逮捕。如果《朝鮮王朝實錄》記錄屬實，便應該將洪吉童視為實際人物。不存在的人物，是無法被義禁府逮捕的。然而，這裡必須注意的是，小說中的洪吉童與《朝鮮王朝實錄》所記錄的洪吉童，是否為同一個人物？小說《洪吉童傳》的作者許筠，也有可能以各地引發騷動的洪吉童為原型，編造出出身庶子的英雄故事。事實上，有些學者主張，該人物乃借用燕山君時期匪賊洪吉童之名，套上義賊林巨正的個性，以及庶子出身的李夢鶴之亂等事蹟，而創作出《洪吉童傳》。另外，也有學者認為，中國的《水滸傳》是《洪吉童傳》的靈感來源。但是，如果說洪吉童不僅是個小說主人翁，還是渡海到日本沖繩的「渡來人」始祖，那麼，我們應該如何解釋洪吉童的故事呢？如果說他是比享有民主主義嚆矢之稱的英國克倫威爾共和政權還早一百五十年就主張萬民平等的反體制運動家，是對抗李朝的義賊，因為當局透過庶子差別法歧視庶子、從根源上遏阻身份上升流動，那麼，為了解開這個謎團，需要進一步檢視有意扭曲、縮小，甚至隱蔽洪吉童紀錄的歷史暗號。為了尋覓洪吉童所留下的足跡，不僅仔細探索《高麗史》、《朝鮮史》等史書，我也耗費將近二十五年的旅程，前往波照間島、宮古島、石垣島、久米島等日本沖繩列島，採錄當地留下的傳說及口述傳承，並且實際踏查其歷史遺跡。這一段漫長的歷史探索之旅，也讓我深思在五百年後的今日，洪吉童仍被視為韓國人的代表而受喜愛之理由。[6]

這裡提到洪吉童跨越海洋的故事，不僅彷彿義經傳說，也證明跨越海洋所孕育的想像世界、思想世界之無限空間。

由「海洋」重構亞洲論

境界不僅是自然地理上的劃分，也是歷史社會上、文化判斷價值上的區別。亦即，道德、倫理、思想也有境界。

對亞洲境界的理解方式不同，也隨之有各種不同的亞洲論論述。從歷史而言，「亞洲」起初是歐洲用來視之為域外的地域認識，而後亞洲方面也將之轉為己用。無論是福澤諭吉的「脫亞」、岡倉天心的「亞洲一體」，抑或是孫文的「大亞洲主義」，都將亞洲視為政治、文化、思想的境界。它們都帶有對抗歐洲的亞洲民族主義、地域主義。這是從東西關係而來的亞洲論。

但是，隨著亞洲自我意識強化，部分學術研究不再與歐洲對比，而是討論亞洲本身的歷史性因素，包括文明論及地政論上的亞洲論，以及基於華夷秩序的朝貢體系研究等。不僅如此，近期以愛努、對馬、琉球、臺灣島為出發點的亞洲論，亦即海域交易網絡論，也紛紛登場。

另一方面，歐洲的帝國統治、日本的殖民政策等，出現不同以往的廣域統治，同時，民族主義、國家建設也成為問題了。此即殖民地、帝國主義歷史時代所形塑出來的亞洲論。這個時期的海洋世界，以琉球為例，其一方面以沖繩縣的身分被整合進民族主義內部，同時也維持著圍繞海洋的獨特民俗、習慣及對外關係。

第二次世界大戰後，經過亞洲、非洲等地急遽的民族獨立運動，一九八〇年代後半冷戰體制崩潰後，需要提出新的亞洲研究與亞洲圖像。特別是經過七〇年代亞洲 NIEs、八〇年代東南亞的經濟快速成長，以及八〇年代後半以降中國的改革開放政策等，出現了跨國複合型地域關係。其中，華僑、華人或印僑網絡、越南及韓國的網絡、琉球人網絡等，以往被稱為離散的狀況，也變為強烈顯示彼此的聯繫。這意味著浮現了在亞洲地域網絡中重新定位國家之歷史性的新課題。

一九九七年香港回歸中國，創造出令人想起歷史性宗主地域統治的一國兩制新關係。此前以國家與彼等之相互關係所掌握的亞洲研究方法，需要整體改為以海洋國家中國、一國兩制地區之登場、跨國網絡之盛況來掌握了。

從海洋來重建的亞洲論，立基於海洋的思想，嘗試「解構」前此亞洲的境界、境界意識及其「歸屬感」。如此一來，因為著眼其中的亞洲長期歷史變動，所以必須討論宗主、主權、網絡的相互作用，及海域與地域關係。那麼，也將具體地探討包括海洋在內的地域論，亦即海陸交涉論。例如，跨越境界的「港口」這種海洋的出口、陸地的出口，將可瞭解海陸兩者具有的歷史循環性結構。

注釋

1 編注：《風土：人間学的考察》，岩波書店，一九三五。〔簡中譯本《風土》，陳力衛譯，北京商務，二〇一八。〕

2 編注：《文明の生態史観》，中央公論，一九六七。〔中譯收入《近代日本文明的發展與生態史觀》，陳永峰譯，遠足，二〇一九。〕

3 編注：〈三鳥問答：百年前の琉球儒者の農村観〉，伊波普猷，《古琉球》（青磁社，一九四二），頁一三三—四三。

4 譯注：「郡」為琉球地方行政區劃。

5 編注：《三酔人経綸問答》，集成社。

6 薛盛璟，《실존인물（홍길동）》，中央出版社，一九九八。

第5章 從東方看見的海洋亞洲史——朝貢與倭寇

選自《海のアジア 1：海のパラダイム》，岩波書店，二〇〇〇。

郭婷玉　譯

從海洋來理解亞洲，為的是要從向來的陸地思考中解放出來。以往都是以陸地為中心，用領土大小及其劃分來規定國家、民族，甚至行動、學問。「亞洲」此一用詞本身，指的也是長期以來從歐洲所看見的亞洲。但是，海洋這樣的場域，沒有歸屬、全然相連。任何人都能利用海洋來共享人、物、錢、訊息，從而四處活動。探究亞洲的海洋，同時也能重新審視世界。

一九九八年的世界博覽會在里斯本舉行。依靠海洋建立起大帝國的葡萄牙，選擇海洋為世界博覽會的主題，以船舶展示了世界的海洋與人類的歷史。例如，思考澳門的歷史時，的確可以理解海洋是文化的傳教士。

思考亞洲的海洋之際，近年中國的趨勢便相當引人注目。特別是以「改革開放」為特徵的對外開放，刻畫出向海洋打開大門的中國圖像。可以說，海洋國家中國就此登場。一九九七年中國從英國手中收回香港、一九九九年自葡萄牙手中收回澳門。不同於內地，中國以一國兩制最大限度地維持此二地連結海洋的特徵，持續強化對海洋的發言權。中國的趨勢，也給予吾人動機，必須思考現今亞洲的海洋。這個一國兩制的問題，並不只是中國內部的問題，而是在今日的亞洲，不對，是在世界上都是重要的國際議題。在中國與臺灣的關係上，一國兩制也成為問題。更甚者，此趨勢不同於以國家主權名義劃分之疆界，而是在社會面上與日本和沖繩、朝鮮半島的南北問題有所聯繫。也就是說，一國多制沿著開放的亞洲大陸周邊地區登場，藉此可以從地緣政治和宗主權的角度，重新質疑向來以主權劃分之國境。這些現象也圍繞著海洋或跨越海洋而存在，一國多制這樣的後國家模式和海洋密

圖 1　兵庫縣袴狹遺址發現描繪著大規模船舶團隊的木板
（兵庫縣教育委員會埋藏文化財調查事務所提供）

切相關。

在海洋與日本此一視野的基礎中，回顧歷史上日本在亞洲的位置與角色，是不可或缺的課題。明治時期以來，一直存在著「日本是亞洲，還是歐洲？」的問題，是圍繞著近代化、國家建設的認同分歧。然而，對於這個與國家相關的文明論，我們更要提問的是，海洋與更具日常性的鄰近地區之間如何來往。又，此一與近鄰之關係在十九世紀以降以「南洋論」形式、二十世紀初期以「北洋論」等形式登場之際，日本擴張自身國權、國益的討論正如後藤新平強調「東北人」對臺灣的角色一般，可說都受到日本列島內部地域間競爭的強烈影響。從海洋來看，日本內部存在著許多地域，彼此之間進行對外關係的競爭。

最近新發掘航行於若狹灣的古代船舶集團繪圖（圖1），顯示其與亞洲內部海域的廣泛連結。吾人應該思考臨海的日本列島各地與亞洲各自的聯繫。亞洲的海域，北起鄂霍次克海，東至塔斯曼海，西經印度洋而到達馬達加斯加島及切分非洲東岸的莫三比克海峽。在這片廣袤海洋中開展的歷史，對於思考超越時間之空間，是絕佳的材料。

東亞的海洋

自古以來，人們依靠季節風而利用東亞的海洋。夏季的西南風、冬季的東北風，將東亞與東南亞、南亞、西亞連結起來。可能是由於西南風比東北風更容易駕馭的關係，一般推測從西亞航向東亞的船隻很早就出現了。東中國海內部的交流，早在紀元前就有紀錄。

傳統中國正史的〈東夷傳〉，記載了東中國海內部的交流。不過，這是史官所編纂，並非基於實地調查而來。大部分的史料，是根據西洋交易船的觀察。其中，朝鮮知識分子申叔舟奉王命於一四七一年撰寫

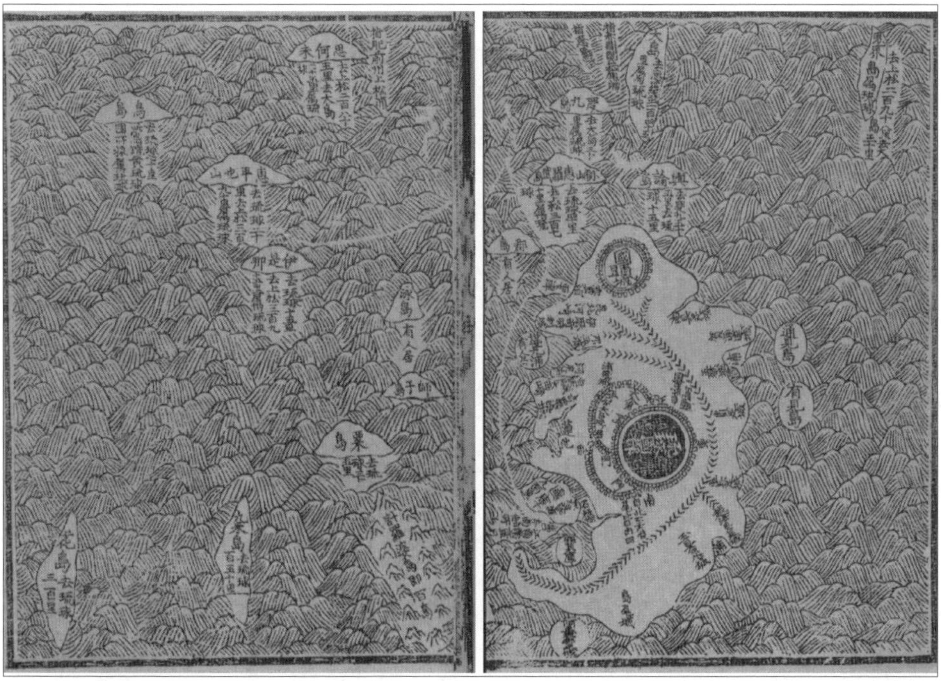

圖 2　《海東諸國記》中的〈琉球國之圖〉

的《海東諸國紀》，不論是從地理書、海圖、航海記，甚至風俗調查來看，都是具有劃時代意義的歷史書。「海東」指的是哪裡呢？根據書內的地圖，海東指的是自朝鮮半島南端至日本、琉球一帶。但是，從在這片海域中也記載著分布於東北亞的渤海國、東南亞的三佛齊來看，海域上記載的是時人所知的地名或王國名稱。當時朝鮮半島已透過九州從東南亞獲取胡椒，朝鮮王朝再將胡椒當作朝貢品進貢予元、明中國。由此可知，「海東」絕不僅止於東中國海，而是連結到東南亞一帶。地圖、海圖中所見的波浪圖形也相當有特色。此一條紋花樣湧起的波形設計，是出自《海東諸國紀》原創的「申叔舟式波浪」，其後也為許多海圖所承襲（圖2）。

沿海居民、漁民或海商等海洋「居民」，以各種形式與海洋連結或區隔，而依靠經營海洋為生。他們祭拜海神、水神，與自然連結，過著對應自然週期的生活。相對於此，政治、權力從陸地而來，試圖統治這群人或是海域。來自陸地的力量，透過賦予海神政治權威與權力，產生主權和宗主權、帝國和殖民地的多重統治型態，使得島嶼歸屬問題、領海問題不斷發生。

從歷史來看，南中國海裡有著中國、印度、伊斯蘭、歐洲文化圈的交錯，影響了地方性政權，甚至自己建立起政權。地方性政權則以映照出中國德治之形式展示自己的權力，或與中國締結朝貢關係，或仿效之而形塑自己與周邊地區的關係。對於以儀禮或宗教、權威或德威為中心的宗主—藩屬關係，海洋此一空間對於其地域關係的形成，扮演了重大角色。朝貢關係可說是依靠海洋所形塑的地域、海域間交涉關係。

海洋這個空間最受重視的，首先是具備能形塑廣闊地區內多文化、多民族、多權力相互關係的性格，其次則是透過沿海的橫跨海域航道，使得輸送大量物資或人員成為可能。更甚者，海產資源的存在可以沿著與腹地或內陸交易的河川溯流而上，或是透過南北交易大大影響資源分配，使得沿岸人口集中、形成都市成為可能。

海域和地域的動力

由歐亞大陸東側大陸部分與周邊半島、島嶼組成的東亞，雖然被劃分成許多國家，但同時也包含許多民族和各式各樣的文化。這意味著，以海洋為重要歷史主體的東亞，是一個由多民族、多文化、多地域構成的政體。這片廣闊地區具備之多元性，孕育出各式各樣的地域及海域動力，包括沿海與內陸的關係、南方與北方的關係。這些動力不只影響中國形成，亦是形塑周邊地域、國家，甚至廣域地域活力的歷史場域。

如果歷史研究是以探究地域空間的動力為課題，那麼，在東亞的海域空間中，就必須瞭解圍繞著廣義地緣政治的中國所形成的廣域秩序及其動力。其中，透過探討東中國海、南中國海的海域間關係，便可能將時代條件賦予南沙群島等因海洋而生的海上國境問題。

在此當中，各個島嶼比起將自己表現為領域，不如說是透過形塑與海域其他島嶼間的網絡，試圖維持自身地位。若是對此設定國家這種上位概念，那麼島嶼本身會被視為國家體系，不再具備海洋觀點，而是成為陸地的延長來分割海域，權威、權力因而籠罩了島嶼。不過，重新分析海洋此一歷史空間顯示出與人類社會聯繫之重層性，或是重新審視互相交織而發揮網絡機能之樣態，即使是對於國家與海洋直接對峙的南沙群島問題，也有可能努力找出現實的解決方向。

如此一看便可瞭解，思考將日本歷史放入亞洲歷史中重新審視的課題，與如何理解海域歷史一事，有著深切的關連。

當我們強烈地意識到海洋歷史的多地區、多文化、多民族交流及交涉時，便能將過往以國家形成及向國家形成集中為核心課題的日本歷史，合理地劃分出東北亞、東亞、東南亞等各個廣大地域合理連結的地區。對於這些地區的歷史，一面考慮海洋與內陸的聯繫，一面將以往與中央連結的地域分節，重構為各自連結廣大亞洲的各地區亞洲分節，以及連結海洋的地域分節。

海域的成立與聯結

目前以「東亞」、「東南亞」等名詞所指稱的地域，其實若視其為由東中國海、南中國海形塑的海域世界，可以更合理地將其理解為一個歷史性的地域／海域系統。在這個空間發揮作用之海域世界，絕不是

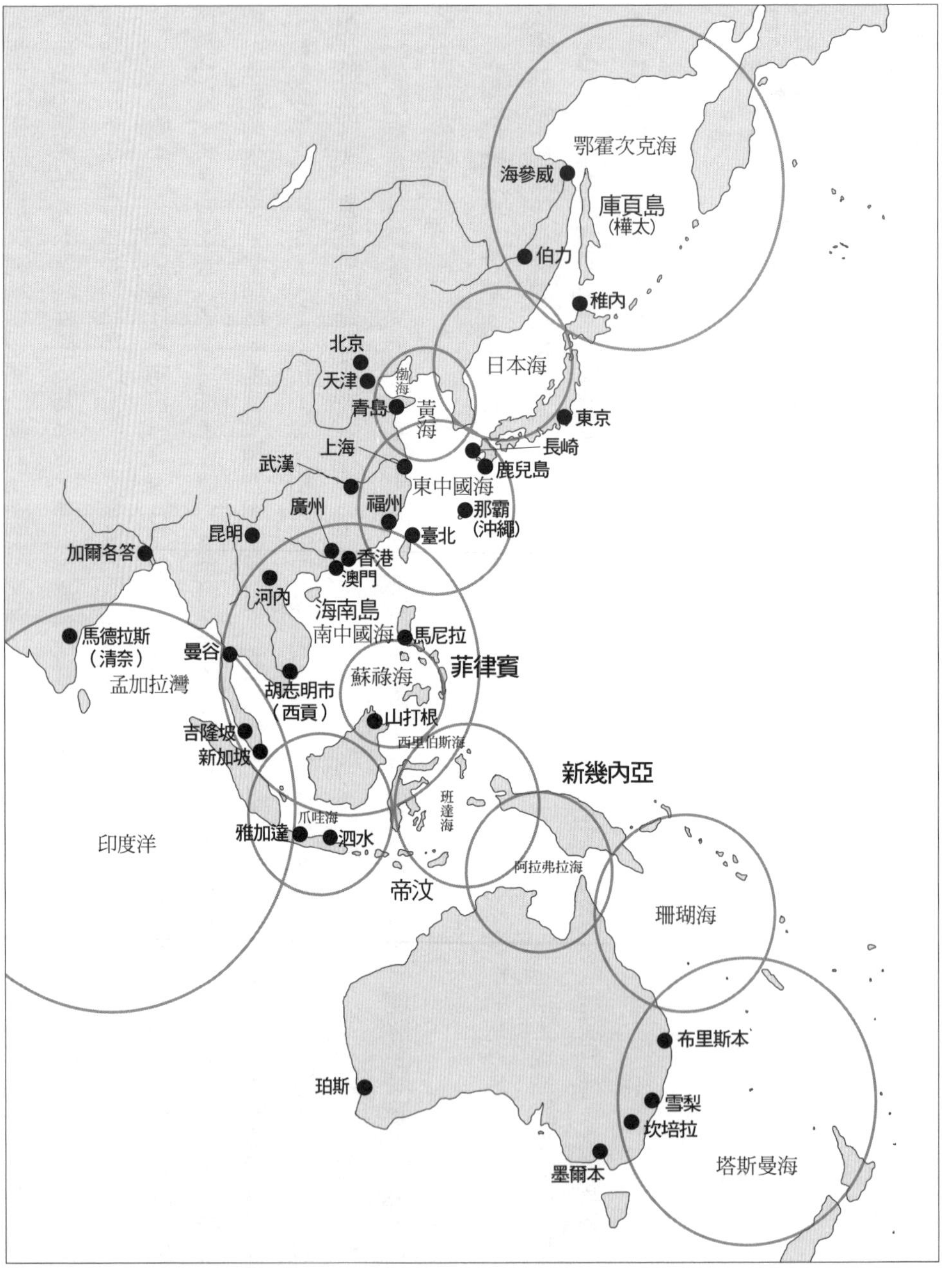

圖3　亞洲海域的交錯（十七至十九世紀）
透過沿海、環海、連接海洋的組合，以及三者彼此的相互關係，在海域中形成固有的交易、移民圈。

單純指海水平面地展開。相對於說到東亞時，以權力構成畫分為中國、朝鮮、日本、越南等，或是說到東南亞時，以地勢構想畫分為大陸部與島嶼部，海域世界的視角是注意廣域地域的內部相互性，以及將彼等總體整合的方法。

海域世界由以下三個要素所複合構成。

第一，沿海海域，是海洋與陸地互相聯繫的地域／海域。清朝初期康熙皇帝為了降低據海反清的鄭成功之影響力，對沿海住民發出「遷界令」等，顯示此沿海地域是固有海域世界的構成要素。

第二，以這片沿海海域地域為構成要素而形塑成的環海海域世界。這是以海域為中心，在其周邊形成的交易港口和交易都市。這些交易港口，與其說是從內陸到海洋的出口，更是海域世界相互連結的交點。例如從歷史上來看，中國沿海地帶寧波商人致富的原因，相較於其與內陸的交易，更是因為其在沿海海域及跨海的交易。特別是對長崎的貿易，寧波商人集團扮演了重要的角色。這個環海問題，如今在環日本海、環黃海的相關討論中再度登場，是以值得重視。

第三，構成海域之重要因素，是在環海港市之上，還有港灣都市連結海域與海域，彼此聯繫。例如，媒介東中國海與南中國海的琉球那霸、廣東的廣州和澳門，以及進入十九世紀後取代前述地區的香港，皆使海域相互連動，讓海域具備更多角化、更廣域的海域世界機能。另外，媒介南中國海與印度洋的港灣都市，前有麻六甲，後有取而代之的新加坡，以及印尼的亞齊等。這些因「沿海、環海、連海」三者而成立的海域世界，可說擁有不同於陸地的多元性、多樣性、包容性，是具備開放多文化系統的世界。

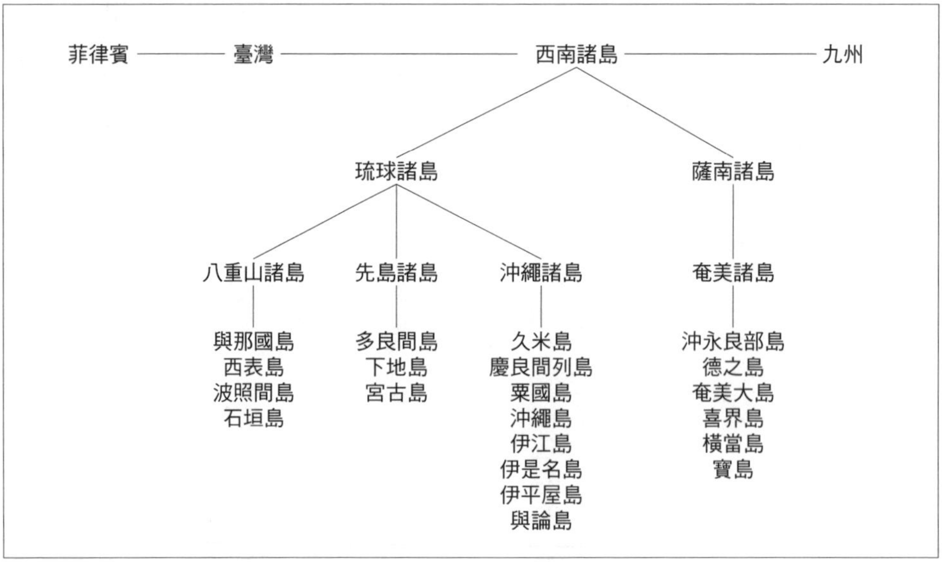

圖 4　西南諸島的立體構造

西南諸島的立體構造及島嶼網絡

不論是稱呼「沖繩」或「沖繩諸島」，都像是在指涉單一的島嶼或沖繩島。實際上，沖繩各個島嶼的結構，是在地緣政治上各自分工的統一體，同時連結鄰近的奄美、九州，南接臺灣、菲律賓，是南北關係的中繼點，也是連結西太平洋、東中國海之島嶼群。

從中華思想的「華夷地緣政治論」來看，島嶼位於「九州」之外，是難以相互聯絡的「島夷」。但是，由海洋觀之，島嶼是港灣，是移動和集散網絡的中心。再進一步從「島世界」的觀點來看，島嶼有著嚴格區分內外的島嶼認同。以琉球諸島為例，「華」對其的稱呼方式是大琉球、小琉球、琉球等名詞的重疊，表現出從現在的臺灣經沖繩，一直到奄美諸島等一連串島嶼的連結性。

在這樣的島嶼網絡中，沿著海域周邊形成之貿易都市或移民都市以都市為中心，各自建構出不同的腹地海域，而促進腹地海域的交易與移民關係。以那霸為中心的腹地海域關係，東有太平洋諸島，北自九州到朝鮮半島、再從九州連結西日本，西為以福建省福州為中心的華南沿海一帶。南方部分，若以臺灣東部至菲律賓的路線為東線，則西線便是經臺灣海峽至東南亞的路線。

先前以邊境史、周邊史的概念來理解島嶼，有兩個理由。其一，從理念上強調「國家」領域的均一性、均質性之際，周邊地區、特別是島嶼部分，便會像「離島」一詞。由此顯示出島嶼與其他地區，特別是與「本土」之間的差異性，或是被稱為「後進性」。其中的含意，帶有強烈的「所有國民理應在國家之下均霑相等利益」。同時，對於實際上並非所有國民相等的國家「離島」政策，以邊境史、周邊史理解島嶼也形塑了批判基礎。

其二，強調國家的中心性、中央性、向心性，並視此為目標的結果，是令周邊地區所保持之「獨自性」，與其被視為均質化對象，毋寧是成為了中央的援助、補助對象。這也就是從「周邊」政策史所引出的問題。其背景的歷史現實是，國家與國民這種統一表現，以及兩者間的關係，雖然試圖在「國民國家」此般更均一的理念下覆蓋其他民族、地方社會、宗教和地域性等的異質性，卻未消除異質性的根據。

然而，若不從「中心」觀點出發，而是改以周邊史、邊境史本身的觀點來看，將會開展出什麼樣的歷史視野呢？

直接了當地說，周邊、邊境構成了與異文化的接觸面或相互交流場域，可視為形塑異文化交涉場域的最前線。換句話說，亞洲各國為了獲取新的向心性和中心性，時常將歷史上的主要交涉場域以及異文化與異民族交流場所的歷史對外關係「中心」，重新切換為新的中心。例如，明治時期將中心從向來的九州、琉球，切換至原為邊陲之關東，轉變了以往的中心與邊陲。

如此一來，原來的多元文化領域、地域間交流場域，一轉而為排他的一國主權行使場域，成為發生紛爭的場所。不過，反過來說，現在的紛爭地區、亦即行使排他性國家主權而衝突不斷的地區，在歷史上都是地域之間的交流場所，也是人、物或信息頻繁往來，多元文化進行交涉的場所。

琉球的交易網絡

歐亞大陸東部形成了集中王權，建構出皇權這種君臨廣大地域的權力，而實行具涵蓋性、權威性的統治。以此皇權為中心，以同心圓的形式在周邊地區形成地方、土司／土官、藩部、朝貢國、互市國等寬鬆的秩序關係。朝貢是其中的統治關係之一，可說是以皇帝為中心行使宗主權的影響力。因此，可由朝貢來代表皇帝進行的廣域地域統治整體，賦予其特徵。

雖然在十九世紀至二十世紀的清帝國末期辛亥革命之際，制度上廢止了朝貢秩序，但東亞朝貢國中曾經共有、分享這種具備廣域秩序統治理念的宗主權統治。朝鮮和日本等地曾經倡導中華，自己想站上華夷秩序中「華」的位置，這類歷史進程亦即小中華主義，相當特殊。因此，廣域秩序理念的朝貢關係，不只是歷史上的朝貢，亦可視為統治地域秩序、支配其中各地域之際，所應用的統治及地域間關係模型。這個歷史面向在後來的「主權國家」、「帝國－殖民地關係」時期依然維持，有時潛伏，有時以廣域地區統治模型的方式，週期化地浮上檯面。

琉球王朝的特徵，是以東中國海、南中國海為中心的貿易，以及橫跨明清兩代與中國之間的朝貢貿易。特別是從東南亞貿易入手沖繩並不生產的胡椒和蘇木，再以此為朝貢品轉送中國。此一轉口貿易的網絡，令琉球得以與對岸入貢地福州建立更密切的關係，同時亦和中國華南赴東南亞的華僑移民網絡深切聯繫。

琉球王朝之對外關係最大限度地利用了朝貢體制，其得以實現的歷史根據，可說是依靠環繞東亞、東南亞海域的地理條件。琉球在其中橫向地延伸地域間關係，並且涵蓋更廣範圍，進而形成關係網絡。從貿易關係和移民上，就可以看到這種長期、長距離的網絡模型。各王權更利用此網絡參與貿易、移民，建設貿易港、移民都市，作為地域統治的據點。尤其是圍繞海洋的交易與移民網絡，其統治關係並不是以土地為根據的排他式權力，毋寧說是具有對外開放、擴張地域間秩序的方向及特徵。透過考慮網絡模型，此前在國家間關係中未曾登場的琉球／沖繩歷史定位、對馬之歷史定位，抑或十九世紀後半以降香港、新加坡的角色，便成為在地域間關係中扮演仲介角色的重要場所，進而登上檯面。

同時，透過這個環海的多邊、多角網絡，琉球連結九州的薩摩藩，成為日本收購中國生絲的在外機構。另外，琉球亦透過薩摩藩取得來自北海道的海產乾貨，以此做為向中國購買生絲的支付手段。

從這個網絡來看，琉球在統治關係上為中國、日本「兩屬」，又受薩摩「統治」等特徵，當然是主要的關係。不過，也可以定

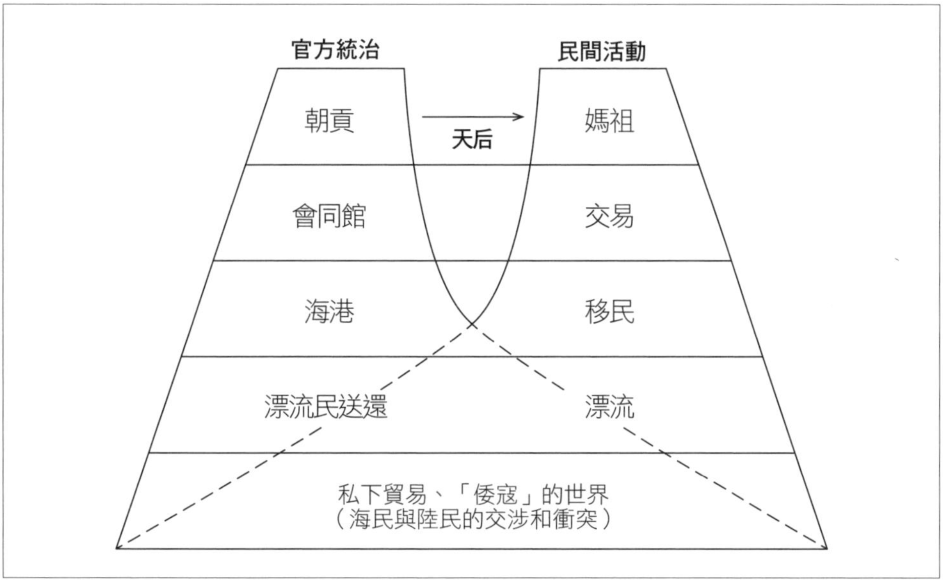

圖 5　海域統治的五層構造

位為只占多邊／多角關係的其中一邊。

海域統治的五層結構

如此一般，透過海域進行的交易網絡，便經由沿海交易、長距離環海路徑，並利用朝貢貿易的免稅優惠，而與主要交易港形成多角連結。這樣的官方貿易，在利用民間海域秩序之同時，也採取擴大海域影響力的政策。上述情況，可以概括成以下的五層海域重層統治結構。

首先，民間利用海域的五層結構，以媽祖信仰為頂點，其下則是進行交易與移民各類活動的層次。再下一層，是以漂流為特徵的海事相關狀況。最基礎的海陸交涉階層，則是海民與沿海民日常性的交涉、衝突，也可稱為「倭寇」世界。

另一方面，官方的海域統治則以朝貢秩序為頂點，下有北京會同館交易層次，接著是海域管理層次。再下一層，使用的名稱雖然和民間的漂流相同，運作上卻利用了官方認定朝貢制度下的漂流，進行稱為「漂流貿易」之交易活動，並執行送還漂流民的規定。這是將自然的漂流直接編入官方朝貢秩序底層，可視為是官方維持海域影響力的行為。又，官方授與民間海神媽祖爵位，稱之以「天后」、「天上聖母」，藉此擴大對海域的政治影響力。

觀察上述官民的海域秩序、利用海域之五層結構，可以了解到海域並非平面的水世界，不如說是「官方與民眾」及「陸地與海洋」，在政治、交易、文化領域中日常地浮現錯綜複雜又相互涉入的樣態。

海域社會的連結——朝貢、交易、移民、海神

如上所述，由沿海海域、環海海域、海域連鎖的三個構成要素而成立，具有五層利用空間的海域世界，是以何理念組織起來，又是如何經營運作的呢？以下，試著統整圍繞海域世界的政治、經濟和文化要因。首先可以看出，以中國為中心、自唐代以降直至清代都發揮作用的華夷理念與朝貢關係，是寬鬆地統合海域世界的歷史理念。不過，與其說這是中國中心主義，不如說在地理上相對邊陲的朝鮮、日本、越南等亦主張小中華，以華、夷區別自他認識，建立德治的位階秩序，由此形成中華世界。

其下則是朝貢—冊封關係的運作。朝貢國定期派遣朝貢使節到北京，中國皇帝則在朝貢國的國王更替之際派遣冊封使節，確認該國的新國王。這種朝貢關係既是政治關係，同時也是經濟關係、交易關係。朝貢使節除了自行攜帶貢品以交換皇帝所賜的回賜品（絲織品為主）之外，亦讓一團特許商人同行，在北京會同館進行交易。又有比上述人員多十數倍的商人團抵達國境或入港地，從事交易。從海域的觀點來看，琉球國朝貢使節的航路有既定方位與標記，得以確定在海域中之位置。可以說，朝貢貿易的海域是以利用季節風為基礎，從掌握航海圖開始，根據測量沿海地區和天文而得出航點、航線，從而制定出一種定期航路。

不只是東亞、東南亞華人商人團體，連印度商人、伊斯蘭商人，甚至是歐洲商人也參與到朝貢貿易中，由此能看到海域之間的聯繫狀況。

如此一般，海域既是朝貢圈，也是交易圈。更一般地說，也是人群移動的移民圈。日本常以漂流故事等來談海洋的無秩序性，或是離開陸地之恐懼。實際上，即使成了漂流民，若是能被發現，亦可以沿著朝貢路徑、由對造國家負擔經費而被送回本國。另外，九州沿岸一帶相當常見的是，沿海走私貿易船利用這種制度，在接近海岸處故意失事，主張自己是漂流船，而後趁官員抵達前迅速完成交易。

像這樣，海域將物、人的流動組織起來，成為順應自然而運作的海域社會。但是，海域社會並不打算

管理自然本身，而有各種守護海洋的海神登場。亞洲海域廣為可見的海神，是源自福建省莆田縣湄洲的媽祖。澳門的名稱，亦是因祭祀福建海神媽祖的廟宇「媽閣」而來。

媽祖是從宋代初期湄洲民間少女救助海難的故事傳說化而來。值得玩味的是，政治力涉入海域統治時，是透過頒予媽祖爵位，將其升格為天后、天妃，而以皇帝的德治覆蓋其上。海神信仰圈的海域便如此以皇帝之名施行威德統治，從而維持海域圈的官方與民眾利害一致。由此，海域被統整為單一海域社會而運行，海民、陸民交涉之倭寇式生活亦受寬鬆地統合。於是形成了不同於陸地的交易圈、移民圈、信仰圈。

朝貢貿易紀錄所見的琉球網絡

朝貢的海洋是如何被紀錄的呢？從琉球歷史來看，琉球王朝朝貢使節的紀錄《歷代寶案》（第一集），記載了明代與暹羅、三佛齊、爪哇、滿剌加、蘇門答剌、安南、佛太泥等東南亞各地之交易。再加入日本、朝鮮、中國，便能思考琉球交易網絡的形成過程。這個稱為琉球網絡的交易關係，成立基礎並不只有琉球和中國的朝貢貿易關係，而是同時並行與東南亞的交易。其貿易目的在於籌措當時對中國的主要朝貢品：胡椒和蘇木。不過，這個琉球交易網絡有以下兩個特徵。一，十五世紀前半至十六世紀中葉，以暹羅為首的東南亞貿易為多。二，從《歷代寶案》來看，十六世紀中葉以降琉球與東南亞的交易減少，相對地與朝鮮、日本的交易量大增。

僅就此現象來看，透過琉球網絡的變化，可以引導出以下探討課題。

(1) 雖然未表現於紀錄上，但是十六世紀中葉以降琉球和東南亞之間存在著什麼樣的交易關係呢？

⑵東南亞與琉球的交易當中，有美洲大陸所供給的白銀，那麼琉球與呂宋的馬尼拉的交易情形是如何呢？

這些問題的前提是，在中國華南與東南亞之間，有兩條交易路線：沿著南中國海東側島嶼部分從呂宋到蘇祿的交易路線，以及順著西側大陸部分沿岸到達暹羅、麻六甲的交易路線。根據估計，琉球和上述兩條交易路線都有關連。

東側路線以泉州（或福州）為起點，連結琉球、臺灣、蘇祿。這條路線在吸收與東亞朝貢國交易的同時，十六至十七世紀以降與西班牙在呂宋馬尼拉的白銀貿易、與荷蘭東印度公司在臺灣的交易裡，也扮演中介角色。為了維持朝貢貿易網、亦即連結東中國海和南中國海的長距離交易網絡，可見新商品藉由長崎和呂宋供應的白銀持續引入。

結語──胡椒之海

從東側看見的亞洲海洋，形成了環繞東中國海的朝貢貿易多角網絡，東中國海周邊的各個港口、交易都市積極地從事環海交易。其中，琉球王朝擔負了與東南亞（也就是南中國海）的交易，亦是與東中國海連結的中介中心。連結兩者的媒介品，即是胡椒與蘇木。

最後，試著從亞洲海洋的角度，追蹤過去主要以和歐洲連結予以理解的胡椒歷史。胡椒是暹羅至摩鹿加群島一帶的特產。過去歐洲各國的東印度公司為了胡椒而互相競爭、派遣船隊到亞洲之歷史，可謂廣為人知。然而，在此之前，胡椒更有組織地從東南亞向東亞流通，還有以生產胡椒為目的的勞動移動，這些歷史卻不太為人所知。

中國在歷史上一直是胡椒的大量需求者，也透過朝貢貿易系統獲取胡椒。十四世紀以降，明朝透過琉球輸入胡椒、蘇木，其後琉球在胡椒上的收益減少，便特化為日中之間的生絲貿易。不過，更早之前，胡椒貿易逐漸北上，成為李氏朝鮮送往中國的進貢品。東南亞與東亞透過海上貿易緊密相連，海域之間的連結更北上連結至東北亞地區。李氏朝鮮早在十三世紀就透過琉球、九州獲取胡椒，並以此為朝貢品而和明朝交易。其後琉球王朝加入胡椒貿易，在東南亞海域中登場。如同此般，亞洲東部海域並不僅限於東中國海，而是透過朝貢此一廣域地域秩序原理，或藉由市場原理、移民與勞動移動，一直連結到東北亞的海洋。

參考文獻

杉浦昭典，《大帆船時代》（中公新書５４２），中央公論社，一九七九。

鹿野政直，《「鳥島」は入っているか——歴史意識の現在と歴史学》，岩波書店，一九八八。

小倉貞男，《朱印船時代の日本人——消えた東南アジア日本町の謎》（中公新書９１３），中央公論社，一九八九。

上村英明，《北の海の交易者たち——アイヌ民族の社会経済史》，同文舘，一九九〇。

荒野泰典，《近世日本と東アジア》，東京大學出版會，一九八八。

濱下武志，《朝貢システムと近代アジア》，岩波書店，一九九一。

小風秀雅，《帝国主義下の日本海運——国際競争と対外自立》，山川出版社，一九九五。

新井白石，《南島志》，原田禹雄譯注，榕樹社，一九九六。

Anthony Reid，《大航海時代の東南アジア：1450-1680年》，平野秀秋、田中優子譯，法政大學，一九九七。〔簡中譯本《東南亞的貿易時代：1450-1680年》，孫來臣、李塔娜、吳小安譯，北京商務，二〇一〇。〕

Hendrick Hamel，《하멜漂流記》，李丙燾譯注，一潮閣，一九五四。

李薰，《朝鮮後期漂流民과韓日關係》，國學資料院，一九九九。

蔡相輝，《臺灣的王爺與媽祖》，臺原出版社，一九八九。

章巽主編，《中國航海科技史》，海洋出版社，一九九一。

（清）梁廷枏，《海國四說》，駱驛、劉驍點校，中華書局，一九九三。

（元）汪大淵，《島夷志略》，汪前進譯注，遼寧教育出版社，一九九六。

倪建民、宋宜昌主編，《海洋中國——文明重心東移與國家利益空間》，中國國際廣播出版社，一九九七。

蔡鴻生主編，《澳門史與中西交通研究》，廣東高等教育出版社，一九九八。

澳門海事博物館、澳門文化研究會編印，《一九九五年媽祖信仰歷史文化研討會論文集》，編者，一九九八。

（明）李昭祥，《龍江船廠志》，王亮功校點，江蘇古籍出版社，一九九九。

Atsushi Kobata, Mitsugu Matsuda, *"Ryukyuan Relations with Korea and South Sea Countries—An Annotated Translation of Documents in Rekidai Hoan"*, Kawakita Printing Co., Kyoto, 1969.

Choon-ho Park, Dalchoong Kim and Seo-Hang Lee eds., *"The Regime of Yellow Sea: Issues and Policy Options for Cooperation in the Changing Environment"*, Institute of East and West Studies, Yonsei University, Seoul, 1990.

R. D. Hill, Norman G. Owen and E. V. Roberts eds., *"Fishing in Troubled Waters: Proceedings of an Academic Conference on Territorial Claims in the South China Sea"*, Centre of Asian Studies, University of Hong Kong, 1991.

Jacques Dars, *"La marine chinoise Dux Siecle au XIVe Siecle"*, Economica, 1992.

Jennifer Wayne Cushman, *"Fields from the sea: Chinese Junk Trade with Siam during the Late Eighteenth and Early Nineteenth Centuries"*, Studies on Southeast Asia, Cornell University, 1993.

Dalchoong Kim, Jiao Yongke, Jin-Hyun Paik and Chen Degong eds., *"Ocean Affairs in Northeast Asia and Prospects for Korea- China Maritime Cooperation"*, Institute of East and West Studies, Yonsei University, Seoul, 1994.

David L. Howell, *"Capitalism From Within: Economy, Society, and the State in a Japanese Fishery"*, University of California Press, 1995.

Dalchoong Kim, Choon-ho Park, Seo-Hang Lee and Jin-Hyun Paik eds., *"UN Convention on the Law of the Sea and East Asia"*, Institute of East and West Studies, Yonsei University, Seoul, 1996.

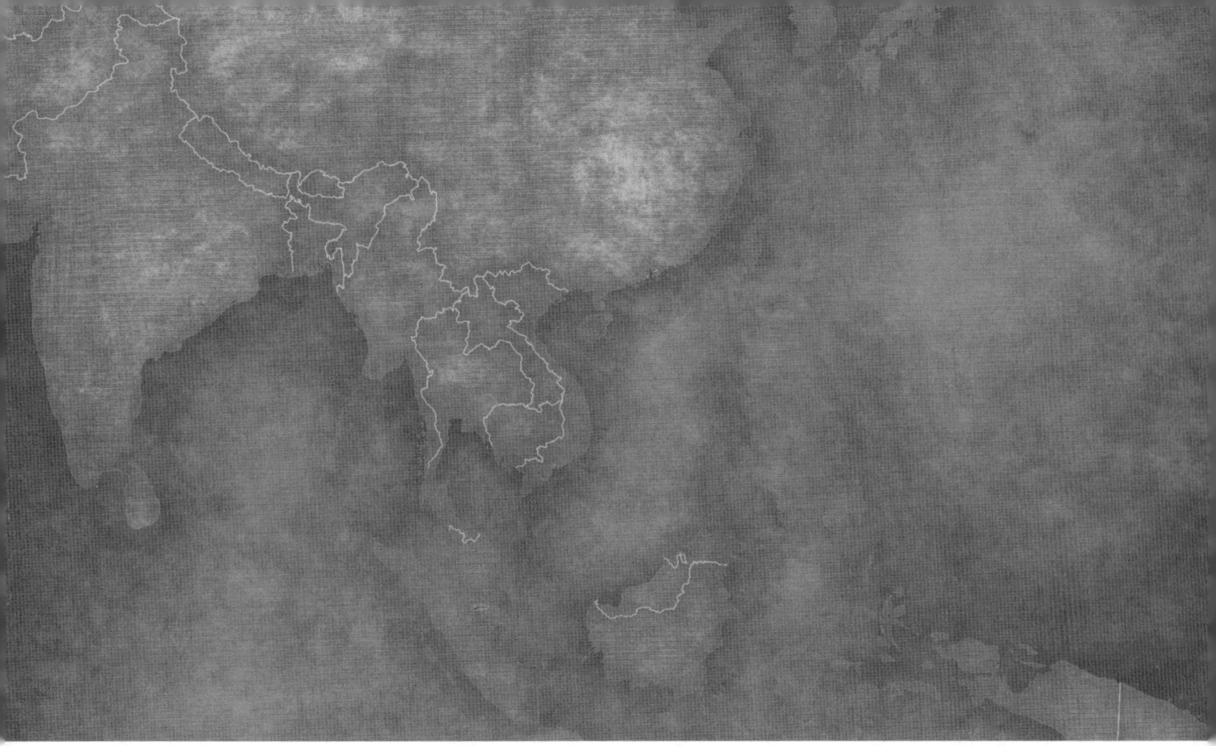

第三部

地域的世界史

第6章 歷史研究與地域研究——歷史展現的地域空間

選自《地域の世界史1　地域史とは何か?》，山川出版社，一九九七。

鍾淑敏　譯

為何研究地域

「地域」這種說法，從原本設定的內容來看，是想要表達如下的內容：首先有根據地勢所區劃的空間，這是基於自然地理所做的地域區分。這種自然地理之上，人類經營社會生活而出現擁有共同風土、民俗之民族所居住的地域。其上覆蓋著政治權威、權力，施行為了管理人民與統括土地的稅制、行政，與此相應而生的是政治性、經濟性的地域區分。這種行政性地域區分的歷史歸結之一，就是國家。國家以領域國家的姿態成立，排他性地主張自己的地域區分。民族和國家，則是正當化占有地域的主體。而且，在國家的上位，出現了國家延長所產生的國際關係。就結果而言，地域被固定化，國家、民族的活動出現在前面，地域概念退居成為國家的背景。

但是，這種最終收斂到國家且與國家相聯繫起來的地域研究，並不是我們在此所要關切的地域研究。現在應該關切處理的地域研究課題，是要重新檢討在方法上將國家、民族相對化的地域論／地域研究。這種地域論／地域研究，是當國家和民族所具有的（實際上這只不過是觀念上的）向心性、集中性、均質性等特徵減弱之後，國家特徵轉趨多樣化的內容，結果便出現像歐盟這種位在國家上位的廣域地域，或是像香港問題等這類位居國家下位的地域成為地域變動的焦點。另外，地域與地域的關係性，相較於主權國家之間的關係，開始出現更重層的、複合性的內涵。

尤其現代之地域論有對以國家為單位的歷史評價之反省。這是由於國家、民族之內部實際上含有多樣性要因，卻因為被單一性地抽象化了，而以排他性、優劣，甚至發展、國力之先後關係而序列化地呈現。另一方面，看來融通無礙的「地域」，則以認識主體之視角而成為型態化、可視化的對象，登場為確實的歷史空間。這種空間認識進而與地理實際相結合，構成為政治地理空間。這樣，地域研究便不再只是見諸於國家論的領土、領域性的空間認識，而可能對因問題視角不同而出現的空間，進行各種不同的討論。因此，並不是先有地域，而是以歷史對象為「空間」的視角，試著追溯並究明地域的脈絡。

面對此過渡期，二十一世紀的學科領域中，地域研究將占有相當重要的位置。那是因為從十九世紀到二十世紀的學術論及學科體系，是貼近國家形成的課題而集中創建起來的。因此，近代歐洲的學科體系在其概念化的過程中，一方面採取普遍性的表現，一方面同時採取政治學、經濟學、社會學乃至於文學等各種研究國家與國民的學科分類，培養支撐國家所需專門知識的人才。日本也是如此，不過可說是具有廣義「國學」特徵之限定性學科。同時，知識分子與大學的角色，可說是獨占學科知識，或在知識之間劃分界線，建立專門領域，而在其中以培養人才為名目，進行著排他性的知識傳播。這意味著向一個宇宙觀、世界觀統合之大學（University）的實質內涵。

然而，隨著資訊化的進展，在可說是後資訊化時代的現代世界，一方面是具有強大向心力的地域主義抬頭，同時，環境、資源、能源、人口問題等世界性課題也登場了。以前，透過國家之間的相互競爭，經濟發展與國家形成並不相矛盾，國民國家的形成就會帶來經濟發展，兩者被認為具有高度的相互關係。不過，這種視國家發展就是世界發展的看法，今後可能變成一方的發展將破壞另一方的問題。一方的正面效用可能是另一方的負面效用。因此，同樣的現象產生不同的評價，乃是難以避免的自然結果。

現在的問題是，國民國家這種權宜性的架構雖然有其各種必要，但當要概括現代世界的課題時，就可以發現事實上超越這種國民國家架構的各種複合性地域關係，早已被創造出來了。因此，也可稱為國學的這種以國家為中心的學科體系，今後將更退居後位，不只原本的學科領域將會重組，知識的內容也將被質疑。在此，研究地域或是能夠整體性地理解地域之文化體系或知識體系的地域研究，就成為必要了。國家的領域將因此朝兩個方向解體，其一就是還原為地域的領域，同時另一方面將昇華成為全球性的課題。

地域概念的外延與內包

從「地域」是空間延展的觀點，若進而更概念化，將會浮現什麼樣的檢討課題呢？究竟應該將「地域」看成擁有什麼具體內涵來考慮呢？

向來稱為地方或地方史的領域，在日本史，就是採取地方史（じかたし）或其記錄之風土記的方式。在中國，則是以地方志的方式，有研究地方的獨特領域。這裡所謂的地方之定位，一般就是以國家為中心而處於其下位的層級。上位是結合國家與國家的「國際」關係，這可理解為與全球性的「世界」相連結。如此，可以以國家為中心，將「國際」、「世界」、「地方」的關係位置，做成如下的歸納整理（參照圖1）。

現在必須檢討的「地域」，不是與國家存在著上下位關係，反而是這個「地域」有與「國家」位置相

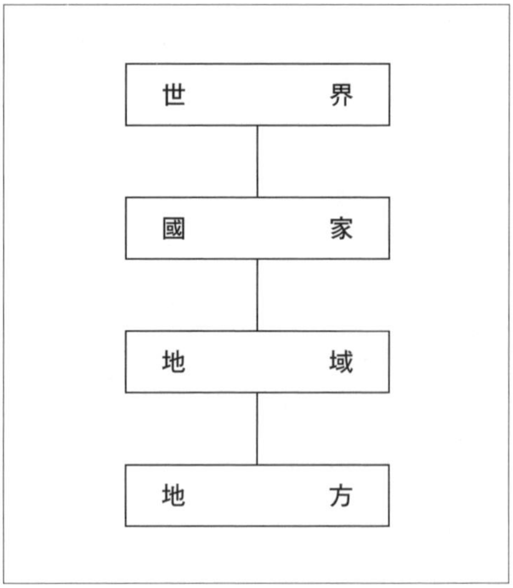

圖 1

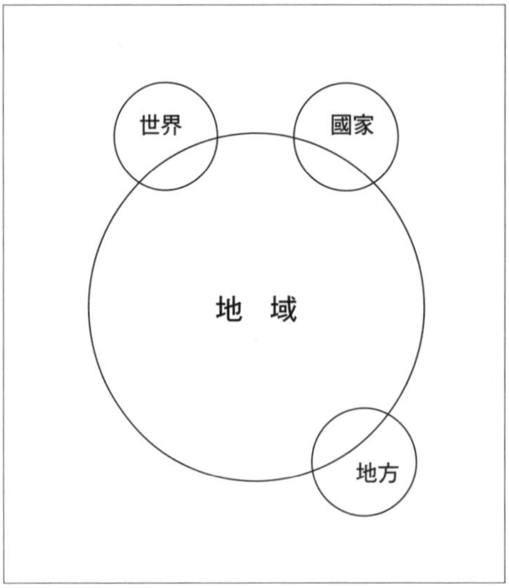

圖 2

重疊者，既可探究全球規模的問題，也可以是包含「地方」在內的「地域」。因此在「地域」的概念化過程中，「地域」除了內含一般定義的內容，同時也讓「地域」具有含括性、複合性及網絡性等外延特徵（參照圖２）。

關於這點，意味著「地域」的概念包含著多項關係。如果重新反思原本以中央—地方關係、中央—邊陲關係、公共與民間關係來思考「地域」的看法，究竟可描繪出何種與以國家為中心的關係不同的景象呢？以「地域」的思考方式為媒介，來思考向來的中央—地方關係，便會有中央不必然都是中央、地方也不必然都是地方的時候。也就是說，不必以行政的區分來將中央與地方的區分固定化。透過地域的想法為媒介，在機能性的意義上，中央也可能被視為是一個地方。

進而，以「地域」概念為媒介，或可從向來的中央集權與地方分權之討論中，引發出不同的問題來。從世界體系論的核心—邊陲的問題來思考，則「核心」便一直是核心，而且將含括「邊陲」，或者說將使「邊陲」持續化、固定化。但以「地域」概念作為研究思考的媒介，則「核心」與「邊陲」的關係便不必然是主從的關係。因此，邊陲不必然會被固定，而具有獨特的歷史意義，而且也會浮現出核心有時必須依存於「邊陲」，才得以發揮「核心」角色的關係。

試舉一例。中國清朝末期新設的稅關稱為海關，設立的時間始於十九世紀中葉，隨著導入外國稅務司制度，中國海關遂由外國人管理。向來的研究主流，都認為這是中國從屬於外國的一個典型例證。但若從「地域」的想法來看的話，可以發現初期設立海關之地，正是圍繞著財富之地的華南地方。而且，海關的收入由清朝政府吸取，因此從地域的中心—邊陲關係來看，就可以看出中央是如何實現掌控華南經濟的政策課題。歷史上，中央政府一直都從華北的中原吸收財源。但到了清末太平天國之亂，清朝政府遂從華南周邊之海關取得稅收，以此方式來恢復財源。

如此看的話，以前在中國與外國的「國家」關係中，被判斷為在外國管理下，以此結論便終止探討的問題，如今在地域關係，並且在包含中心—邊陲關係的觀點來思考的話，便可得出「中心從豐富的邊陲吸收財富，中心不必然持續是財富中心」這種得以重新檢討傳統研究的新關係。

就像這樣，環繞地域及地域論的課題，今後勢必變得更為重要，但這並不意味著大家對於地域論的對象與方法、課題與動機的相關討論具有共識。因為在此之前地域論是以國際關係中的地域區分論型態出現，也就是只被當成是國家的聯合或集散，而在其基礎上分類為亞洲、東南亞、東亞、南亞、西亞、中亞等地理性的區劃而已。當然，這種地理性之分類也曾有一段時期因導入國家地政學觀點而帶有極強的統治色彩。例如，從歷史來看日本對於亞洲地域之認識，是以滿蒙、蒙疆、蒙藏、華北、南洋，乃至更進一步的大東亞等，以各種政治性背景與目的來討論廣域地域。並且，由於再加上地域政權構想與軍事力的觀點，地域問題便招致了地域爭奪、分割的結果。歐洲也在歷史上以「帝國」、「殖民地」、「勢力圈」等型態，表現出「擴大了」的地域。

總之，以前的地域研究可說具有「以何種向心力來統合其地域？可將之視為統合的地域嗎？」這樣的特徵，也就以向心力而描繪出來的地域。就這一點來說，國家應該是歷史上最具凝集力的一種地域，當然也導致地域研究容易被當成只是國家研究方法上的空間應用問題。

但與此相反，也需要有擴散地域的掌握方法和網絡的思考方法。事實上，因為人、物、金錢、資訊的移動而形成的足跡和連結，將會擴大形成鬆散之地域，或內含複數國家、地域的地域圈。

如果與國家對比，國家可理解為被階層化地組織，而且就制度而言將法律、經濟、社會包容進來；與此相對的，以移動與擴大形成的地域，毋寧可看成是以擴散與網絡結合的經濟與社會。因此，這裡所稱的網絡，是非組織性的、非制度性的，而是因應狀況、因應局面而選擇連結方式，進行重組。網絡有時擴大，有時收縮，具有可謂阿米巴〔變形蟲〕式的特徵。

如此一來，地域的形象也就可有很大的差異，有的是具有向心力而朝著收斂方向發展的地域，有的反而是具有擴散力而使問題分散化，而且能因應情況對各別分散部位創造結合點的地域，甚至在這兩者之間也應該還可以描繪出各種不同的地域圖像。

這樣思考的話，現在發生的全球性課題如政治經濟問題，或環境、資源問題等，實在不是在被稱為「國家」這種有向心力的「地域」所能解決的，毋寧應該是能適應狀況的、有柔軟廣度的網絡模式來對應解決的問題。這也正是非營利組織（ＮＧＯ）在現代受到矚目的理由。

基於以上對地域問題的基本認識，以下試著來思考地域的形成和地域論的定位問題。

地域研究的動機與契機

歷史中的地域

歷史處理的地域是什麼呢？歷史研究中所應該描述的地域，又是什麼呢？這與「歷史乃是處理時間的研究領域」這件事，密切關連。也就是說，描繪出共有、非共有時間的地域範圍，從而檢討共有時間時所象徵的生活空間之地域，這就是用歷史描繪的地域。那麼，共有時間的地域又是什麼呢？目前，我們可以將它理解為共有時間區分的空間，即共有曆法的地域、共有以曆法所表現之時間管理、共有區分時間區的空間，而成立的生活社會與地域空間。歷史必須以「曆史」來考慮。就如以「奉正朔（曆）」型態對周邊廣大區域發揮影響的中國所建立起來的朝貢關係所看到的（此處「中國」這個詞所指涉的，並不是做為國家的中國，而是地域空間的中國），朝貢國攜回記載著中國政事的行事曆，維持共有政事時間的地域系統，這就是時間所導引出來的地域。

明治政府在明治六年（一八七三）將以前所用的中國曆（「正朔曆」）改換成西洋曆。在此，從皇帝改換成天皇下詔，而且還特別從《日本書紀》中找出改曆的淵源，顯示自我認識的意義。時間的轉換意味著政治空間的轉換。

更進一步的是在社會生活層次上，也存在著管理日常生活時間的曆。一般被稱為「通書」的曆，將生活範圍的地域空間劃定了各種座標軸。例如以風水這種方式，把人類與大自然相互關係的智慧編入，又以季節與農事作業的組合區分，或計算一年中的節氣循環等，透過曆也可描繪出社會空間。

然而，向來的歷史研究雖然處理人類與自然之關聯和各種社會生活所刻畫的時間意識，但其時間是當成尺度的時間、是機械性處理的時間。也就是說並不是做為思考歷史的問題，只是用來測定歷史時間的尺度。因此，時間是均等的，透過年、月、日、時的細分化而有固定尺度的時間軸，時代的時間意識並不被視為問題，這反而將歷史主體封閉在時間的尺度當中。結果是歷史研究不處理作為歷史認識的時間，只處理量測歷史之尺標的、平板畫一的時間。

例如，說「十五世紀」時，只不過表示基督教曆的第十五個世紀而已，可說是拿掉時間的地域性後，以作為尺度的時間而被置換為歷史認識的時間。但就如有格列格里曆、伊斯蘭曆、佛曆和「朝貢」曆那樣，它們彼此相互連結、重疊，時間實際上可說是用來思考歷史和空間的軸。但認識歷史的這一方可能漏看這一點。在此要確認的是，地域概念是能夠讓吾人重新將時間相對化的重要手段。

因此，歷史處理時間所描繪出的空間，才能使地域論超越單純地理空間的範圍，而成為具有時間軸的地政論，得以導出地域的動力，用同時代的視野思考問題。

學科領域（Discipline）的變化

「地域」這個概念，原本是和學科領域並置的。例如「亞洲經濟」這個詞，就是結合了亞洲這個地域與經濟這個學科而產生的。但歷史性地面對現在的動態時，地域研究的重要性就增加了。但這不再是向來固定化的「地域」概念，而必須是改變各種焦點後，多面相地描繪對象的地域研究。檢討歷史中經濟扮演的角色時，必須以「地域」的脈絡為媒介來思考問題，必須從這個視角追究地域研究。讓我們來探究到底是在如何的動機下，使地域研究的重要性在當今出現。

回顧研究史的話，向來只在地理視野下掌握地域而注意地域研究時，經常強調在當時的政治、經濟狀況裡，有關領土的對立、民族問題與國家之地理性的重疊等排他性的趨勢。在所謂國家主義、帝國主義的想法基礎下，領土、境域或是包括民族在內的地政，是重大的關心問題。為了確保、保全乃至進一步擴大的目的，結果發生激烈的對立與衝突。不過，就如和辻哲郎（一八八九—一九六〇）《風土》中所看到的那樣，以風土來理解地理的關心或人類社會，可說是具有將國家相對化而為超國家方向的論述，也有將其單一的普遍性加以相對化的作用。

但如歷史所示，其動機未必獲得實現，毋寧說相反地，風土多被動員來強調國家與民族的單一性或排他性。這點見於一九二〇年代後德國的地緣政治學，也見於日本和中國討論相關歷史時。例如在平野義太郎（一八九七—一九八〇）《大東亞共榮圈的歷史基礎》[1]一書所看到那樣，原本具有更多樣性、多重性廣度與深度的地域概念，因從國家的論點出發，民族問題也被限定於其中，造成了地域與國家、民族重疊的結果。

現在所要求的地域認識與地域研究，並不是上述那樣讓地域與國家相重疊，進而結合民族問題來伸張排他性的自我主張。相反的，是要活用地域的柔軟性，使多樣化要素共存，或是透過構築地域相互間的安定性關係，來思考有何方策能共同處理現在人類社會所面對的各種共同問題。在這種課題意識下，地域研究正是要來肩負新的歷史性角色。

如上所述，對向來學科領域之界線區分的反省，也給予從事地域研究的新動機。如前所述，向來學科領域中的「地域」，例如在經濟學裡它就處於國民經濟或是國家經濟的下位，或在行政或自然地理分類下屬於「地方」，「地域」是由所要描述的事物所設定、定位的。但是對於這種被當作國家經濟或國民經濟之一部分來討論的反省，就讓吾人對地域研究有了新動機。

現在的狀況是出現了新的反省。不但在學科關係上有把學科領域做多樣性組合的課題，而且作為對象的地域本身，顯然也具有獨特性、多樣性，而應該被稱為地域世界。僅以國家、國民乃至民族，這種具有一體化意涵的概念，來分析現在的事態，已經不夠了。於是產生了從「地域」本身來建構問題，將「地域」更加概念化後以此視角來進行地域研究的契機。更進一步的，反省向來學科領域架構是否充分含括「地域」

時，也產生了現在「看地域之眼」的新需求。地域論不只是一個新的認識，也對地域＝世界認識的主體，進而對歷史主體的實存本身，提出了問題。

認同（Identity）與歷史認識——從「事實」認識到相互認識

作為一種歷史認識方法，近年來各種不同的主體出現了思考自我有如何的歸屬意識，其歸屬意識如何與具時間與空間的地域性結合的問題。這種圍繞歸屬意識、自我認識或認同的歷史認識觀點，逐漸成為討論的話題。從這種認同而來的空間認識與時間認識，與實體的空間與時間不同。無論是物理的空間廣狹或機械的時間長短，從認同的觀點來看都不是直接相關的事。毋寧說是相應於個別認識主體的狀況和條件，而有空間與時間的伸縮，或重疊、長短，因而其意義的評價和判定的標準也不同。

例如，思考國家時，有從作為制度的國家、作為組織的國家、作為領域的國家這種所謂實體國家的分析，如今變成了對民族主義國家的認同的討論。這裡的國家，有的是作為民族而表現，有的是作為意識形態而表現，又有的是透過與他國對比的自我表現。以中國的歷史為例，想要確認歷史上國家空間範圍的實體，極為困難，或者幾乎不可能。比起實體的國家，從做為空間認識之認同的國家這樣的角度來思考，反而更為重要。從歷史來看，做為自我表現的中華、漢族、中國等所表現的內容，是以民族或政治理念、統治理念或地域圈等的表現，交互重疊，時而融合，時而分離。這種彼此競爭、對抗的幾個要素的重疊關係，或者複合關係下的中國概念，逐漸凝聚為認同的總體。

從這樣的認同論來思考的話，關於自我的實存、存在，或自我的中心性，和環繞這種自我中心性的自我與他者關係的問題，「認同」便可以定位為自我認識的多樣性表現。在此基礎之上，具有自我中心性的認同將以如何的型態普遍化、正當化和賦予根據呢？這將會是不斷要面對的問題。各種社會組織、政治組織、經濟組織相互複合，地域認同也在其向心力的作用下形成。

同時，關於地域研究之動機所必須考慮的要點，是向來關於「事實」認識的方法。檢討地域研究的輪廓之際，這是重要的問題。以前我們設定研究對象以分析研究時，不論是以社會科學的方法，或是以人文科學的方法，目的當然都是究明研究對象。但鑑於「地域」具有極高複合性，越是想要深入「地域」這個對象，相反地越會使觀測的這一方——也就是認識主體的視線本身，開始成為檢討的對象。歷史研究因為接受來自文化人類學和社會科學的成果，廣義地具有「客觀」至上的思考方法，在往「主觀」歷史進行方向轉換之過程中所顯示的課題，就是在歷史認識中的「認同」問題。探討事實與真實之「間」的歷史學，就要跨進事實與認識、認識與記憶之「間」。這必須將地域設定為更寬廣的場域，才有可能。從談論「地域」的瞬間開始，這方的「眼」就被質問了，讓人必須不斷斟酌研究對象與認識對象之間的距離與關係。「地域研究」在此除了是根據「方法」、「概念」來分析研究對象之外，還必須置身於「地域」，因此研究對象也開始質問研究者的觀察之眼。也就是說，不是從此岸進行單向的分析、研究，而必須注意與彼岸之概念化了的地域之間的相互認識，以及相互認識的差異。

以中國歷史為例，一八四〇年起發生的鴉片戰爭，英國國會通過了決議，算是一場國家的戰爭，而清朝方面卻視此為一次地方事件（「鴉片燒棄事件」），派遣全權大臣林則徐前往處理。另外，一八四二年的《南京條約》規定割讓香港島一事，英國認定這是終結戰爭的結果，清朝則視之為一種恩惠的施予、讓與。這是從主權與宗主的觀點所看到的不同地域論。以前，歷史被認為是「真實」的歷史，是「客觀」的歷史。但如果將同時代人的自我認識和相互認識當成現代吾人之認識的相互過程，當作是歷史認識的實態，則所謂客觀的超普遍之真實就無法成立了。因此，透過相互認識的實態理解或歷史理解，就會更被強調重視。由此可知在地域研究裡具有何種自我認識之眼，以凝視來自地域之眼，這個問題就必須更被要求了。

價值評價的變化

與歷史認識問題相關，向來之價值判斷與歷史評價的基準產生變化，也給了地域研究新的動機。由於對第二次世界大戰的反省，讓戰後至今的「民族獨立」、「反殖民地」或「種族（ethnicity）自立」等問題，與近代化、工業化一樣都獲得無條件的肯定，成為最優先事項。但是從地域之觀點來看，即使只就民族問題而論，以往民族自立或民族獨立就是目標，就是結論。但現在來看的話，毋寧說它是新問題的出發點。就如所周知的，「解決」民族問題不必然帶來地域的安定，也不必然是地域間關係的回復。這也是在面對後國家時代時，強烈要求吾人必須以地域觀點重新審視並建構問題的理由。

如此考慮的話，「地域研究」這個新研究對象的輪廓，並不是研究被給予的或被固定的地域，而是要研究以意識該地域之眼的型態所建構的地域。因此，當然會不斷出現如何對向來的價值判斷加以重新評價的問題。由於向來被視為當然的評價基準動搖了，也就產生了動機，讓「地域研究」能包含對應實態的多面之眼。

整體而言，現代「地域研究」的課題不只是空間的地域而已，甚至是要求與價值判斷相關的「地域研究」。向來以近代化過程中之國家為分析中心，並以時間序列中的發展為評價。但這種正面評價「經濟發展」的價值判斷，今後是否還能繼續維持呢？從對環境、資源、人口、能源問題的現代性反省來看，這些也都對「地域研究」提出課題。

地域與海域

海域的連鎖

以陸地做為支點、以與陸地為對比所描述的海洋，無法充分傳達海域的意義。海域是海洋被當成形塑陸地之條件來掌握的方法，在這裡海洋與陸地並不因海岸線而嚴格區別，而且包含將陸地組織進來的海域作用。

從海域的觀點來看空間上的亞洲，可以看出以海域所賦予的亞洲之特徵。攤開世界地圖可以看到相較於歐亞大陸西岸、非洲大陸、印度次大陸、南美洲大陸東西兩岸，歐亞大陸東岸的海陸交錯情況特別複雜（參照圖３）。

歐亞大陸東岸部的海域，由北到南呈現出緩和 S 字形的線型連續排列，形成大陸部、半島部及島嶼部輪廓的海域連鎖，這是亞洲在歷史上以亞洲地政空間登上舞台的前提。另，海域指不像洋那麼廣大，而且不像灣、海峽那麼接近的海。

從北依序來看亞洲的海域，最北是分隔歐亞大陸與北美洲大陸的白令海，沿著歐亞大陸東岸看下去的話，鄂霍次克海形塑了堪察加半島與俄羅斯西伯利亞的輪廓，進一步南下接著是日本海、渤海、黃海與東中國海，形塑了朝鮮半島、日本列島與沖繩南西諸島。再繼續南下的海域則分成兩路，蘇祿海一路從班達海經阿拉弗拉海、珊瑚海與塔斯曼海聯絡起來，形塑了澳洲大陸東北部與東南部的輪廓外型。另一路則由爪哇海西進，經麻六甲海峽通往印度洋。

這些大陸部與半島部、島嶼部由海域相連結。半島部與島嶼部的特徵是，它與大陸部十分接近而受到大陸部（中國）的影響，但同時又維持相當距離而不被同化。也就是說，亞洲的海域像這樣讓不同的地域

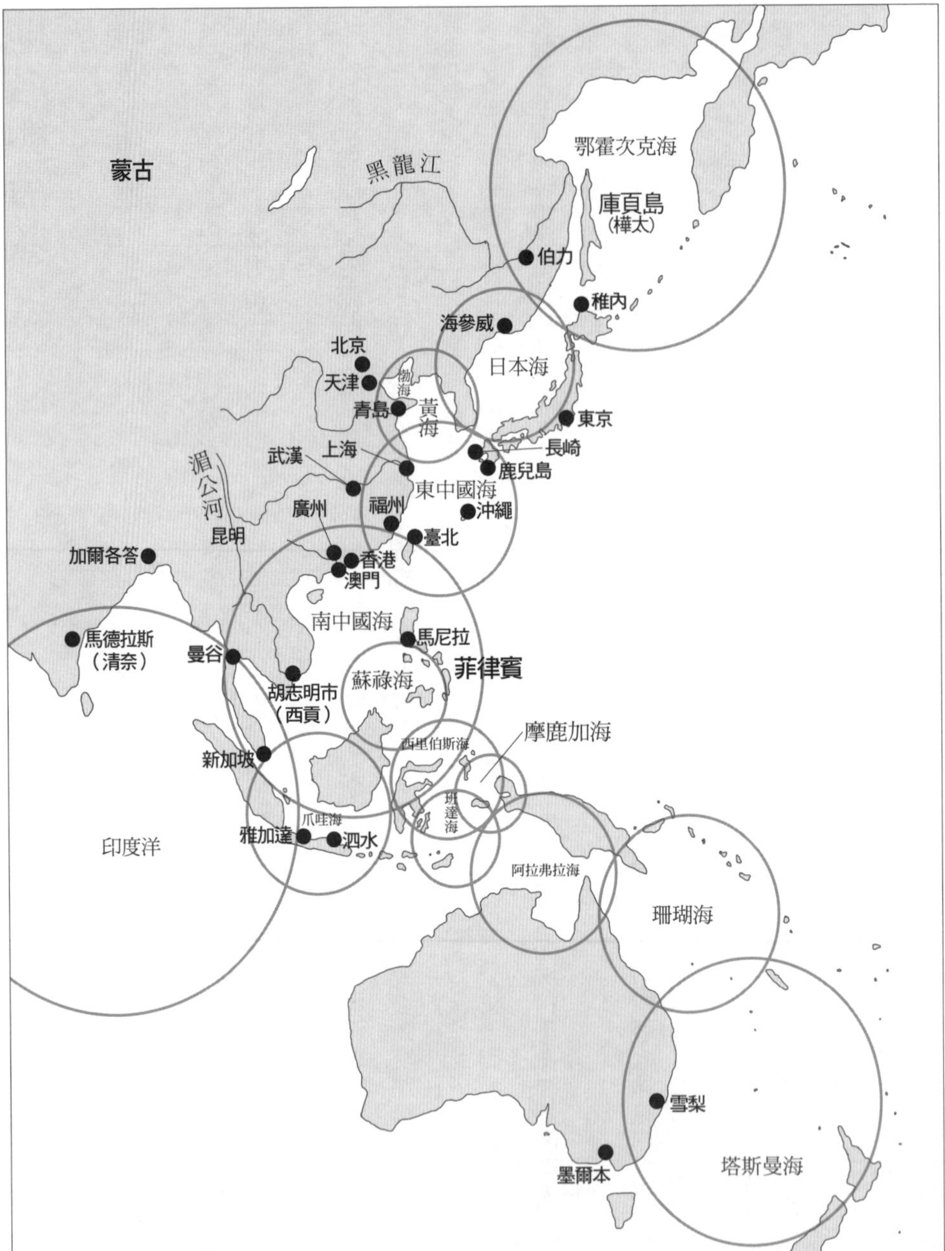

圖 3　從海域所看到的亞洲

保有個別的獨特性，但也以中國為中心，形成一種鬆散的文化、政治、經濟的統合，以及地域與海域的相互關連。這在歷史上的特徵是以中國為中心，形成跨越東亞與東南亞區域的華夷秩序與朝貢貿易關係。（參照圖4）。

海域的延展

海域以本身的海提供相互交流的場域，但向來的海域史研究可以說是將地域或陸地的領域延伸到海洋，而以陸地為支點來研究的。

但如今作為必須改變地域研究之場域的海域研究，並不是建基在把海洋與陸地截然區分開來的關係，毋寧說首先是做為「沿海」或沿海地域特徵來顯示的。構成沿海的社會，同時也被包括在海洋的交流、交涉場域內，沿海就是兩者相互交流中成立的地域。這不只是漂流民或漁民所

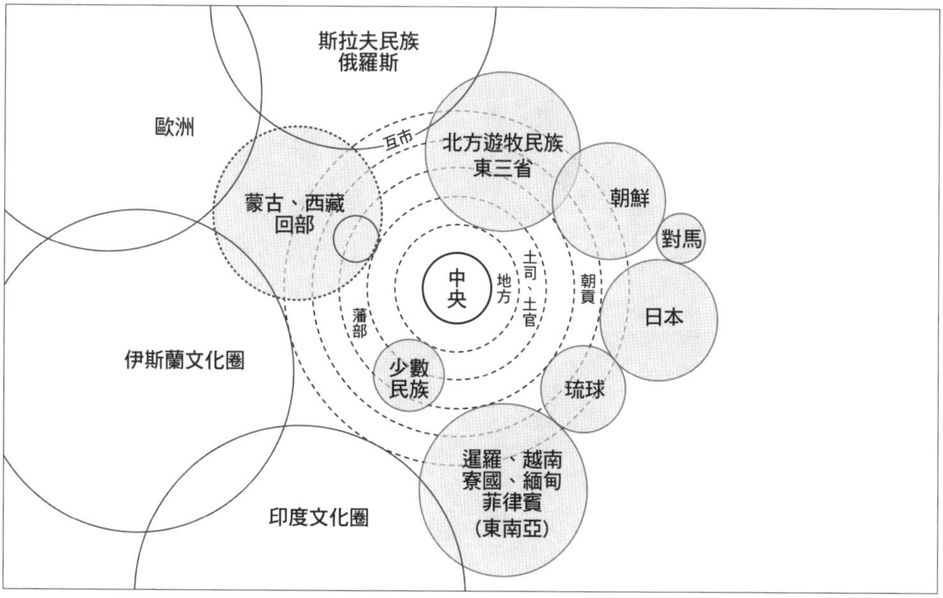

圖4　由政治空間所看到的中國與周邊關係

想的沿海及近海的範圍，毋寧說包括遠洋航路也都是研究對象，相關財物的交涉、人的交流、文化的交涉等等，也都必須檢討。

第二點是可以用跨越海的「環海」來表現的海域。這是跨海的各種交易都市，經由多角化的相互交流、交涉所成立的，應該稱之為環海地域的場域。歷史上，在由海洋所形塑的沿海都市中，產生了若干的交易都市，在那裡發生異文化之間的交流、交涉。環海的結構是異質的民族、文化並存，各有其據點性，同時透過其他交易都市形成網絡，所以其地域、海域的特徵是經常呈現橫向的展開。

這種沿海、環海之上，歷史上出現了在總體意義上更為重要的，或者作為海洋與海洋之網絡中繼地的交易都市。透過檢討交易都市，便可設定連結海洋與海洋，更具廣域展延的地域研究場域（可稱為「連海」）。

在海域中，透過環繞該海域的交流和交涉過程所建構起來的各種制度、組織、聯繫或語言等之傳播手段，從歷史來看，可說是從海洋向陸路展開的。例如，面對大自然的海洋，為了清楚地設定航路，便必須進行許多天文觀測或是地理觀測。這也可以說，透過海洋這個場域，才得以更具體化地認識陸地。

其次，由移民和交易而來的人、資訊、商品、金錢之往來，隨著彼此相關資訊的收發、交易往來的活潑化，各種市場資訊也隨之開展擴大。環繞海域的交流、交涉，可說形塑了廣域市場的原型。而且，因長距離交易而運輸的物資，替王權和商人帶來了大量財富。為了獲得這些財富而對商人提供的資金借貸制度，如葡萄牙商人的「絲割符」（Pancado），或長崎商人的「投銀」，或中國商人與琉球商人以股（株）為基礎的共同投資等等。在共同投資於可稱為期貨投資的航海行動的同時，船艙的構成本身就採取股份組織的型態。可以說，這些海上的經營組織，後來上陸成為公司組織的型態。從後來荷蘭、英國的東印度公司之歷史看來，可以說就是上述形式更加組織化而成的。王權、王權財政、特許公司三者的關係，以後如何形塑國家財政的基礎，是非常重要的海域史研究課題。

這樣的海域之歷史過程，可說形成了我們現在思考的主要社會組織、經營組織、權力的財政基礎等等。

海域決不是水之海，它可說就是人類社會所組織的場域。因此，向來所理解以內陸或土地為根據所建立的資本主義，與從海洋所建立起來的資本主義，有著非常不同的資本主義形象，可說它提供了吾人重新思考資本主義的研究方法。

近代以後，國家以領域國家的形態發揮機能，以國界與其他國家相區別，而且把國家擴大到海洋，這也使圍繞二百海里境界、群島領有的紛爭相繼產生。在國家具有唯一的歸屬性、一切都最優先地屬於國家的時代，國家這種排他性的領土擁有和國境劃分，是交涉與衝突的最主要課題。不過，如果把國家本身視為實際上也只不過是一種地域統治的歷史型態的話，加上又看出地域具有多層次、多元性的結構與內容，那麼在國家多元化的現代，就可以讓吾人思考更多樣的地域構想。

結論是如何把海洋的觀點放進地域史裡面來。也就是說，向來都是以陸地為中心來掌握歷史，即使是在處理海洋時，也都是將它視為最後都要歸結到陸上的活動場域。在現代世界，海洋本身就應該是探討的對象。同時，在摸索環繞陸地之新的地域統合問題之際，對於海域的構想力應該可以為地域統合提供方法。今日海洋（占地球表面七二％）的環境保護已成為全體人類的問題，此一海域史研究的課題也成了緊急問題。

地域的開展

境界劃定與世界認識

歷史認識如何掌握「世界」的問題，對於主體的定位目的至關重要。認識世界的方法，始於地理空間的認識。這又與正確的測量地理之廣闊及製作地圖作業相重疊。不論該空間是陸地還是海域，世界認識就是將未知的空間轉變為已知的空間，順著正確的掌握讓往來成為可能，讓世界的空間拓展延伸。結果，陸路圖、海路圖的製作大為盛行，透過天文測量畫出地點與地點的連接線，讓世界規模、地球規模的認識成為可能。尤其地圖學（Cartography）的歷史是將未知空間轉換為已知空間之過程，各種版本的地圖頂替更迭。而且，因時代不同而有歷史的空間焦點，從而調查該時代的特定空間，測量其都市、農村、道路及河川等等。

試舉二十世紀初期東北亞地域為例。以日俄戰爭為界，東北亞地域成了國際勢力範圍的爭奪焦點，結果以前關於東北亞地域的地理、政治資訊出現了巨大變化，因而進行了許多相關的調查。俄羅斯、日本、美國及英國等相繼刊行了各種地圖和調查記錄。

這樣，世界認識與地理認識同時並進，即使是國家或地域，其領域劃定的目的也出現了。換言之，空間認識與邊界的劃定、邊界的更形擴大、邊地的擴大，互為表裡。不論是國王的領地、封建諸侯的領地，或是帝國、國家，這都與如何劃定邊界線，從而與如何管理邊界內的土地、人民、文物等等直接相關。可以說，世界認識的空間擴展，因周邊意識的尖銳化而進一步增強了。

歐洲的地域主義、歐洲中心主義

吾人必須注意到與普遍的世界認識相關連的是，歐洲地域及歐洲地域主義在其凝聚自我認同的過程中，同時也是與歐洲之普遍化、世界化的理論主張並行的。特別是在所謂十九世紀的近代之時，也就是歐洲的自我中心主義達其極限的時期，當時的自我認識體系及他者認識體系，與歐洲認識即世界認識，表現於相同脈絡，與此對應的概念、認識、知識與方法等，也因之系統化、體系化。因此，若從地域的觀點來思考，那麼這個歐洲的自我認識，即歐洲中心主義和並存的世界普遍主義，便必須重新檢討歐洲地域主義的世界認識之側面（參照圖 5）。

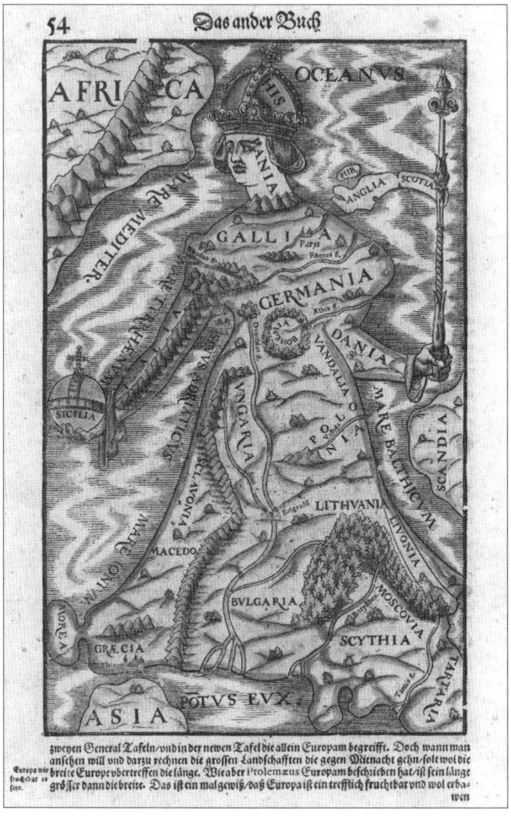

圖 5　被描繪成女王姿態的歐洲圖

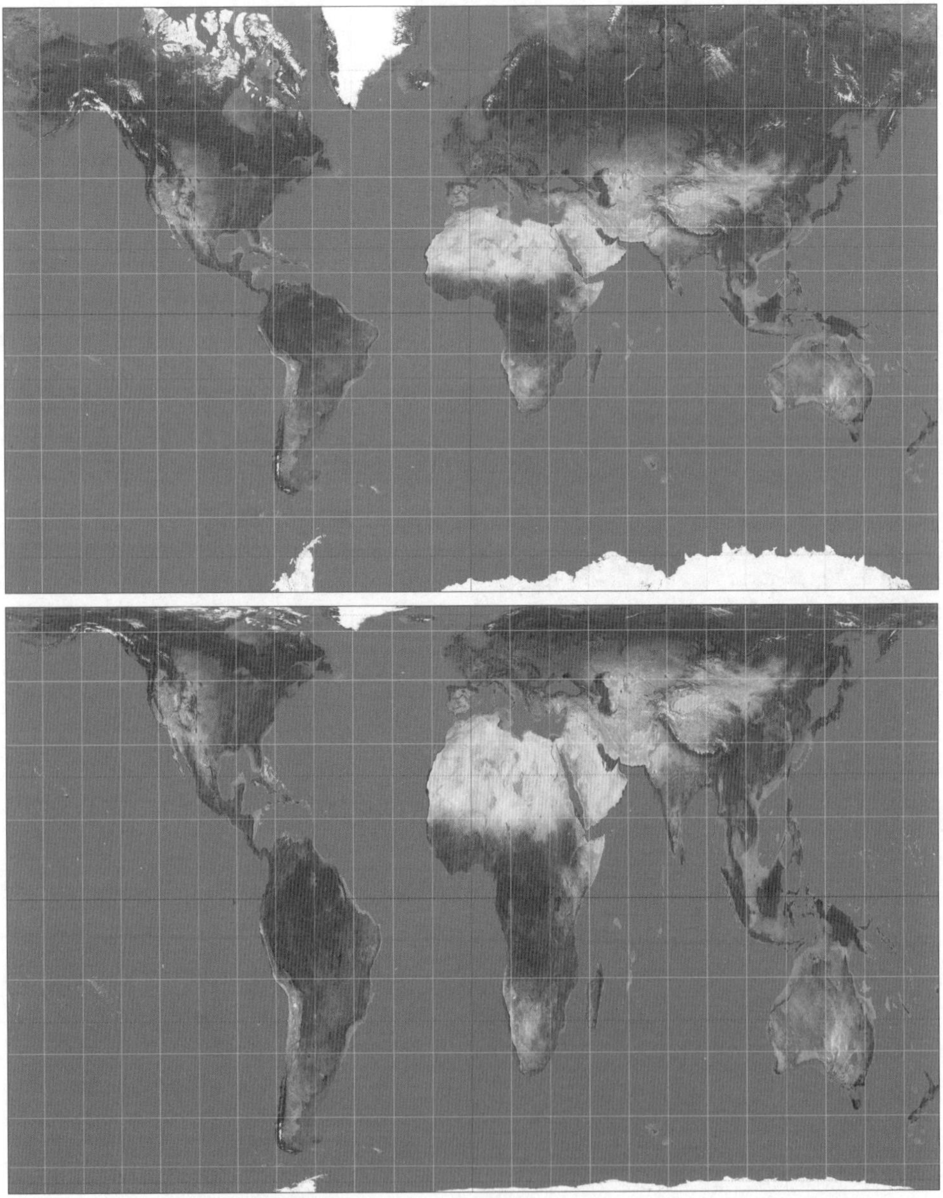

圖6　以擴大歐洲地域為目的製作的世界地圖（上）與以等緯度描繪的世界地圖（下）。擴大圖緯度0–20度、20–40度、40–60度的比率1：1.3：1.6。

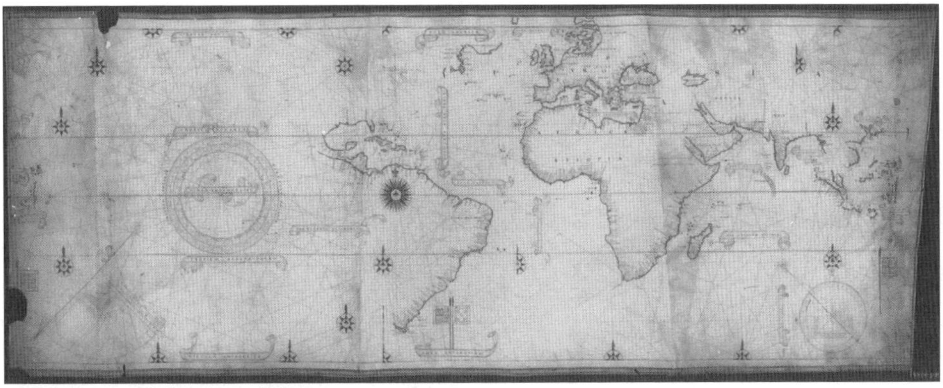

圖 7　海路交錯，最早的亞洲地圖（16 世紀，葡萄牙）

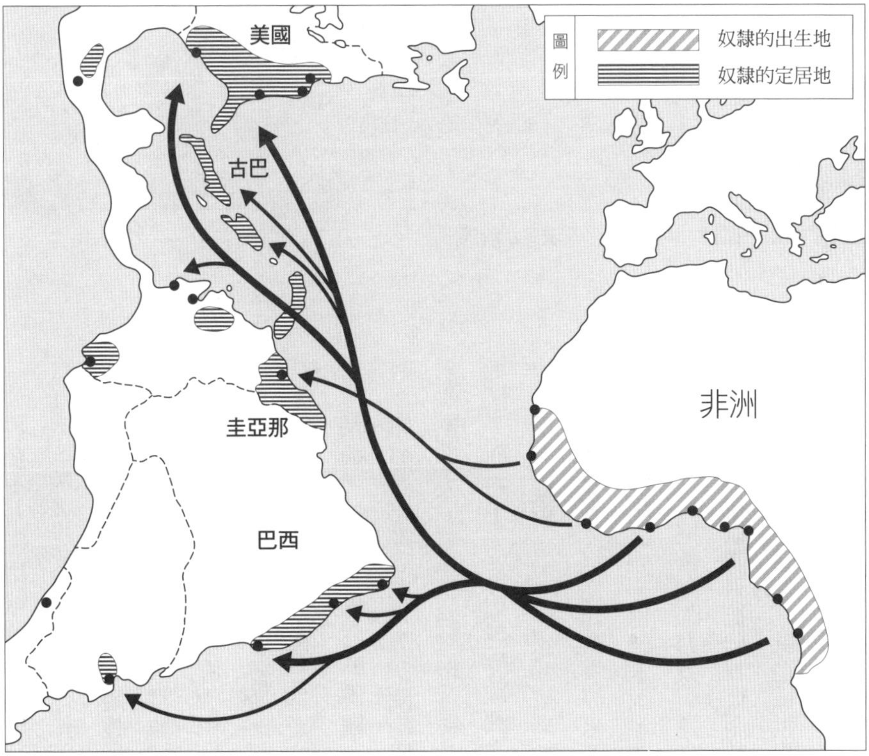

圖 9　奴隸貿易路線（17~18 世紀）

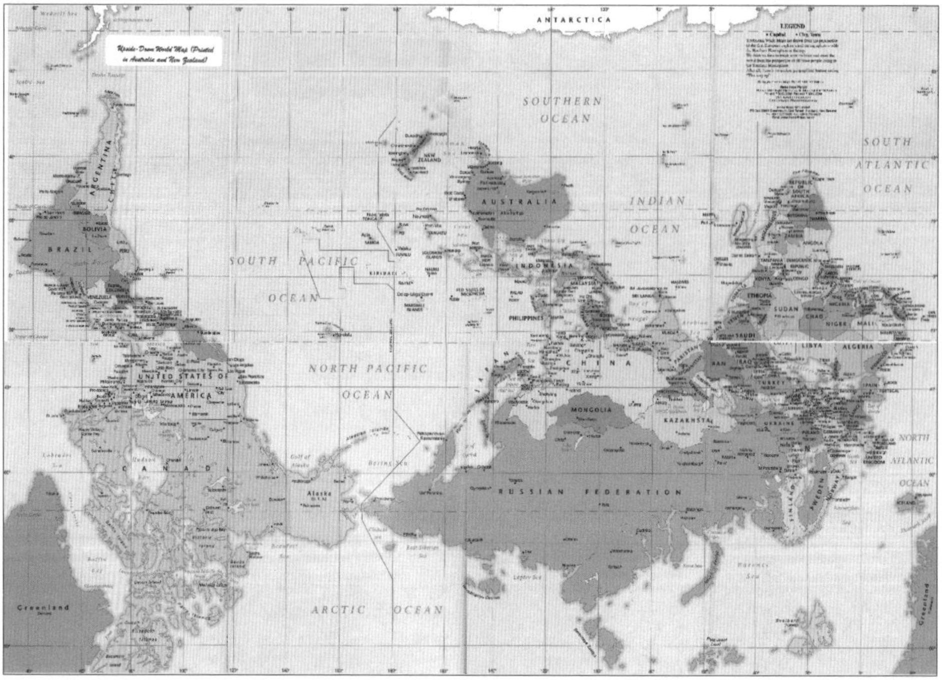

圖 8　透過南北上下倒置的世界地圖來表現自我的澳洲

現在，若借用歐洲之世界認識的方法，來讓非歐洲世界共有其世界認識，或是讓非歐洲世界有這種地域認識，顯然未必可以引出該當地域之歷史特性。相反的，構成歐洲中心主義的基督宗教、王權、交易等，這些成為後來歐洲社會構成的主要核心項目，都成了應該再檢討的課題。而且，雖有將歐洲之向世界空間膨脹，視為歐洲這個認識主體發現各種其他地域，而將十六世紀以降歐洲之膨脹、擴大經過，以世界體系論來加以體系化的討論，但從非歐世界來看，情況毋寧是相反的。也就是說，非歐地域世界具有把歐洲強力吸引進來的力量，而這在以前只被稱為東西交易或異文化接觸。這種非歐地域世界的觀點，將重新檢討歐洲之擴大，以及被總括並名之為「近代化」的世界進化之脈絡（參照圖 8）。

網絡——從離散到地域統合

以上所看到的問題，是從地域的向心力、凝集力側面來追究地域的認同。同時，從地域觀點來接近問題的最有力主題之一，就是可以描繪出各種地域與地域關係的特徵。具有凝集力的地域認同方向，是將歷史上的組織、制度、體制都收斂到國家，一眼看來似消除了地域性。而且，在其基底的國民認同也被一般化了。但從地域的觀點來思考擴散的地域形象時，就會出現與以前不同的地域、地域關係之形塑方法。

就其內容而言，可以舉出移動、往來、離散等橫向擴展的地域間關係。地域的連結或是地域的重組，不斷地變動改造，呈現極具流動性以及擴散性的狀況。移民、匯款、交易等

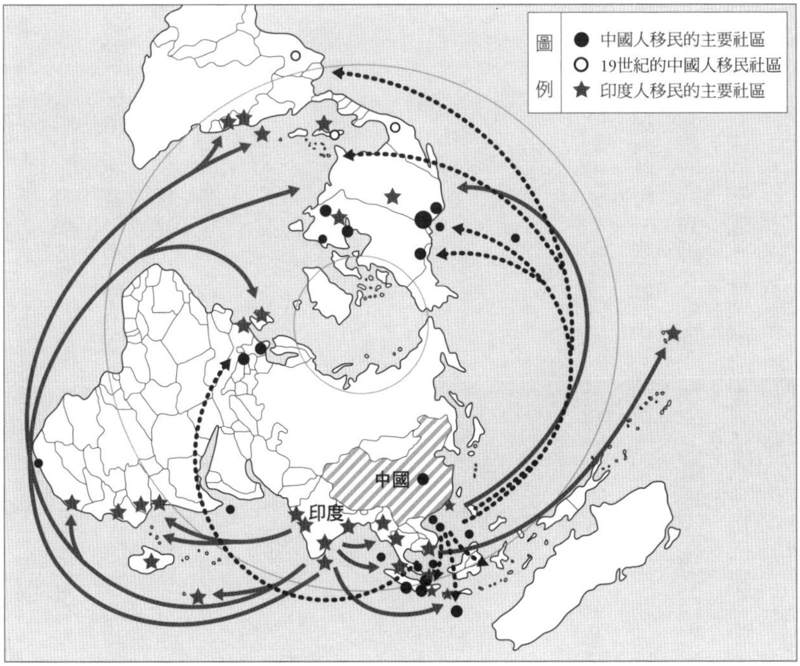

圖 10　中國人與印度人的移民網絡

所建立起來的流通、移動網絡，向來被視為是離散，即被當作喪失原本地域認同的過程。例如猶太、印度、中國、亞美尼亞、黎巴嫩、越南、韓國、北朝鮮等的歷史，向來都被理解為民族的分斷、民族的離散。但現在移動、流動的側面被組織成網絡，重新編組成長距離的連結。因此，向來的民族流散，如今卻開始展現為長距離的地域間連結（參考圖10）。也就是歷史上被國家與地方切開的地域間關係，再度出現了。因而必須將形成民族離散或網絡的建構關係，當成地域連結的新理念來檢討。

地域的描述方法

從時間軸走向空間軸——中國史所見的「方志學」

首先來看所謂「從時間軸走向空間軸」之研究系統的轉換。如果將向來的各種研究領域、研究業績加以二分（當然，並不是能如此明確地區分），則可分為以時間軸的經緯為中心的研究業績和以空間軸思考問題的業績。比較二者，尤其是在近代史領域，順著空間軸進行的研究可說非常少。這是因為近代化和工業化的問題，主要都是從發展序列、時間序列的側面來討論的問題，其空間思考方法都是以國家為中心，以國民經濟或國民國家等範疇為前提。在此意義之下，當前的課題就是應該如何把原本以時間軸為中心的研究，轉變為以空間軸的觀點來研究？因此也可以視為產生了地域研究的動機和必要。而且，與重新評價近代化、工業化問題相關的，作為環境的空間領域可以如何討論呢？

因此，「地域研究」首先是在時空關係中，究明捨去時間軸後展現的「地域」及其外延擴展和特徵，把「地域」作為一個思考的目標。這裡所謂的「從時間軸走向空間軸」觀點的地域研究課題，與地域「定義」的多樣性問題密切相關。接著，就以中國史上被當作地域學討論的「方志學」，來看這個問題。

方志學與地政論

中國歷史上有一類以描述地方為目的所編纂的記錄：「方志」。方志，意味記錄四方，是地方史，是地政學。就如對應於家有家政一般，記錄地域之政則是地政。這早在史前時代就已經存在，宋代則見體系化。明代出版了千餘種方志，清代出版的方志更高達五千餘種。總計高達八千餘種的方志，據稱達漢籍總數的一成。地方在歷史上指省、府、州、郡、縣、鄉、鎮、里、村等，現在則指省、市、地區、區、縣、鄉、鎮、村。

編纂地方志的主要目的，是紀錄地方相關的建置和沿革，做為地方統治的資料。因此，內容包括從戶口、田土等地方管理，到風俗、宗教的記錄。

另外，因應不同的記錄對象，也有不同的記錄方式。除了「志」之外，還有「書」、「經」、「記」、「圖經」、「錄」、「傳」、「略」、「乘（方志的雅稱）」、「譜」、「考」、「集」、「編」、「簿」、「典」、「覽」、「紀」、「識」、「鑑」、「賦」、「資」、「文獻」、「疏」、「集載」、「會要」、「事情」、「概況」、「故」、「系」等項目。

總而言之，因應地方分為不同層級，依主題而有一定的記錄格式。據此，從外部可以根據一定的共同項目來掌握地方，也能與其他地域進行比較。並且地方志的編纂過程，也因應了地方統治的變動局面，可以說充分表現了中央與地方的關係。

清末，地理認識與知識發生重整。一方面有兵政中的「塞防」（北邊的防備）、「海防」（南方的守備）等邊境防衛問題。魏源的《海國圖志》展開了「以夷制夷」、「以夷款夷」等的戰術、戰略論述。

另外，清末的博物知識也經過重整，編纂出各式各樣的「經世文編」。這可說是清末「知識」分類學的登場，原來的方志學被依中央的觀點重新分類為戶政、兵政、工政、洋務等，定位為中央直轄的地方政治。

第二世代的《經世文編》新設立了「地輿部」。其中的項目有「地球地勢通論」、「各國志」、「地利」、「風俗」、「水道」、「水利」、「河工」、「田制」、「農務」、「屯墾」、「種植」等分類，這些以前是分類於中央六部之下的事務，如今則被置於地輿部討論。在此，除了討論中央視點下的地方外，也有將對外國關係、軍事地理也包含到地政之內的特徵。就這樣，見於方志學的中國地域論，亦即地方論，向著地勢論與地政論的方向展開了。

地域研究的方法——學科領域、史料與田野調查

為了走向前此所論的地域研究之契機，或是為了讓地域研究更為體系化，便必須要有跨越學科領域、史料、田野調查三個領域的方法認識。特別是現在，田野研究已經對「地域研究」帶來相當程度的刺激影響。例如，在中國史裡，社會人類學的調查不只限於所謂的少數民族，也跨足漢民族本身的農耕社會調查等，這些調查提供了許多至今從文獻無法掌握的種種資訊。這對經濟史或社會史方面，提出了如何掌握問題的提問。有鑑於田野研究與「地域研究」之密切關係，即使是以記錄資料為基礎討論歷史，在從事地域研究時吸收田野研究的成果，依舊是重要的工作。

與田野相關的「地域」問題，同時也關係著民間性的問題。在理解民間社會時，如果我們以地域史觀點來考量民間社會的行動，中國社會內部連結的重要核心——宗族結合的血緣，以及鄉村結合之地緣連結，

就成為重要的對象。在這方面，田野調查所提供的資訊和資料，顯然都能加深地域研究的精度，也有助於瞭解民間與地域社會的內部連結。

這種田野調查的龐大資料處理工作，也正在活用電算機技術來進行。例如龐大的家族資料之統計處理，或是更進一步的史料、資訊處理，單靠向來穿透紙背的精讀型分析法，已經有所不足了。研究地域社會的資訊量非常龐大，包括記錄、未記錄、不記錄之史料。因應這種新條件，有必要走出原本因果關係敘述型的史料處理，積極地導入以電腦處理大量資訊、提示模式型的地域史研究。

「地域研究」的方法綜合了處理的史料、相關史料的處理方法以及吾人對地域關心的側面，現在這種民間社會研究的吸引力正在持續增加。現在的田野調查，大多是以社會學、文化人類學的手法所進行的定點調查，同時再綜合對當地「地方志」的研究，應該可以導出更廣的結論。在像中國社會這種累積眾多歷史的傳統型社會，文書研究當然是重要的。即使是文獻研究，從向來的正史（王朝的歷史書）到地方志（地方的縣級記錄），再到族譜（宗族的歷史），主要探討的史料內容，也隨著研究關心的變化而有了很大的不同。如上所見，地域社會研究中的學科領域、文獻、田野調查三者研究的綜合，構成了地域研究的方法。

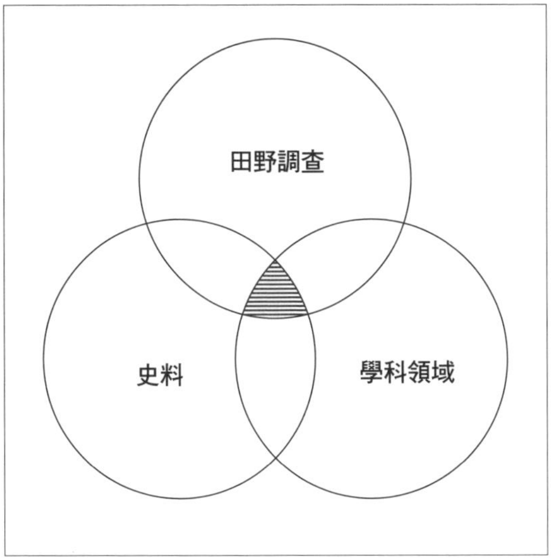

圖 11　地域研究方法

以主題所描繪的地域研究

地域由設定、形成，從而發揮機能，都存在著因應研究領域而有不同的地域描繪方法。例如，想在經濟領域思考地域問題的話，應該就會從廣義的市場之觀點，來思考地域的延伸擴展。即使暫不考慮市場是否均質的問題，生產、消費商品的市場，就會從經濟這個主題來看出地域。

其次，從政治的問題來考慮地域的話，則會浮現出怎樣的輪廓呢？例如，有舉行選舉的選區區劃，有統治所及的範圍，或是以國界區劃的範圍等等這種社會行動與政治交涉所構築浮現的地域。還有更直接的考慮社會生活與地域的問題時，就會出現通婚圈、宗教圈等社會生活再生產所必要的範圍。末端市場的交易範圍，應也算是在這種範圍之內。另外，考慮地域所具有的文化側面時，也有以文化的面向所切取出來的地域。這可以是由擁有共同語言所構成的地域，而共同擁有民族認同也可以視為另一地域。這是以地域文化所考慮的領域。

開放的地域研究之可能性

總之，當歷史研究意識到地域，就可以了解不同於沿著時間軸分析的內容。向來歷史研究之對象，與其說是地域本身，毋寧說是應主題性的高低來探討研究對象。因此，與其從地域觀點將學科領域相對化，毋寧說應該時時提出個別主題的研究對象，即多種問題關心。

不過，吾人思考各種主題中存在的地域比較關係之主題時，往往也止於在各種意味上重新建構近代世界史中的國家角色及國家的重要性。換言之，如同以國家為研究對象的歷史研究，地域研究也依然將檢討重點放在對象的向心力，即地域結構、地域構成等地域內部結構。在某種意義上，就是以類比於國家研究的方法來處理地域。

向來歷史研究的中心課題，是在究明領域、集權、國民等國家內部的組成。因此，吾人從事地域研究若也只是使用類似國家研究的方法，絕不可謂已經充分足夠，這也是現在需要強烈意識到地域性之歷史研究的理由。

究其根柢，地域研究與其說是處理研究對象的向心力，毋寧說其研究範疇具有開放性質，亦即納入擴散、分散和周邊性問題的領域。因此，地域研究裡的地域，首先是不只處理向心力、集權性、均質性，而是以探討開放性、分散性或是向外開展的外向性等，為其第一特徵。

第二個特徵，可說是在究明發生在邊界與邊界交接處，或是發生在跨越邊界與邊界領域內的文化交錯、文化摩擦、複合文化、文化之重疊性等，多樣性要素同時並存，或彼此間相互影響的多角化相互關係。

第三個特徵，在於地域的橫向擴展，直言之就是要考慮在平面橫向擴展時，會形成如何的網絡。向來的歷史研究，或是近代社會、近代國家的研究，其研究旨趣的主要關心點，總的來說都放在階層性或是階級性等上下關係。它們的對象是以支配、統治，或是從屬、服從等關係，所建構的社會、國家，或封建領主的世界等。但地域研究的研究主題，並不在於分析上下關係，而是分析研究橫向展開的關係。也就是說，把上下的關係重新放置在平面場域內橫軸的相互關係，才是地域研究的重大課題。

其次，可以從系統這種更大的架構來掌握地域間的關係。「地域研究」的目標，包括看出廣域地域的固有原理、看出地域的固有核心、瞭解複合性地域內含的系統性與體系性等課題。因此，與其說重視時間軸的地域變化，毋寧說重視地域的固有性，來思考地域所具有的歷史連續性、傳統性側面。

近代化過程中，在思考傳統這種歷史連續性問題時，向來將傳統視為近代的桎梏或阻礙，與傳統理論相較，近代化理論方面似乎受到更多的議論。其中討論傳統時，也多認為傳統與近代不相容，甚至認為是落伍的，而遭捨去。但地域的固有性，是從歷史的連續性中導引出來的，地域研究可說是重新檢討「近代化論」的重要視角。現代世界正在摸索國家間關係的廣狹多樣之地域間關係，對此，開放的地域研究，可以提供不少的問題領域。

注釋

1 編注：此書名暫查無結果，似應為《大アジア主義の歴史的基礎》，河出書房，一九四五。

第7章 通貨之區域性與金融市場之多重性

選自《地域の世界史9 市場の地域史》，山川出版社，一九九九。

黃紹恒 譯

金融危機中的亞洲通貨

一九九七年七月初，以泰國金融危機為開端的亞洲經濟危機，正好與英國將香港主權移交給中國的時間相同。乍看之下，兩者似為毫無關聯的事件，一方是通貨被迫大幅貶值，進而使得資本之流通受到極度的限制，最後演變到許多金融機構面臨存亡之秋的事態。另一方面，與亞洲金融危機無關，香港以作為中國經濟持續成長的資金調度市場及運用市場，今後也被看好將會有很大的發展。然而，英國從香港的正面舞台退出，使香港亞洲化的過程，也是香港和亞洲與現實的危機連鎖的過程，也就是東南亞與香港的金融鏈結再次明顯浮現。

同時，英國將香港歸還中國，即英國從正面舞台撤退這個事態，使關於此次亞洲經濟危機的相關評述與分析，多傾向於指出亞洲的內部問題，認為各國政府存在著缺乏總體金融政策、市場仍未充分開放等金融的制度性問題。

過去十年間，雖然都強調亞洲的經濟發展，如今卻直轉直下成了危機。從奇蹟式的發展，墜落到地獄式的危機，各界都有許多評論。以前強調經濟發展奇蹟的論者，到底是在全球（global）、區域（regional）、在地（local）之中的哪個層級進行論述的呢？一般來看，如今與經濟發展時期的評價不同，傾向於切離了全球性的背景，而評論各國的各自特徵。

但無論是成長的亞洲，還是危機的亞洲，畢竟都是同一個亞洲。而且，即使在歐美與亞洲的對比觀察中，整體論述也逐漸移轉至亞洲本身如何看待亞洲的問題上了。如果將現在之停滯，視為是在此之前急速成長的後果，那麼可說現在毋寧是思考亞洲這個區域性場域之長期展望的重要機會。

另外，必須留意的是，目前雖強調全球化，但在地化也同時並行而開展。過去受限於國家領域的範圍，朝向雙端擴散的行動遭到約束、阻止，但現在因國家的吸引力減退或多樣化，朝向全球化及在地化兩端的分極現象正在發生。這也可以說金融市場之多重性與通貨之一國性，出現了其歷史性的矛盾。此傾向也提出了一項課題，即現在應該如何思考亞洲經濟的歷史及未來。

讓我們來看表 1 所列，泰國金融危機開始時亞洲通貨間的交叉匯率，它顯示了通貨的「一國性」與金融市場之關係。首先必須注意的是，如後所述，以十九世紀亞洲的國際通貨墨西哥銀圓為基礎所創造出來的一元，各國的幣值分歧如此巨大（參照圖 1）。在此可看出兩種通貨之間的匯率，與以第三種貨幣為中介的匯率，並不相同。多重的匯兌關係，使金融機關的中介機能得以存在，亦破壞了通貨的限定性與固定性。[1]長期追蹤這種關係，可見兩種通貨間個別通貨之貶值、升值壓力，在金融市場中的多種通貨相互關係之中弱化了。

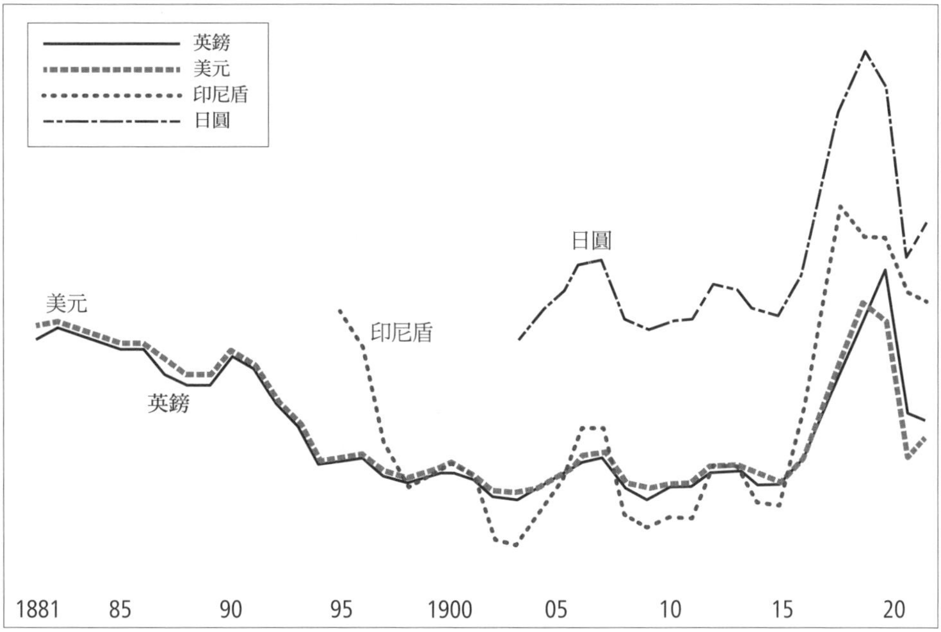

圖 1　以中國銀兩為中心，各國通貨的變動（中國海關兩的價格）
顯示自 19 世紀後半起的下跌趨勢，並於 1910 年代後半有大的變動。

	中國	香港	印度	印尼	日本	韓國	馬來西亞	菲律賓	新加坡	臺灣	泰國	美國
人民幣		9.34	44.2	3890	152	1167	4.03	40.2	1.92	37.7	44.0	1.21
港幣	10.7		47.3	4167	163	1250	4.32	43.0	2.05	40.4	47.2	1.30
印度盧比	2.26	2.11		880	34.3	264	0.91	9.09	0.43	8.54	9.97	0.27
印尼盾	0.03	0.02	0.11		0.39	3.00	0.01	0.10	0.01	0.10	0.11	0.003
日圓	0.66	0.62	2.91	257		76.9	0.27	2.65	0.13	2.49	2.90	0.08
韓圓	0.09	0.08	0.38	33.3	1.30		0.04	0.34	0.02	0.32	0.38	0.01
馬來西亞令吉	24.8	23.2	110	9646	376	2894		99.6	4.75	93.5	109	3.00
菲律賓披索	2.49	2.33	11.0	969	37.8	291	1.00		0.48	9.39	11.0	0.30
新加坡元	52.2	48.8	231	20310	792	6094	21.1	210		197	230	6.31
新台幣	2.65	2.48	11.7	1031	40.2	309	1.07	10.7	0.51		11.7	0.32
泰銖	2.27	2.12	10.0	883	34.4	265	0.92	9.12	0.44	8.57		0.28
美元	82.7	77.2	366	32170	1255	9653	33.4	332	15.8	312	364	

表 1　香港的匯率行情（1997 年 11 月 17 日，各國通貨平均 10 單位）
以交叉匯率來看，以人民幣計價的泰銖價格高於以美元計價的泰銖價格，即人民幣實質上具貶值的傾向。取材自 *South China Morning Post*, November 17, 1997.

通貨流通中的區域市場——中國域內市場的「國際性」

從國際通貨之流通及匯兌之變動，看區域間的關係

如果將亞洲之通貨匯價差距的歷史變動，置換到區域間關係的視角，將會是如何的情形呢？首先，出現的應該是發揮全球性機能的西班牙銀圓，被置換到區域、國家層級的過程。

在一國通貨出現之前，西班牙銀圓自十五世紀以來即一直發揮著世界通貨的機能，但到了十九世紀前半，形態、重量及成分幾乎相同的墨西哥銀圓取代西班牙銀圓，開始扮演國際通貨的角色。雖然通貨的名稱因為墨西哥獨立而改為墨西哥銀圓，但由西班牙帝國形塑的世界市場與通貨之流通關係，內容依舊相同。在分化成各國通貨之前，墨西哥銀圓就是世界貨幣，作為歐洲各國之東印度公司的國際交易結算貨幣，廣泛流通。從十九世紀後半到二十世紀，各國、各區域開始鑄造幾乎與墨西哥銀圓同型、同量、同成分的銀圓，日本的圓銀、美元、新加坡元、中國的銀元、法國殖民地越南的法屬印度支那元（Piastre Indochinoise）、港元等，都是代表性的事例。

自十九世紀後半起，開始鑄造與墨西哥銀圓同量、同成分——因此，理論上可說具有相同購買力的銀幣，但如圖 1 所示，彼此之間逐漸發生價差，進而出現大幅變化。這種情形，若從區域間關係來看，將會顯示出如何的問題呢？中國海關的計算單位海關兩，雖然以一定的比率與墨西哥銀圓連動，但自十九世紀後半以後，在墨西哥銀圓的幣值相對下滑的過程中，其他貨幣卻上升了。而且其他貨幣的幣值也會因金銀比價而變動，與墨西哥銀圓相同。這個情形可說反應了當時世界銀市場的變動，即金銀比價的變動。這裡所出現的區域問題，便是銀流通圈與金流通圈的雙重結構，以及銀流通區域內部通貨價差擴大的現象。

另一方面，以英國為首的歐洲各國，於亞洲設立殖民地金融時以東南亞為中心，並引進了金匯兌本位制，於是形成了「銀流通圈之亞洲」與「金本位、金匯兌本位制之歐洲及其亞洲殖民地」金融的雙重關係。

向來，市場問題只重視生產市場，以內部市場的共同體或農業為基礎結構，同時加上外部市場的商業活動、沿海交易與遠距貿易組合而成（J. R. Hicks，《經濟史の理論》）。但只要從金融市場的角度來看，這種內部、外部的區別，只不過是侷限於商品流通的看法。內部，絕非意味著對應生產市場的內部金融市場；外部，亦非離開共同體而形成的金融市場。反而可說，金融市場自始即具有圍繞流通、交換而產生的金融機能，並且傾向於以不斷地飛越差異性和個別性的方式建立共通性。

那麼，從區域的觀點來思考金融市場和金融問題時，又將會如何呢？如果金融市場是以共通性、普遍性為前提而成立的話，則金融市場的構造及其動力應可說是展現於區域間關係的變動。以往的地域問題，首先是在空間上固定一個「場域」，然後在其上作探討課題的設定。市場問題，可說也是先有固定的「場域」，接著定義市場。但區域本身具有流動性，如果視區域關係也具有變動的性質，則便必須從區域並非固定的「場域」、區域間的關係是不斷變換和組合地展開的視角來理解。本文將試著檢討金融市場在全球、區域、在地等各種區域之形成與運用，以及變換其比重而組合的多重關係。就歷史上而言，則有⑴見於通商口岸間關係的在地金融交易多邊關係、⑵表現在華僑匯款回鄉之亞洲內部區域關係、⑶金銀關係所見的全球與區域之關係等課題。

數量或時間的變化，會以如何的形式影響區域關係呢？向來，地域空間是固定的「場域」，可說是屬於自然地理的空間，時間則是變動的，可作為變化的函數，這種空間因而就與時間有對應關係。對此，反而有必要將向來著眼時間變化的觀點，改變成著眼空間變動的觀點，來看問題。

金融上的變動，例如匯兌的變動、貿易金融的變動，或是投資、匯款的變動等，所引起之區域關係的變化，如果依據不同的組合予以分類，則類型之間將有如何的關係呢？以若干因素定位類型，例如屬於多重關係、互相競爭，或是對立的情形，當可討論區域間關係的動力。

例如，本文〈銀價下跌的各種影響〉一節詳述自一八七〇年代開始的銀價下跌（金銀價差加大），使得以銀計算的借款必須以金計價償還，因而遭到損失（參照圖6）。另外，不只是在金銀關係上的兌換關係，區域內匯兌關係在貿易結算上又會有如何的變化呢？而且，一般消費市場所使用的銅錢，也須注意其流通價格（銀錢比價）。總合上述各項，可知中國的金融市場是由金銀關係、銀銀關係、銀錢關係等三層所構成。國際結算的金銀關係，東亞、東南亞區域內交易結算的銀銀關係，內地市場與通商口岸的銀錢關係，皆因反映物價及匯兌關係而變動。海關、常關、厘金局各自對應此三者之變動而發揮金融機能。到了清末以後，則以香港、上海為中心，形成了多區域間的廣域結算機制，可說在對應銀價變動的過程，建立起亞洲金融關係市場的區域關係。

國際通貨與國內匯兌——通商口岸間的多邊網絡

金融市場有全球、區域、在地等地域關係及其多重結構，各層級的地域關係皆存在連結此多重關係的場域，即通商口岸、交易都市、移民（殖民）都市，彼此間的網絡則為建構地域關係的平台，並成為相互多重關係的「交叉點」。於此，並非截然區分成國內及國外，只是重複著金融市場中節點之間的「關係性」而已。經由此網絡組合的變化，可掌握到金融市場的變動。從這個觀點，尤其可指出香港及新加坡的重要性。而且，在這層意義上，金融市場的地域關係，可說是形成了連結這些「交叉點」的網絡。因此，可將中國此一地域關係視為以通商口岸為中心的金融關係。

中國海關始於一八五四年之外國人稅務司制度的基礎上，關於徵稅的金錢授受，設有中國管理經營的海關銀號。徵稅額雖以海關兩（100海關兩＝111.4上海兩）為單位，但實際收受的是銀，亦即各地方銀兩單位之基礎（馬蹄銀、墨西哥銀等銀圓）。由於根據各時候的市場行情變動，因此其換算係依循銀的市場價格、各地銀兩換算成海關兩、添加手續費等，有各種性質不同的徵稅順序。這些地方通貨狀況是中國金融市場的特徵，隨著通商口岸間貿易的進展——即與內地市場交易的進展，成為外國商人批判的對象。

根據一八七〇年代海關稅務司的調查，各通商口岸有如下各種問題。

牛莊：墨西哥銀圓的貼水高。
天津：海關銀號破產，通貨混亂不統一。
芝罘：海關兩的交換比率不定，當地銀兩換成海關兩的比率過低。
宜昌：宜昌銀兩比漢口海關兩貴，匯豐銀行（The Hongkong and Shanghai Bank）獲得與海關銀號同等的待遇。
漢口：馬蹄銀的不確定性、生銀與元的交換比率變動。
蕪湖：海關兩的重量及銀含量應標示清楚。
寧波：茶行與海關競爭，海關兩有必要減價。
溫州：墨西哥銀圓的變動。
廈門：稅務司、海關雖監督海關銀號，卻不具管控權；關於銀兩的重量及品質的爭論。
汕頭：銀兩的交換比率過高。
廣州：海關銀號過於強勢，政府應鑄造「海關兩」幣。
瓊州：日本銀圓正在減價。

如上所見，該調查強烈批判各通商口岸之對銀交換率千差萬別。雖說也有若干統一通貨與秤之規格的提案，但這反而顯示在地之地域性通貨圈的特徵，即各通商口岸的交換率繼續分歧。這正是向來被指出的，通商口岸與其腹地金融市場間存在的分散性問題。不過必須強調的另一面是，在通商口岸交易的結匯上，分散性問題雖然造成因時間的不同而變動的行情，但各地間也存在著一定的交換率而將通貨圈相互鏈結起來，使區域金融市場得以成立（田中忠夫，《支那內國為替》）。

因此，通商口岸通貨圈相互的匯兌關係，宛如國外匯兌的交易。即兩地間出入的匯差，以其他地區中介經由多邊的結匯，只有最終的差額才會以些微的金銀貨幣移轉來結算。就此而言，國內跨地區結算與國際貿易的結算，在原理上並無不同。不同的只是國際貿易的問題在於選擇銀還是金來作為結算基礎。國際金融市場上銀價自一八七〇年代開始下跌，對中國影響很大，所有的通商口岸因而更加依賴香港，因為後者具備金銀交換機能。

通商口岸間如何結算呢？貿易收支的差額以生金銀收支填補的關係，在通商口岸間的交易上，又發揮如何的機能呢？下面以與所有通商口岸都有直接交易關係的上海為例，說明這些問題。

上海在國際關係上從日本進口金，然後經由香港或直接輸往歐洲，以此填補中國對外貿易的入超或借賠款。在國內方面，則只對進口大豆和大豆粕的牛莊／營口、[2]進口茶的漢口、仲介外國貨進口的廣州，匯送銀以填補部分的入超，也僅止填補部分的差額，不過多邊的沖銷結算於此進行。

不以金銀移動的結算，如何進行呢？

(1) 營口的過爐銀、寧波的過帳銀等信用結算的方法。

(2) 經由通商口岸匯兌的結算方法。

(3) 經由通商口岸的外國銀行，以銀行紙鈔、匯兌及生金銀交易來結算。

(4) 使用經由免商品稅的香港進行國內交易時所發生的香港匯兌來結算。

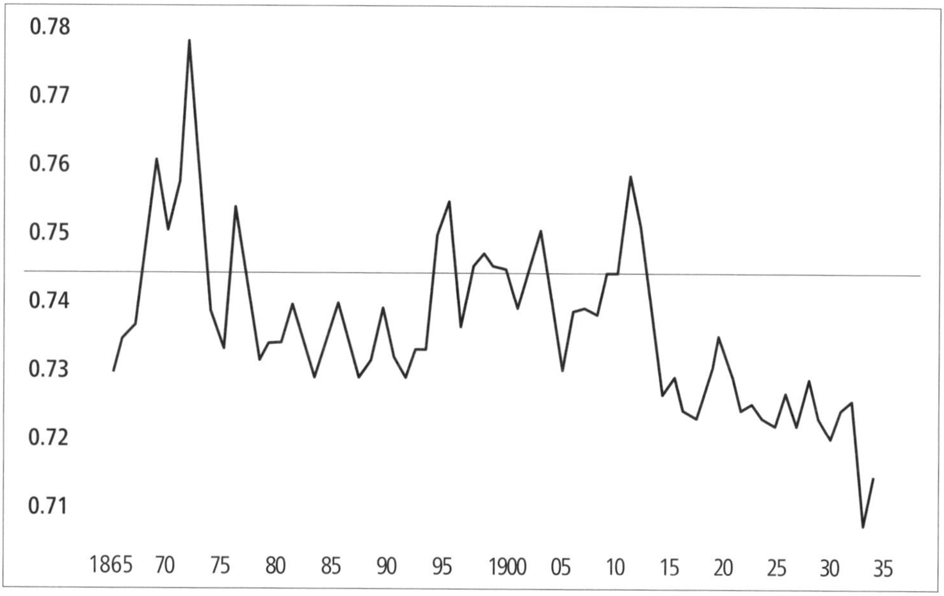

圖 2　上海的銀元及銀兩交換比率（單位：上海兩）。
與圖 1 金銀比價中的銀價變動有成反比的傾向，同時也顯示出來自城內低階市場金銀關係季節性變動的影響。

即經由各種方式的信用提供、採購資金的移動、支付或結算等方式進行。這些例子當中，就與通商口岸市場圈有關的匯兌結算而言，對上海出超的牛莊以過爐銀，或是在上海以所謂「九八銀」授受。即上海對營口入超的結算，是以營口匯款到上海的反向結算，即營口對上海的出超（以資金的移動來看，便成為營口對外入超的部分）因而停留在上海，顯然對於上海的金融市場發揮著提供資金的機能。

再看華南的一般事例，就匯兌關係而言，廣西省北海一八九八年的貿易報告記載瓊州（海南島）由於沒有銀行機能，其入超一般都是以支付銀元來填補，不過商人會不斷購買匯往香港的票據作為準備。另外，農民、小商人所使用的通貨（銅錢）對墨西哥銀圓的交換比率，也會隨之變動。

華南地區的特徵是以香港為結算中心。福建、廣東各通商口岸的票據和通貨的行情，一方面反映交易的季節性週期，一方面反映與東南亞的交易。後述的東南亞華僑對本國的匯款，由於一定會經由香港，因而發揮擴大香港金融市場的作用，增加了香港作為金融中心的重要性。總之，上海是包含日本、朝鮮的東亞金融市場結算中心，香港則構成鏈結東南亞與華南的金融中心。

以上海與漢口為中心的金融活動

運用通商口岸金融網絡的外國銀行所提供的資金及結算等工具，通商口岸之間金融的便利得以擴大，此點甚為重要。通商口岸間的貿易，也是經由外國銀行的結算進行。以下，以外國銀行在漢口茶貿易的活動為例。

茶葉經由漢口輸出時，其金融活動初期大部分是在上海進行，後海上貨船為了跟歐洲直接交易而來到漢口，於是在漢口的金融機構開始出售以倫敦為目的地的匯兌商品。然而歐洲貨物輸入漢口時，卻幾乎對渣打銀行以倫敦為目的地的匯兌商品沒有任何需求。其理由在於外國商品進入漢口時，首先是中國商人從上海將商品運到漢口，然後再賣給當地其他商人，其金融完全仰賴兩地的錢莊或票號調度。漢口的洋行由於是上海行號的派駐分支，其匯款自然以上海為目的地，其他獨立貿易業者也是作為上海業者的代理而從事手續費業務，因此也對上海匯款。於是，上海與漢口的金融在倫敦—上海—漢口的三層關係中進行，渣打銀行的匯兌商品因而在漢口乏人問津。

漢口輸出貿易的興盛期只有夏天的短暫期間，此時上海貿易業者之代理商或其他採買人為了收購茶葉，會尋求銀行提供資金。漢口本地的洋行由於甚多不具資金力，因此銀行與上海洋行在漢口的分支在資金放款業務上的競爭，與上海同樣激烈。上海洋行的漢口代理人（當地從事採買業的中國商人）加入，形成了外國銀行、上海錢莊、漢口代理人、當地採買業者的四層金融關係。

到了一八八〇年代後半，由於與俄羅斯的關係增強，漢口的茶葉貿易及其結算經由內陸的網絡逐漸建立。此時期漢口的銀行業務，是在上海購入山西票，以從事漢口的資金運轉。這是因為與英國的茶葉貿易縮減，取而代之的則是與俄羅斯貿易的擴大。茶葉或經由中亞陸路，或經海路運送在黑海邊的敖得薩（Odessa）上岸。就中國內部的問題來看，這樣的發展顯示上海與漢口的貨運及金融關係變得不如從前緊密，不過也意味著漢口作為金融市場已具有其一定的獨立性，並且顯示外國銀行加入了向來由中國金融機構進行的內地金融（以購入山西票來調度資金）。一九二〇年代，相對上海有五十七個匯兌交易場所，漢口也有六十三個（《支那內國為替》）。

但就貿易金融來看，外國銀行在漢口並未獲得預期的成果，於是放棄在漢口經營內地貿易（特別是四川貿易）的金融，逐漸改由從上海經營。不過，一八八〇年代後半開始將業務延伸到內地金融的匯豐銀行，自一八八〇年代末開始流通其發行的紙鈔，則可說已經建立起與錢莊的信用關係及金融關係（《上海錢莊史料》）。

外國銀行在中國的通商口岸、東南亞的主要貿易都市和歐美之金融中心設置分行或總行，不僅在國際金融，也在中國境內金融擴張網絡，在全球金融網絡之基礎上加入屬於區域和在地層級的通商口岸間金融以及內地金融（參照圖 3）。

銀的流通網絡

形塑東亞、東南亞金融市場的僑匯網絡

亞洲金融市場的要素，有華僑及印僑的匯款金流。當然，華僑匯款於在地的層級表現，是移居地對移出地的匯款。但由於此層級從東南亞到華南的距離甚長，因此其內部層次極多，路徑也極為複雜。其中可見期貨商品及黃金交易等現在經濟中金融工程的各種衍生性（derivative）資金運用形態，這可說是歷史上、經驗上超前的多邊資金流動。因此，在思考近現代亞洲金融問題時，華僑匯款可說是極為重要的歷史經驗。

此外，若採取企業經營的觀點，一般而言，以商品市場為基礎的生產組織化，會遵循錢德勒模型（Chandler model），以階層化達成企業之組織化，並強調效率化的減少交易成本（Transaction Cost），注意市場問題的重要性。

但以僑匯為中心的金融市場經營及運用，反而是將金融市場的交易延伸到各種場合及階段，擴大交易對象，以建構金融市場及各種商品流通市場非常多樣的關係，並且不停轉換彼此的鏈結而營運。就此點來看，僑匯在某層意義上可說擴大了交易成本，以及在各階段獲利的可能性，利益更為多樣化。相對於錢德勒模型以經營組織化來擴大全體利益，僑匯的經營模式則是將每項交易網絡化，透過更廣泛地鏈結以增加獲利機會。

華僑從東南亞的A地點匯款至華南的 B 地點時，過程中可看到在各種階段和各種匯款形態，都有利用時間差的交易、活用各種商品市場，並透過各種經營主體進行金融活動。在這一點上，金融市場之營運絕非凌駕在生產市場之上，反而是運用了此市場，同時形成自己的章法及結構，因此不得不說金融市場必須以此生產構造及商品市場為其條件。

總之，以僑匯為中心的金融市場，其結構本身透過直接連結一國或一區域所使用的貨幣或匯兌，形成地方層次的金融市場，地方金融商人與之對應。其上則有更廣域的金融市場，這在歷史上對應的是活躍於亞洲的印僑商人、華僑商人、伊斯蘭商人等廣域商人。在更上位，則是以金本位為基礎，由外國銀行所形塑的國際金融市場。每個市場一方面利用通貨流通的地域限定性，一方面試圖擴大、鏈結以增大獲利機會。

金融市場具有三層構造，特別華僑匯款既有在地關係為基礎，又可視為橫跨到第二層廣域地區金融市場的金融活動。因此，可知它並非個別地區所延伸的外部性金融市場，此金融活動在空間上自始即是長距離的，且運用地區性差異並將之超越而形成。以下，具體地來看橫跨區域關係的東亞／東南亞金融市場的結構及其運用。

僑匯機構「銀信局」的匯款業務

華僑對本國的匯款，⑴係在移民具出外工作性格的情況下發生，移民者雖外出工作，仍須負擔故鄉的家計。同時，⑵從本國移出之際所需各種費用，由於必須歸還給代墊的仲介者，也成為不得不匯款的原因。此外，⑶特別是中國人移民中占壓倒性多數的福建、廣東移民之匯款，以既有的華南—東南亞交易圈為背景，因此亦滿足了交易上的資金需求。而，⑷也不能忽略在外華僑以投資為目的之匯款。甚至，⑸此匯款結合書信往來的郵局業務，即訊息的交換往來，形成了移民都市之間活潑的訊息網絡。此五項互為因果，使得僑匯不止於對本國的匯款，亦在與貿易結算、投資有深切關係的華南對外金融關係上，占有重要位置。如後所述，即使是以英國為首的法國、美國、日本等與東南亞有密切利害關係的國家，也積極運用此金融和訊息的網絡。

僑匯的形態，如果從擔任匯款業務者的角度來看，可說是由運用郵件匯款訊息的往來、返國者的攜帶、

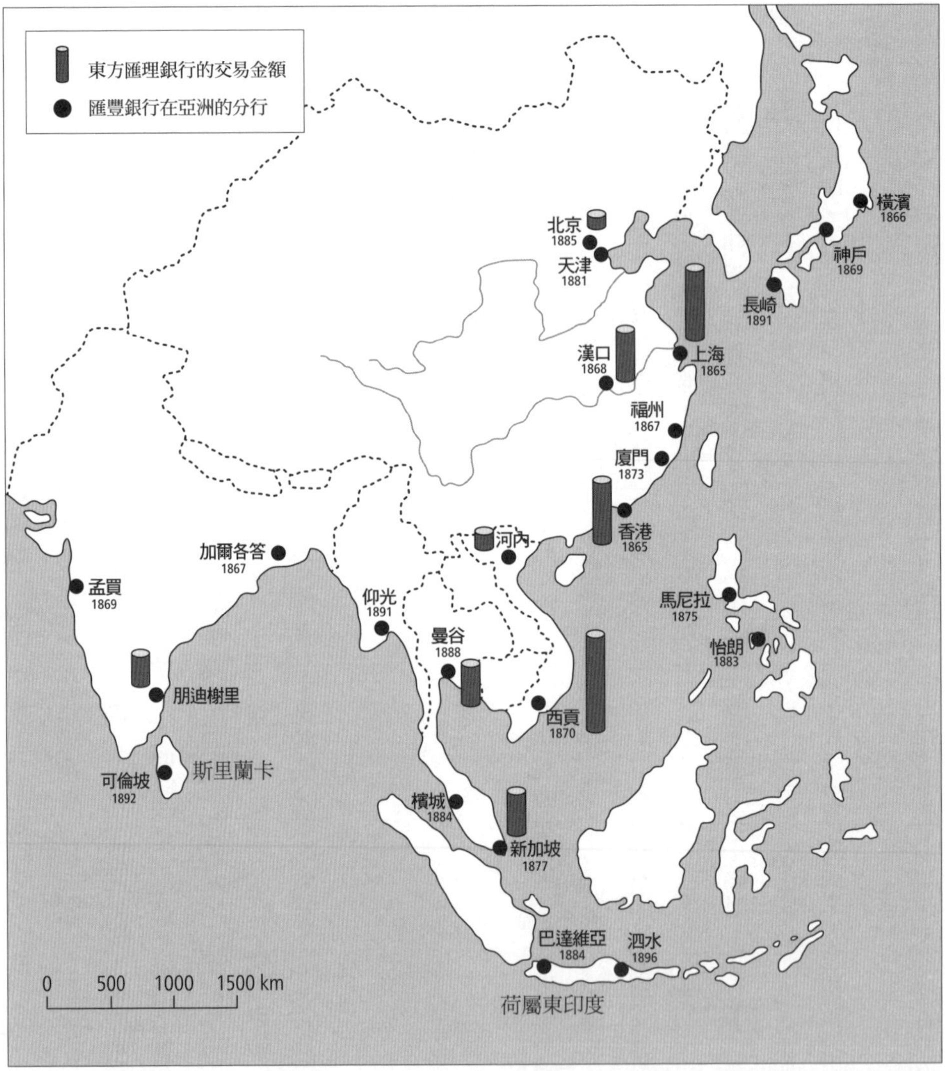

圖 3 匯豐銀行亞洲分行及開設年（到 1902 年為止），以及東方匯理銀行的分行所在地及其交易金額（1910 年）。

東方匯理銀行西貢分行的交易金額是 2 億 8 千萬法郎、上海分行 2 億 1 千萬法郎。

客頭的匯款、銀信局的匯款等四個形態，再加上外國銀行，相互組合而成。

(1) **郵件匯款**　中國在一九一七年之前並未加入國際郵遞之協定，因此各國分別在中國設立郵政支局以處理國際郵遞。不過，在外華僑鮮少使用這些外國的郵局，而是利用所謂銀信局，即直接連結到移民的匯款業者。這些業者則運用國際郵遞，一次整體地遞送受託之書簡。

(2) **返國者的攜帶**　自己或委託他人攜帶金銀、匯款或當地通貨返國。

(3) **以客頭為中介的匯送**　所謂的客頭，即移民斡旋人，他們招募移民、借貸經費、安排旅行及其他業務，亦經手各地的商品交易。由於每隔數月一次巡迴各地，加上所有的移民幾乎都由同鄉的客頭仲介，因此便隨著信件委託客頭向故鄉匯送金錢。(4)所述的民信局影響力不及之地區，就使用此法。

(4) **經由民信局的匯送**　形成與維持華南—東南亞交易圈金融機能的核心機構，則是華僑對其本國匯款的機構：民信局。民信局也稱作批局（廣東系統的稱呼）、銀信局、銀信匯兌莊（福建系統的稱呼），因而可知具有郵局及匯兌銀行兩種面貌。另外，兼營貿易業者亦多，因此也與貿易金融及金銀交易有密切的關連。外國銀行進入此區域之前，銀信局匯送金錢的網絡已經形成，外國銀行為吸收資金與投資，也競相加入金錢匯送的業務。圖 3 所見匯豐銀行及東方匯理銀行（Banque de l'Indochine）設置分行的地點選擇，目的就是為了獲得僑匯的業務。

民信局匯送金錢的方法有現金匯送、匯兌匯送及商品匯送。匯兌匯送以如次的方式進行（參照圖 4）：即委託匯送金錢者，在民信局使用當地貨幣，申請以中國元計價的一定金額匯送。東南亞的民信局接受委託後，不會立即匯送，而是聯絡其在香港的分店，令其對華南接受匯款的民信局發出支付的指示。東南亞的民信局，在累積到相當的金額，或是最有利的匯率時機到來，才會匯送金錢。此外，在金錢匯送完畢後，也會採購賣到中國的有利貨物或金銀，此過程或直接支付中國元，或以中轉地香港的港元為仲介工具。雖然匯送的金銀最後會送達匯款者家鄉的家人手上，不過依據港元對華南、東南亞的結算機能大小，此過程

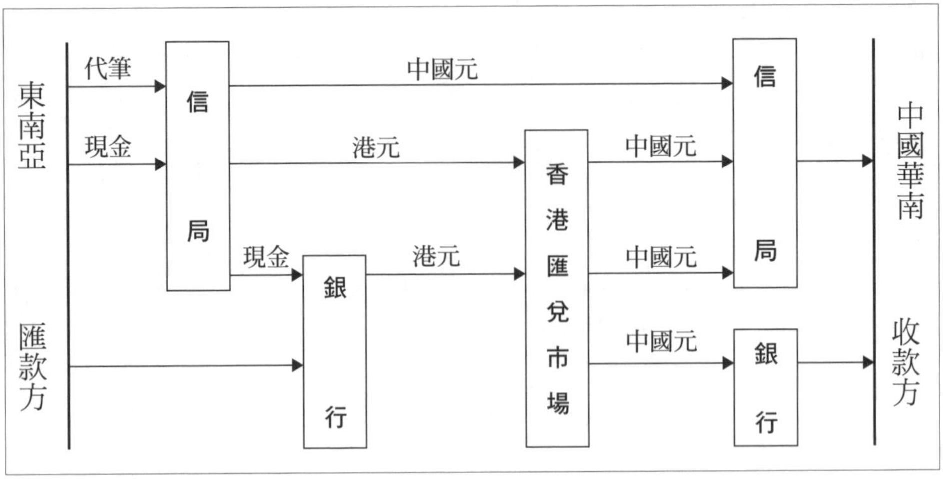

圖 4　東南亞對華南的僑匯（匯送金錢）

則有作為貿易資金、金融資金、投資資金等多種多樣的使用形態轉換。

這種匯送金錢的方法，以匯兌匯送與以香港為中介的雙重匯兌匯送為其特徵。不過，亦有實際上不匯送金錢，而是以商品交易的方式，在香港支付進口貨款來沖銷匯款。或是利用新加坡和香港之間的金銀價差賺取利益，再完成整個匯送金錢機能的作法。當然亦有利用地下市場。因此可知僑匯資金在地商品市場、區域金銀市場、全球匯兌市場之間移動，以此擴大利益機會。

僑匯的資金移動，具有華南地區單方收入大於支出的傾向，由於受到匯價下跌的影響，華南地區因此以金銀的授受或貨物進口沖銷抵減僑匯。也就是與香港、上海建立債務關係，以此防止單方面接受僑匯導致對東南亞匯兌下跌。包含印僑從東南亞匯送金錢回印度在內，以香港、新加坡為金融支柱，華南—東南亞—印度的廣域匯送金錢網絡就此編組而成。從內含匯兌關係（匯款網）的區域關係來看，增大上海資金的各種要素，會隨著資金的出入發揮強化鏈結東亞及東南亞的作用。交易關係成立的同時，香港與新加坡在金融關係上，成為更加擴大的多邊結算、匯送金錢關係的中繼地。圖5顯示新加坡各種通貨匯兌的變化情形，由此可看到新加坡鏈結了與倫敦、加爾各答連動的全球性國際金融市場的匯兌，同時又鏈結層級不同但變動情形相同的香港及上海廣域區域匯兌。

香港——新加坡在金融上的位置

香港占華南經濟的一角，實質上，與上海共同承擔中國的對外經濟，此特徵在通貨金融方面尤其鮮明。思考香港在經濟上的地位時，以下的特徵變得至為顯著。(1)香港是中國及各外國在商業上的媒介。(2)各外國與香港貿易，事實上意味著與華南貿易。(3)一九三五年以前，世界百分之九十以上國家的本位貨

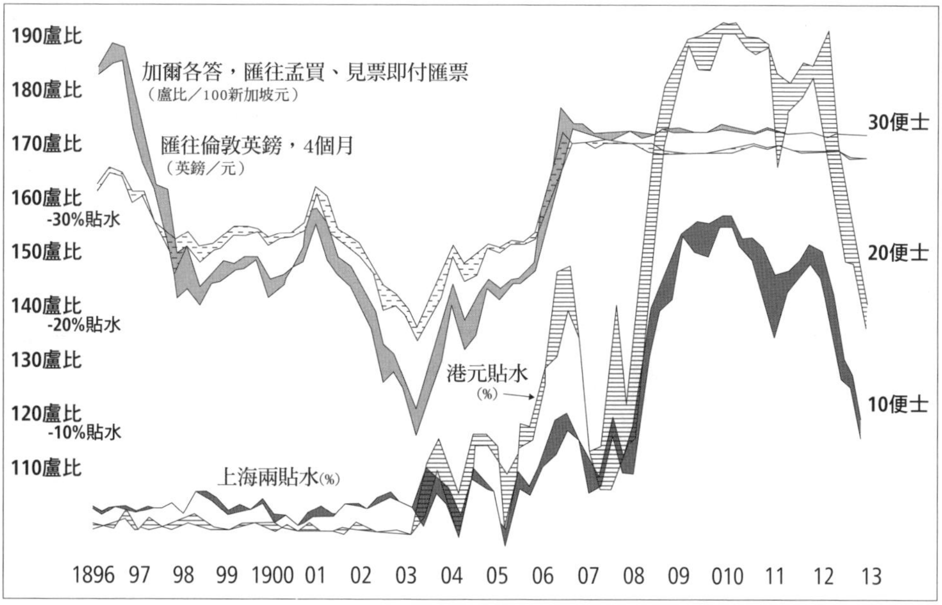

圖5　新加坡的匯率變動（1896-1913）

幣是金，中國則是銀。⑷但香港使用的通貨，無論是以金或銀支付，由於兩者是在香港進行轉換，因此世界各國對中國的貿易，幾乎不受任何影響。香港便是如此具有中繼性質及附屬於中國的性質。

以港元為中繼的匯兌交易之雙重匯兌作用，加上金銀匯兌關係所形成的金融關係，伴隨著以金支付及以銀支付的交易，透過生金銀的交易決算，加入了生金的交易買賣，而更附加了資金的吸引力及流通力（參照圖６）。其中，吸收來自日本的金銀，成為香港生金銀流通的一個重要環節。日本自十九世紀後半起模仿當時亞洲的國際通貨墨西哥銀圓，發行貿易壹圓銀，發行總額一億六千餘萬圓中約三分之二，主要流通於香港、新加坡。而且，在日外國銀行的業務主要是經手進口匯兌，其多餘的日圓資金也會在上海、香港周轉，使得日本成為以上海、香港為中心的結算圈及金融圈的一部分。

香港對外關係的特徵，是與新加坡的聯繫密切。英國東印度公司時代於一八五八年落幕，以新加坡為中心的海峽殖民地脫離來自印度的直接影響。十九世紀後半，馬來半島種植橡膠園及開採錫礦，引進許多印度人及中國人勞動力，同時造就了香港及新加坡成為移民、資金的集散地。新加坡確立了歐美投入資本、中繼貿易、結算金融的機能。香港取代了廣州，新加坡取代了麻六甲，向來的亞洲區域交易圈以香港—新加坡關係為主軸重新整合，並加強結構上的複層化程度。

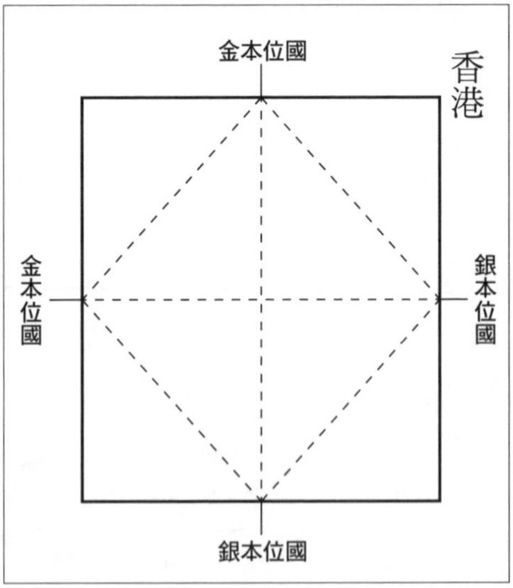

圖６　香港市場的金銀關係

在此狀況進展當中，於十九世紀末到二十世紀初期，香港—新加坡關係又面臨新的問題。即本文〈銀價下跌的各種影響〉一節所述，隨著銀價下跌及變動所出現的貿易金融、金融市場的變動，作為金融中繼地的香港、新加坡，無可避免地受到很大的影響。兩地的商業總會，雖然理解並肯定了共同步調的重要性，但是由於內部同時有銀本位派及金本位派的利害關係，以致無法步調一致，因此新加坡及香港對應金本位圈及銀本位圈各自採取了對應方向。新加坡於一九〇六年採行金匯兌本位制。另一方面，香港則到一九三五年中國終止銀本位制為止，繼續採港元與銀連動。但歷史上兩地都是由移動的中國人、印度人所形塑的商業中心，同時，對於外國的貿易業者和銀行而言，也是其貿易、金融、投資活動的據點。亞洲歷史上的交易，是以東中國海及南中國海交叉的廣州、南中國海及孟加拉灣交叉的麻六甲為中繼港，但其機能如今可說被英國殖民統治下的香港及新加坡所繼承了（參照圖7）。為了發揮亞洲金融之內在機能，香港及新加坡所扮演的全球、區域、在地金融市場之多重關係的「接續」和「轉換」，便不可或缺。

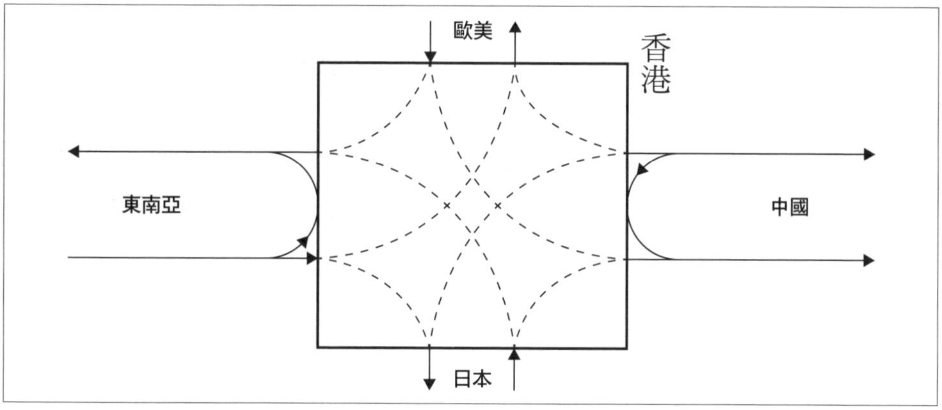

圖7　香港的中繼貿易關係

華僑匯款與匯兌市場

東南亞民信局所接受的匯款與華南（例如廈門等地）民信局匯來的款項，讓兩地產生一種債權與債務的關係。這種債權、債務關係的結算，如不使用其他的方法，例如商業收支計算的相互沖銷，或以金銀的運送來結算的話，則成為匯兌上的超支。或是直接以銀行匯款，或是以民信局匯送金錢，民信局經手僑匯時接受的是當地貨幣，勢必要間接地經過外國匯兌市場，再透過銀行兌換成接受該匯款之國家的貨幣不可。既然匯款經過匯兌市場，匯兌市場因而反會受此匯款的極大影響，並且在其通過的過程中產生多種程序。

東南亞與廈門信局之間最簡單的匯款結算方法，是東南亞的信局在帳簿上，把與僑匯金額相同之債務登記在廈門信局即可。如果廈門信局除了匯送金錢之外還兼營進出口業，便可進口東南亞的貨物，或接受當地商人委託採買，運送到廈門以此沖銷帳簿上的僑匯。也就是說，在此之間顯示了姑且稱為「看不見的匯兌動作」，達成了從廈門匯款到東南亞之同額匯兌的相同效果。

此外，兩地間結算的方法，尚有廈門的信局兼營以東南亞為對象的匯兌業。信局本身在無法直接經手匯兌時，可藉由銀行的匯兌業務沖銷債權及債務。

其次，銀行經辦的匯兌業務，有幾種不同的形式。第一是東南亞的銀

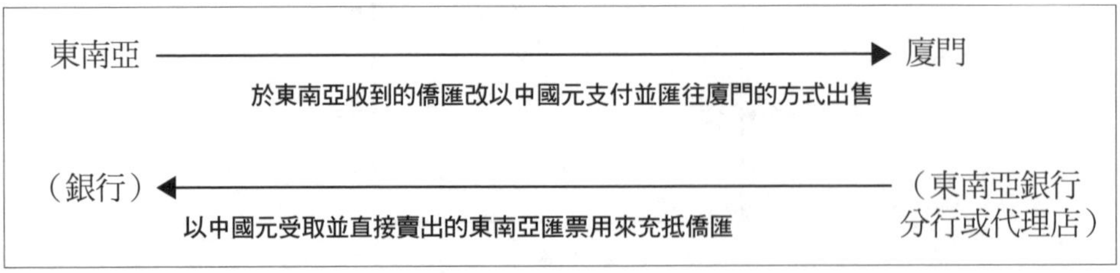

圖 8　東南亞與廈門匯兌

行將其所接受的僑匯以在廈門匯兌的方式出售票據，而此票據的持有者可在此東南亞銀行位於廈門的分行或代理店要求兌現。同時，廈門的銀行也可直接賣出南洋匯款作為擔保，將匯款支付給僑匯的領受人（參照圖8）。

不過，與僑匯的金額相比，廈門本身對東南亞匯款的需求不大，從而僑匯先經過香港、上海的外匯市場後才開始結算。同時，也有為了可獲利的「套匯」，而必須經過香港、上海市場的情形。信局有時不會將金錢直接匯送到廈門，而是先送到香港，然後以香港匯兌的方式賣出，這也是為了使金錢匯送更有利可圖的作法。福建各地進口的外國貨，許多是從香港輸入，其貨款也是以港元支付，因此對香港匯兌的需求大於供給，從而使得香港匯兌的匯率較高，信局因此可經由這類匯兌票據的買賣賺取差額。經手匯款的銀行，也使用相同的方法，他們可在上海或香港出售從東南亞收購的貨物，也在廈門出售於東南亞所接受的僑匯，然後轉換成在香港、上海兩地兌現的金融票據，在廈門則兌換成中國元支付給此僑匯的領受人（參照圖9）。

廈門與東南亞之間無法直接通匯，信局時而以他人所出售的東南亞匯款票據充抵僑匯，其他則使用從香港、上海轉送過來的匯款票據支應。僑匯從香港、上海的轉送，削減了福建

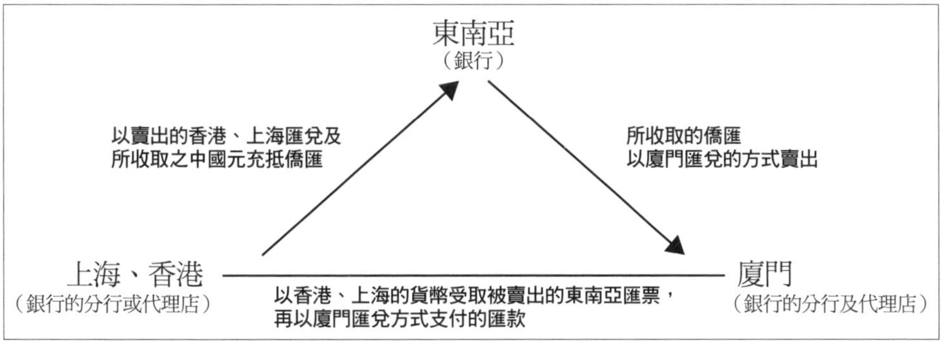

圖9　經由香港、上海的東南亞匯兌

各地與東南亞單向通匯的風險，亦避免了因僑匯直接匯送而引起東南亞匯兌下跌、福建匯兌在東南亞的高騰，平均化了兩地的差距（鄭林寬，《福建華僑匯款》）。

相同地，泰國的批局吸收華僑資金，匯款方法也有二種。第一是先向銀號預約期貨商品，之後計算價格收取匯款，然後再出售實體商品。第二是先以每天計算的一般匯率行情為基準，然後使用所匯的全部款項購入實物。匯率變動的程度及其趨勢，成為採用何種方法的基準。

就泰國匯款到香港的情形來看，批局用以計算一般匯兌匯價基準的港元行情，不能與當天銀行的匯率行情差距太大，否則預約期貨商品及出售實物的批局會因而蒙受損失。

其次，就香港對汕頭的匯款來看，兩地之間的匯兌行情有時在汕頭的貼水會出現異常，可知其變動有時會極為激烈。此區間批局的損益，全看香港票據價格的漲跌，其價格變動決定了整體匯送金錢的損益。

因此，匯兌交易可區分成從泰國到香港、從香港到汕頭的兩個階段。從泰國到香港的獲利方法有兩種：其一是批局在現地投資商品，再以該商品的賣出價格獲利。其二是從商品交易價格行情與銀行公布匯率行情之間的差距，取得利益。泰國有稻米及木材二大輸出品，為了求取更高的售價而輸出各地，此時匯款所需要的香港匯兌買賣，與購買此商品之所在地未必一致。這意味著東南亞的區域內交易及東南亞與華南地區交易的鏈結，擴大了貿易圈，同時貿易金融網也擴大而增大了資金供給。即批局運用銀號和銀行時不只匯送僑匯，毋寧可說總是對華南—東南亞的市場圈提供資金，而這樣的投資活動有促進貿易關係的作用。

另外，批局倚靠銀號匯送金錢的方法有三種。第一是匯送以港元支付的電匯或匯票到與香港往來的銀號，第二是匯送以港元支付的電匯或匯票到汕頭，由該銀號的汕頭分店或往來銀號，對泰國批局在汕頭的往來銀號交付可在香港兌現的票據。第三是將以中國元支付的電匯或匯票匯送到汕頭。其中，以第一種方法最為常見。

從前述所見廈門匯兌、泰國匯兌的事例，可知活用通貨的區域性限制，於匯款之際數次轉換通貨種類，甚至利用匯票、商品等非通貨的轉換，及地區間的落差，皆使得地域關係更為廣泛，金融市場也以此發揮機能。

銀價下跌的各種影響——金本位與銀本位的雙重關係

銀價變動與亞洲金融市場

隨著時間的變化，在十九世紀後半開始的銀價下跌變動中，金融市場各層級的相互影響，以及地區間關係所發生的變化指標性地出現。首先，銀價下跌的影響，表現在以下各點（參照圖10）。

(1)銀本位國對金本位國的債務償還額實質增加，銀本位國的財政負擔加重。以中國為例，甲午戰爭以降，清廷更傾向於以借款維繫財政，戰費的調度、賠款的支付、富強政策的財源等，都依賴外國借款。加上一九〇一年義和團庚子賠款的償付問題。此項以黃金支付的債務，因銀價下跌導致短缺，成為聯軍八國關心的問題。此外，公債也以金本位發行，企圖藉此排除銀價變動的影響。而且，印度的政府開支也被迫填補銀價下跌所導致的減額。這些都造成銀本位國負擔的加重。

(2)隨著銀價下跌所導致的匯率下降，金本位國對銀本位國的出口價格上升，競爭力因而削減，反而顯現促進輸入的傾向。但是此傾向未必直接產生結果，因其對物價、工資的影響也有時間差，加上更為基本的是中國的錢價相對升值，二者都弱化了銀價下跌的影響（林滿紅，〈銀與鴉片的流通及銀貴錢賤現象的區域分佈（一八〇八～一八五四）〉）。

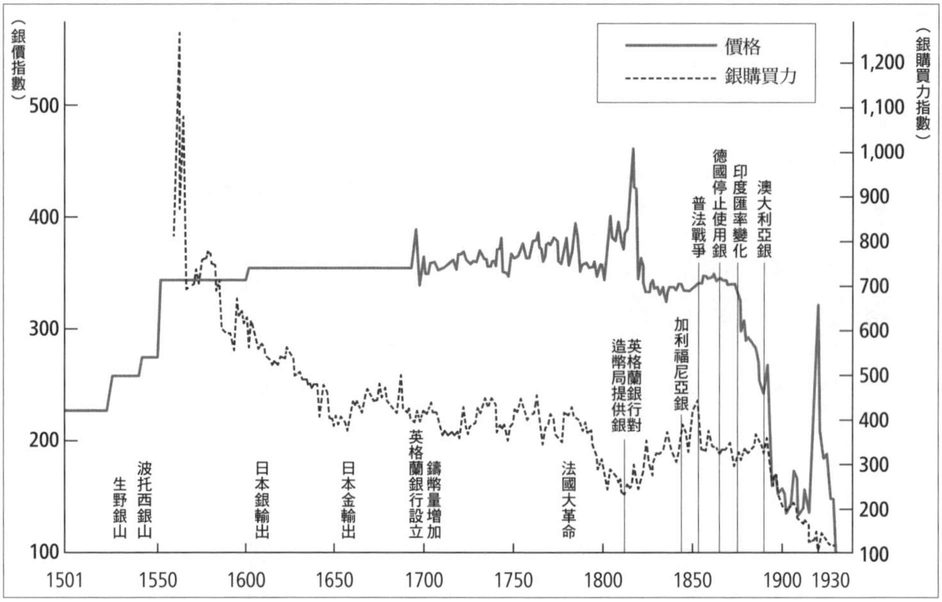

圖 10　倫敦的銀價及銀購買力指數（1930 年＝ 100）

銀價下跌對貿易的影響，理論上對銀本位國有利。但以當時歐美出口到中國的首位貨物棉製品為例，美國駐廈門領事指出棉布出口不振的原因：(1)最大的問題在於匯率大幅變動。中國批發商人在採購金本位國產品時，由於無法預測匯率的變動，因此態度保守。(2)不與金銀比價直接連動的銀錢比價之變動，造成價格變動，導致競爭力被削弱。而且指出，一九〇八年經濟不景氣的原因，是錢價下跌、米價上漲、銀價下跌、上海錢莊信用放貸過度產生的進口過剩（滯銷貨物的累積）。上述兩點，皆可說是銀價下跌（匯率變動）的作用，成為阻止輸入的壓力。但英美棉製品的這種情況，與其說立即對中國的土布生產提供了有利條件，毋寧說是讓可以使用銀在亞洲結算的印度和日本，有了擴大其國產棉紗出口的契機。這是金、銀、錢等三個層級的金融市場，相互影響貿易的事例。

一八七四年開始的金銀比價變動改變了貿易方法。銀價下跌之前，輸出到中國、日本的貨物，全部在英國開出票據，直到貨款完全收回才作更新。一八七四年以前的匯率變動少，而且某種程度是可預測的。中國、日本的產物裝船最盛期是每年的六月到九月，此期間兩國通商口岸的匯率行情比其他季節高，此時期從未有意料之外的匯率變動妨礙貿易。

此外，在銀價下跌之前的一八七三年，棉製品運送到上海的結算方法如下：於曼徹斯特購買棉製品輸出信用狀送到上海的同時，購買人亦對倫敦開出與此信用狀同金額的票據，支付期限為六個月，如果在六個月內無法回收銷售的貨款，則該票據會被更新為三個月，收取銷售貨款時是使用以英鎊計價的票據。此時的手續是先由上海的貨主以兩為計價單位出售這批貨物，然後將獲得的貨款拿到上海的麗如銀行（The Oriental Bank Corporation）或其他分行，購買匯往倫敦的英鎊票據後，再寄給曼徹斯特的出貨人。

但是到了一八七六年，匯送貨款的方法發生了大變化。當時大部分與亞洲貿易的商人皆蒙受銀價下跌的衝擊，他們不再對倫敦發出票據，而是依當時的需要，改向上海發行以兩支付的票據，或是對香港、日本發行以元支付的票據。出貨人發出以上海為目的地、六十天支付的票據，倫敦的銀行再以自訂的匯率收購此票據，以此趨避匯率下跌所導致更大的風險。另一方面，對商人而言，亦意味著將匯率下跌的風險轉嫁給銀行。以上針對銀價下跌導致匯率下跌或變動的對應措施，不只意味外國銀行在亞洲所占比重加大，同時也意味貿易金融市場多重關係的變化，影響了貿易及生產，使之更受金融機構的規制。

就銀價下跌對進出口商品的影響來看，中國主要進出口商品生絲、茶葉及棉布的價格，到一八九〇年代為止，不見有太大的變化，反而呈現下降的傾向。於此除可看到前述受中國國內市場條件影響的情形外，同時所謂的「亞洲商品」稻米、棉花的價格上升情形亦值得留意。另外，就輸出量的變化而言，應注意自十九世紀末起大豆出口急增。以上所述諸般情形意味著以銀結算、投資的地區，其資金的流通因而活絡。金銀關係的變化，使得作為銀流通市場的亞洲貿易更為活化，並朝特化成區域內交易關係的方向前進。

(3)由於以金估價的資產價值減少，西歐各國對本國的匯款因而蒙受損失，同時，以金計價的資金卻可因銀價下跌而在換算成以銀計價時增額，因此開啟西歐各國對亞洲長期投資的趨勢。而且，在貿易利潤減少或不穩定的狀況下，與其投資與國內生產出口品相關的土地，不如擴大對服務業、工業的投資。

進入一八七〇年代以後，外國對中國的投資出現擴大於租界的股票投資，主要的投資對象首先是中國政府及租界工部局的公債及公司債、股票、不動產。甲午戰爭結束後不久，租界企業數超過一半為貿易周邊事業。到了一九一〇年代，可見製造業、服務業、礦業及原物料業（橡膠樹種植）增加。外國資本也在此時期創設中英公司（British & Chinese Corporation, Ltd.）等投資專門企業。另外，從這個時期開始，華僑資金的流入及其投資企業的金額亦有所增加。其次的投資對象是生金銀。上海進口金幣，再改鑄為標金（標準條金）輸出。此時期從日本進口的黃金，係在日外國銀行剩餘的日圓資金，以金圓幣的方式集中於上海的標金市場。此外，上海也因應施行金匯兌本位制的亞洲殖民地需求而輸出銀。上海及孟買的銀市場，以及作為中繼地的香港與新加坡，特別因為其資金集散的功能，都更形重要了。投資的對象、工具、方法及主體，隨著金銀雙重金融市場關係的變化而更為多樣，香港及新加坡身為多重金融市場的交錯地，金融角色亦隨之增強。

包含此投資問題在內，銀價下跌帶來的影響，是匯率下跌對舊類型的貿易活動給予了負面作用。銀行則因居間的關係，使得西洋與亞洲的金融關係，以銀行為中心重新整編。而且，由於長期投資增加，便必須形成亞洲區域貿易的新中繼地點、調整匯兌關係的地點，甚至集散資金的地點。總之，銀價下跌問題對應多層次的亞洲銀價問題，因中央財政、貿易活動、外國企業、當地企業、在地商人等經濟活動主體的不同，其影響也呈現不同的樣貌。由此可理解為以流入的長期資金為背景，顯示出亞洲區域經濟活動新鏈結增強的劃時代歷史階段（參照圖11）。

亞洲金融市場與外國銀行

十九世紀後半以降，香港之中繼經濟的角色增強，新加坡作為對歐洲市場之橡膠、錫供給基地的角色亦增強，加上外國銀行正式加入，東南亞中國系統的匯兌銀行亦同時開業。這些所謂近代式銀行，依據信局建構的金錢匯送網絡，再將之擴大改編，形成以新加坡―香港為基幹路線的亞洲區域金融關係。其結果是，信局的活動未必被這些近代式銀行取代，反而更見擴大。即信局所使用的匯率行情是由外國銀行（特別是匯豐銀行等）決定，因此其資金的運用範圍可說更加擴大。從外國銀行分行、代理店之開設年，應可看出華僑商業中心與外國銀行分行所在地重疊。以印度及馬來半島為中心的渣打銀行（Chartered Bank of India, Australia and China）、以香港及上海為中心的匯豐銀行、以印度支那為中心的東方匯理銀行（Banque de l'Indochine），雖然各自據點不同，不過皆在東南亞的主要商業地區或貿易港設置分行和代理店。較諸英國系統的外國銀行遲，東方匯理銀行二十世紀初才加入東南亞業務，其開設分行的戰略，係依據印度支那的交易關係，分別開設分行於西貢、河內、曼谷、新加坡等城市（參照權上康男，《フランス帝國主義とアジア》及圖 3）。

在此也以華南及印度為兩端，形成了以香港、新加坡為仲介的亞洲區域金融市場，並且也可看到與歐美鏈結的關係。而且，可知東亞及東南亞區域金融市場是以「中國商人的商業活動」、「移民及其匯款」和「兌換關係」為基礎的相互連結。例如，一九〇五年十月卅一日的東方匯理銀行放款（活期、票據、商品擔保等），對歐洲商人是四百〇三萬元（貨幣單位是法屬印度支那元）、中國商人三百三十二萬元、塔米爾裔印度商人六十一萬元、安南人六十四萬元，可說對當地商人的放款占了過半，其中對中國商人放款部分亦大。在此可見對應多重金融市場，以金融機構為首有金融活動主體相互間的多重關係，而且這也應對族群的多重社會階層。

在這種關聯的基礎上，外國銀行透過擴大收放款業務，延伸其活動範圍。對於外國銀行的活動而言，應該留意的是它活用亞洲區域內的交易網（金錢匯送網），進行對殖民地事業的投資活動。以下，以上海金融市場對東南亞熱帶種植（plantation）事業的投資為例。

一九一〇年上海所發生的橡膠恐慌，顯示中國人對東南亞橡膠及甘蔗種植、錫礦開採投資的失敗，但並沒有改變上海為調度這些事業投資所需資金之基地的事實，一九二一年更可見出現很多新企業。這些企業以馬來半島及荷屬東印度的橡膠、兒茶／阿仙藥（gambir）、甘蔗、錫為中心，平均每股的價格比其他事業低，而且有時會低於發行的售價，因此很難說所有的企業皆順利經營，但在資金的調度上卻極為活躍。

於此所見上海活躍的資金調度，應再注意到其係以本國匯兌網及亞州區域結算網為根據。即因本國匯款而使東南亞許多兌換的票據在香港、上海賣出。另一方面，貿易結算如果無法完全沖銷，就會有東南亞兌現票據價格下跌之虞。上海由於具有再輸出港的機能，因此經常可看到來自中國各地的資金一時集中，而這些聚集到上海的資金勢必要進行再投資。各種投資挹注到上海的同時，也會對呈現活絡景況的東南亞進行再投資。即資金在東南亞、華南及上海三地之間循環。這些資金的大部分，無論是進、是出，皆經由香港而擴大投資機會，外國銀行則將這些資金貸放給當地的企業。

關於亞洲區域的金融關係，尚應留意的是區域的內部關係與歐美關係有一定程度的補足關係。一八七〇年代開始的銀價下跌，對屬於銀本位圈的亞洲對外關係影響甚大，外國銀行的重要性因而增加。在此過程中，對殖民地的投資增大，一方面雖可在倫敦調度到廉價的資金，但也讓歐美的輸出品價格不穩。殖民國雖在自國殖民地設置金匯兌本位制，試圖安定匯兌行情，然而由於中國經濟圈仍維持銀本位，因此被迫面臨金銀兩方面的對應，即亞洲內外相關對應的問題（參照圖11）。

接著來看倫敦的銀價、新加坡元、稻米、橡膠、錫的價格連動及其彼此的關聯。新加坡的匯率行情與倫敦的銀價連動，而輸往歐美的主要商品橡膠、錫之價格雖有些不一致，但皆對應匯率變動而變動。此情

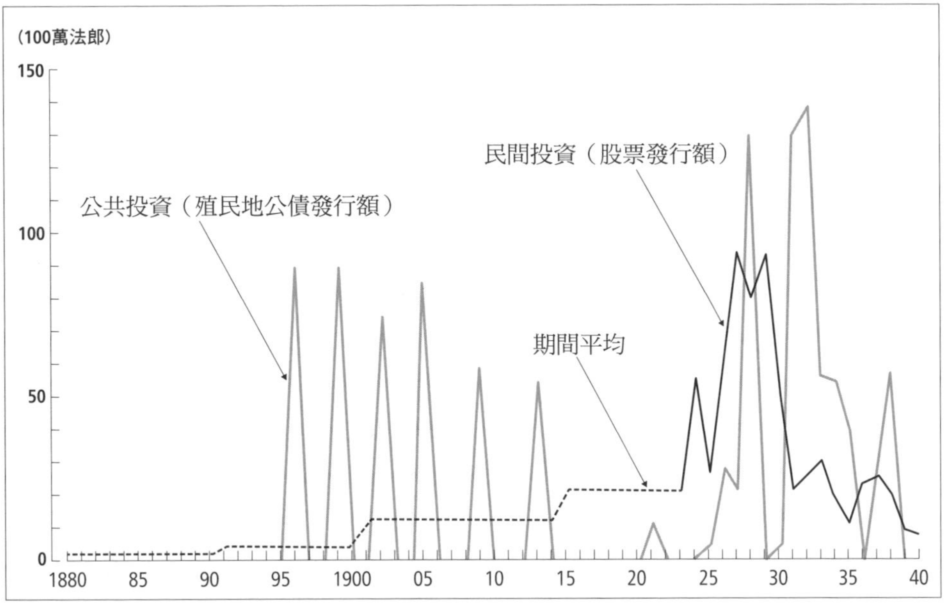

圖 11　法國對印度支那的投資（1880–1940 年）
法國對印度支那殖民地的投資運用了銀價的下跌期間，從發行公債轉換到股票投資。

形雖意味著以英鎊為計價單位的價格有某種程度的穩定性，但另一方面，亞洲區域內最大的交易品稻米之價格，則與出口到歐洲之商品價格變動成反比。這種對照性的變化，反映商品各自供需關係的變化，同時也對應著當時銀價下跌造成亞洲各國通貨匯兌比率行情的低落。即亞洲各國選擇性地進行商品投資，以調整金銀關係。香港總商會關於通貨的討論中，對於不穩定的匯率變動，有看法認為只要香港仍然繼續進行中國沿岸貿易及經營中國的對外金融，即不可避免，此外亦論及如果由此撤退的得失。為了避免匯率激烈變動的影響，總商會想出兩個方策，第一是重視對香港的投資（而非讓香港僅作為中國對外關係的仲介），第二是為了實現前述的投資，香港應施行金本位制。上述方策實質推動的事例，則為匯豐銀行開始儲備黃金。匯豐銀行從銀價激烈變動的二十世紀初開始儲備黃金，並致力於擴充黃金資產。另一方面，以金銀計算的活期帳戶業務增減，也顯示貿易金融及投資資金運用對應銀價變動的變化。

十九世紀後半以降的金銀比價變動，即亞洲銀價下跌的趨勢，在一九三五年中國幣制改革之前，可概括成：在國際金融市場與亞洲金融市場的雙重關係中，顯示其傾向是強化亞洲銀市場。關於銀價的變動，若檢視中國銀錢與銅錢的比價變動，則顯示出地方市場與通商口岸市場間的金融關係。關於通貨的地區性限制，可見透過善用多種替代通貨工具而有所突破，但事實上也可見增加了新的鏈結和新的限制。金融市場的多重性，也同樣在各層級的內部關係中受到強化。

歷史與現在——亞洲區域內的多邊金融結算關係

十九世紀中葉以降，華僑問題被視為勞動力的問題，因為重視勞動力的移動，故探討華僑的方式為苦力貿易和契約移民。但此時代是，以前的時代也是，華人資本可說一貫地擔負重要角色。歷史上，琉球也是由來自福建的商人負責朝貢貿易，長崎也是由唐船商人經營大部分的長崎貿易，東南亞亦復如此，例如暹羅王朝的朝貢貿易，即由來自廣東的潮州商人負責。總之，他們構成了更為廣域的華僑商人網絡。

十九世紀以降，在國民經濟的討論框架下，人的要素被固定在國民經濟的範疇內，資本與商品則是當作投資、貿易進出的課題來討論。但華僑商人或華僑網絡的討論，前提卻是人的移動，區域間的鏈結關係因而出現，網絡亦因而形成。

思考亞洲的經濟時，強調華僑資本網絡的網絡論作為理論的框架，最早是社會學範疇所提出來討論的概念。論者將擴大的家族聯繫視為社會網絡，並由此構思出此網絡的內容。自一九八〇年代以來，分析亞洲經濟發展過程的華僑網絡時，此理論模型有了各種運用。它不只是歷史的理論模型，在討論日本與東亞、東南亞的關係時，也應該探討以華僑移民為背景的僑匯金融網絡。

以區域關係來探討此網絡關係時，可見香港及新加坡將東亞到東南亞的廣泛地區關係連結了起來。兩地取代了歷史上的貿易中繼貿易地廣州及麻六甲。兩者的背景也是在東中國海、南中國海、孟加拉灣等海域的交錯之處，所形成的重要貿易港、移民都市、金融都市。

進入二十世紀之前的亞洲殖民地時代，荷蘭對於印度尼西亞，英國對於印度、馬來西亞、新加坡，以及法國對於越南、印度支那半島，雖然建立起宗主國與殖民地的關係，但是這些殖民地之間的相互連結，卻可追溯到歷史上的中繼地角色，此即新加坡與香港。兩地雖然都是英國的殖民地，但作為廣域的流通與金融機能共同運用的場域，英國將兩地經營為所謂的自由港，並維持兩地鏈結區域關係的角色。

總之，亞洲的廣域地域在十九世紀以前，係以所謂歐亞大陸東端的中國為中心，以朝貢關係連結在一起。十九世紀中葉以降，在亞歐的關係中，雖說有些地區被嵌入帝國或殖民地的脈絡，但可說歷史上的區域關係仍然維持。十九、二十世紀雖是國族的時代，但今日面對廣域經濟原理時所應注意的課題，尤其是在金融史上，仍要回溯國族之時代，重新檢視歷史上廣域地區的模型。這是利用金融市場的各層級、通貨流通的各地域、匯率變動的時間差等，華南與東南亞金融鏈結的問題。

歷史上所謂的「銀流通圈」橫跨了東亞和東南亞，具有金融市場的多重性、金融工具的多樣性、區域間關係的多元性。當前變動的亞洲面臨全球化及在地化二極分化的後國族時代，「銀流通圈」可帶來諸多啟發，也是現代亞洲金融問題的課題。

注釋

1 譯注：各國發行之通貨原本只能用於其國內（即限定性與固定性），但經由第三種貨幣的中介，這種限定性與固定性便遭破壞。

2 譯注：天津條約規定牛莊開港，而實際的出口港則在營口，故可將牛莊和營口視為同一通商口岸。

參考文獻

淺田實，《商業革命と東インド貿易》，法律文化社，一九八四。

石井摩耶子，《近代中國とイギリス資本——19世紀後半のジャーディン・マセソン商會を中心に》，東京大學出版會，一九九八。

井上巽，《金融と帝國》，名古屋大學出版會，一九九五。

韓沽劤，《韓國開港期의商業研究》，大正文化社，一九七〇（一九八五再版）。

木村昌人，《財界ネットワークと日米外交》，山川出版社，一九九七。

久保文克，《植民地企業經營史論——「準國策會社」の實證的研究》，日本經濟評論社，一九九七。

小池賢治、星野妙子，《發展途上國のビジネスグループ》，アジア經濟研究所，一九九三年。

小島仁，《日本の金本位制時代》，日本經濟評論社，一九八一。

權上康男，《フランス帝國主義とアジア》，東京大學出版會，一九八六。
科野孝藏，《オランダ東インド會社―日蘭貿易のルーツ》，同文館出版，一九八四。
朱德蘭，《長崎華商貿易の史的研究》，芙蓉書房出版，一九九七。
杉山伸也、Ian Brown 編，《戰間期東南アジアの經濟摩擦――日本の南進とアジア・歐美》，同文館出版，一九九〇。
田坂敏雄，《バーツ經濟と金融自由化》，御茶の水書房，一九九六。
田中忠夫，《支那內國為替》，大阪屋號書店，一九二一。
陳存仁，《銀元時代生活史》，香港吳興記書報社，一九七三。
中國人民銀行上海市分行編，《上海錢莊史料》，上海人民出版社，一九六〇。
津守貴之，《東アジア物流體制と日本經濟》，御茶の水書房，一九九七。
羽鳥敬彥，《朝鮮における植民地幣制の形成》，「朝鮮近代史研究雙書」，未來社，一九八六。
梅村又次、中村隆英編，《松方財政と殖產興業政策》，東京大學出版會，一九八三。
原不二夫，《東南アジア華僑と中國――中國歸屬意識から華人意識へ》，アジア經濟研究所，一九九三。
J. R. Hicks，《經濟史の理論》，新保博、渡邊文夫譯，「講談社學術文庫」，講談社，一九九五。〔簡中譯本《經濟史理論》，厲以平譯，商務印書館，二〇〇九。〕
細谷千博，《太平洋・アジア圈の國際經濟紛爭史》，東京大學出版會，一九八三。
《香港の財閥と企業集團 1995年版》，日本經濟調查會，一九八七。
增井經夫，《中國の銀と商人》，研文出版，一九八六。
松本睦樹，《イギリスのインド統治――イギリス東インド會社と「國富流出」》，阿吽社，一九九六。
本山美彥，《貨幣と世界システム――周邊部の貨幣》，三領書房，一九八六。

楊端六編，《清代貨幣金融史稿》，生活．讀書．新知三聯書店，一九六二。

《橫濱と上海——近代都市形成史比較研究》，橫濱開港資料普及協會，一九九五。

林滿紅，〈銀與鴉片的流通及銀貴錢賤現象的區域分佈（一八〇八—一八五四）〉，《中央研究院近代史研究所集刊》第22期上冊，一九九三年六月。

鄭林寬，《福建華僑匯款》，福建省政府秘書處統計室，一九四〇。

Cail A Trocki, *Opium and Empire: Chinese Society in Colonial Singapore, 1800-1910*, Ithaca and New York, Cornell University Press, 1990.

Chiang Hai Ding, *A History of Strait Settlements Foreign Trade 1870-1915*, Singapore, National Museum, 1978.

Jennifer Wayne Cushman, *Fields from the Sea (Studies on Southeast Asia)*, Cornell University, 1993.

Frank H. H. King, *The Hong Kong Bank in Late Imperial China 1864-1902*, Vol.1, Cambridge University Press, 1987.

Sarasin Viraphol, *Tribute and Profit: Sino-Siamese Trade, 1652-1853*, Cambridge, Mass., Harvard University Press, 1977.〔簡中譯本《朝貢與利潤：1652-1853年的中暹貿易》，王楊紅、劉俊濤、呂俊昌譯，社會科學文獻出版社，二〇二一。〕

第8章 地政論——統治史中的地域與海域

選自《地域の世界史11 支配の地域史》，山川出版社，二〇〇〇。

陳進盛 譯

現代世界的地政開展

現代世界是一個超越國家與國際關係的時代，一方面持續朝著全球化的方向前進，另一方面在地化的脈動也在持續進行。這種朝著兩個方向前進的二極分化現象，可說也將國家的時代視為一種地域現象，追溯、呈現此一地域歷史的重層性與多元性。在這裡國內問題與國際問題相互交錯並以各種組合型態出現。以往不少國內問題發展後常變成對各鄰近地域具有重大影響力的國際問題，而且以往不少國際問題的主題，也被當成國內必須解決的緊急課題。這種國際問題不止存在於最近幾個世紀裡、全世界的主要統治型態為國家主權的時期，甚至是在超越國家主權但以國家主權為背景而有更長期、更廣範圍統治意義上的宗主權領域裡，也依然交錯存在於現代世界。這種現象有可能將其視為宗主權的再次登場，或也可以稱之為地緣政治或地緣政治現象的登場。

對應於這種現代世界的分析架構、理念架構與歷史研究架構究竟是怎麼樣的架構呢？當然不能只侷限於原來以國家主權統治為中心的世界認識或世界分析的架構，而必須追求更為多角化、更為綜合的觀察分析視野。在這一章，我們將先從地政概念的歷史發展及其內容來開始探討這個問題，並用它來探討現在持續進行的中國（這裡不是指涉國家的中國，而是指位於歐亞大陸東端的地理中國）的地緣或是村落層級的地域所展現的地政論相關論述，並嘗試從這些探討中提出一些歷史學角度的論點。接著再從地政論與海域關係來探討琉球／沖繩史。琉球／沖繩本身在歷史上的東亞廣域地域秩序中一貫維持王權體制，在王朝的內部和外部與跨越明、清兩朝的中國維持著朝貢關係。而且透過這種朝貢關係，擴展並維持著和東南亞的交易網絡，且和日本維持一種準朝貢關係。雖然說這樣的琉球／沖繩史是這樣一種多角化、多層次的地政場域，不過至今為止相關的主要研究都只是將其當做日本史的一部分來檢討研究。

地政研究的課題與方法

地政的概念

地政的概念，一如後述，原本是作為在歐洲史中討論的 geopolitics, geopolitik 或 political geography 的翻譯詞來認識和理解的。不過若從字義本身來思考的話，則在做為東亞廣域地域統治裡的「地方政治」或「地域政治」皆可使用「地政」一詞表述。以中國史為例，可以追溯到「地方政治」。地政與家政或權政都是統治的概念，而且都是指以地域為對象的統治概念。這裡所說的「地方」，並不是指中央—地方相對關係中的地方，而是指更為寬廣的世界全體的「天圓地方」意義中所謂天是圓的、地是方的裡的「地方」。在中國史裡，古來就以「方志學」構成了地域分析與地域統治的內容。特別是當包容多文化、多民族的時候，就會要求一種以地域為對象的多領域綜合統治。在這裡討論的是與所謂王道、霸道的主權與宗主權相對應的地域統治。

另一方面，因為統治的內容及於政治、軍事、經濟、文化與社會的各領域，所以我們可以知道地政是一個覆蓋範圍極為寬廣的概念。「方志」的概念在戰國時代的《周官》裡就已經出現。那裡寫到職官負有向天子講述四方之志的責任。

到了秦漢時代，方志的記載除了

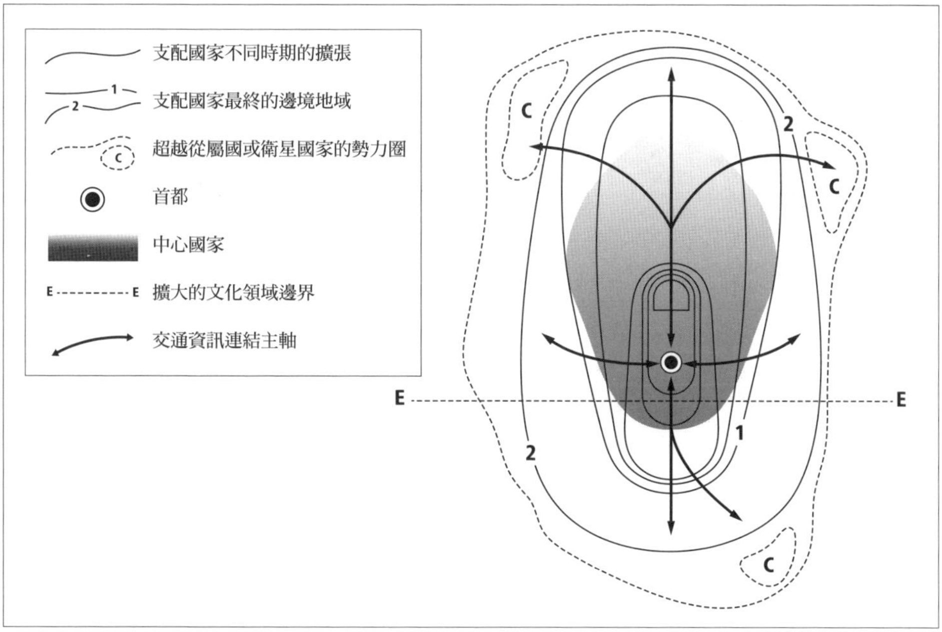

圖 1　在歐洲統治的地政模式

以中心國家（支配國家）為中心，其邊陲配置衛星國家（從屬國家）形成邊境地域。在更外則有勢力圈，形成擴大的文化領域邊界，這些則依靠交通與資訊網構成連結。

一方面是疆域的地理志之外，另一方面也出現都邑志等種種不同形式。之後到了北宋時代，中央設立了九域圖志局。南宋時代官方的修志體確立，內容是輿地、疆域、山川、名勝、建置、賦稅、物產、風俗、人物、方伎、金石、藝文與災異等等。

到了明代則開始有大規模的方志編纂。那時規定天下所有的郡、縣、衛、所都必須編輯志書，並規定省、府、州、縣各行政層級都需在一定期間重新編纂志書。關於清代，在現存的大約八千五百種方志中，有五千七百多種方志都是這個時期所編纂，歷史家章學誠遂將清代界定為是方志學的完成時期。

在一六九〇年（康熙二十九年）頒佈的〈河南巡撫通飭修志牌照〉裡，對於修志時應該蒐集的資料範圍有非常廣泛的規定。其內容如下：

總圖、沿革、天文、四至、建置、河防、鄉村、集鎮、公署、橋樑、倉庫、社學、街巷、坊第、山川、古蹟、風俗、土產、陵墓、寺觀、賦稅、職官、人物、流寓、孝義、烈女、隱逸、方伎、藝文、災祥、雜志

這些已經超過傳統歷史學包含的內容。[1]

近些年來歷史學在推進地域研究的過程中，積極吸收了人類學、社會學、地理學和心理學等方面的成果，不論是否有意為之，都可以確認地域研究作為地政研究，積極吸取地域性與社會性、綜合究明地域的方法研究與概念研究的課題是相互一致的。這種情況也可以說向歷史學本身提示做為一種新的綜合學科上的方法課題。

這種地域統治論不只限於亞洲，在世界也可以發掘出許多相同的例子。特別是當我們從歷史角度來看

歐洲的地域時，可以發現有眾多的民族、文化交錯存在，而且是在有限的土地範圍內生存，從這裡我們可以說，處理地域間關係的地政與地政統治的思考方法，從很早以前就隨著歷史發展而存在。我們可以從羅馬帝國、神聖羅馬帝國到進一步跨越亞洲和非洲的奧斯曼帝國等的廣域統治中看到這種例子。

然而從十八世紀末起「國家」時代到來時，地政論急速向以國家利益為中心的思考方法傾斜。在這裡，為了實現國家利益的手段，軍事力，特別是能夠促進國家擴大的海軍軍力的重要性被特別強調起來，也就是說地政論積極納入了軍事戰略論。

還有，歐洲開始盛行地域國家的主張後，對於國家具有的民族性的評價也逐漸為各方所關注，在與指摘國家強弱或民族強弱的思考方法連結之後，地政研究就把民族政策納入研究對象。[2]

這麼一來，地政論從一九二〇年代起，開始以民族統治為前提開展論述，到了一九三〇年代納粹的民族主義登場後，結果是發展成高壓的統治論，之後的地政論就以德意志地政學為典型成為批判的對象，與政治地理截然區分。地政論在日本也面臨同樣的處境，因為和一九三〇年代的「大東亞共榮圈」直接連結討論，戰後受到強烈的排斥。不過到這裡對於地政的討論，並不是做為世界認識或是其分析概念的討論，只是用來表現特定的歷史時代，或是與特定歷史時代結合的世代想法的概念，有一種只是被當成軍事政策或民族政策的概念來理解的傾向。之所以如此的主要原因，在於地政論和殖民地統治或是在殖民地的排斥異民族政策直接連結，結果可以說喪失自我檢討的自覺。

然而，從歷史論所見的地政論，絕不能只以特定歷史局面下政策課題的歸結來掌握理解。毋寧說，地政論要以政策課題各局面的經緯為基礎，再進一步以該如何掌握全體，以及以如何在更長期、更廣泛的分析架構討論全體的方法，來提問地政論的存在理由。特別是所謂亞洲空間的討論，當我們問到明治後以進化和文明發展為中心的時間軸創出所謂「日本」的自我認識，以及對中國與亞洲的歷史空間認識的區別與關係時，在關於歷史上中華世界／朝貢體系中的日本討論，以「脫亞」或「鎖國」論和「西洋化」來與其他亞洲區別的方式，切換或限制了視野，以致於沒有能充分的討論亞洲地域空間的歷史連續性。然而，在近幾年來日本史研究中，從位居東亞的日本觀點累積的諸多研究成果受到注目。就是研究在所謂的鎖國時代，蝦夷、對馬、長崎和薩摩（實際是透過實質控制的琉球進行）四個「口岸」向亞洲，特別是中國的開放。[3]

明治時代以後，一切討論皆以國家與民族為前提，以東亞為中心的地域空間討論重新被提起，不過已經無法修正建基於文明觀的進化與發展這樣的西洋化道路，可以說就此決定了國家理論的發展道路。

民族問題看來也類似，因為稍後直接面對東南亞的華僑與中國大陸的中華民族是否相同或是可以區別的問題。在東南亞，儘管也揭舉「殖民地」解放的大義名分旗幟，所以合理的邏輯結論是要在歐美在亞洲殖民統治者和當地各民族之間做出區別分割，然而實際上卻也在華僑與其他民族之間做出區別分割，這是理念與實際之間所產生的乖離結果。

這樣的經緯過程所示的問題，讓明治維新的出發點本身，也就是在所謂發展、進化與文明基準上的「國家建構」問題點，特別是當與其他亞洲國家發展關係時的問題點浮現了出來。在全球規模的國家與民族時代，當嘗試將明治以後的國家與民族論述運用在亞洲地域空間時，由於缺乏關於地域間關係交涉的基準，經常只是把國家與民族當成空泛的討論對象，或者只是把地域本身當成一種自然的前提來討論，這些並不是亞洲各地域以及地域間關係直接面對的歷史變化與歷史連續交錯條件的對應產物。

對於持續變化的國家，特別是在全球化與在地化同時進行，使得原來的國家地位與角色都在持續變化之時，應該積極地重新檢討這種地政思考方法的歷史變化，來賦予持續擴大的國家時代新的意義。在此意義下，地政學不只是處理歷史問題，同時更可以說是研究、處理現在及將來地域研究所產生的空間概念與統治理念的學科領域。

地政研究的歷史與方法

想要檢討現代世界的變化，特別是東亞地域的變化時，有原來十九世紀以後國家與國家關係所表現的「國際關係」架構，以及再回溯於更長時期存在於歷史上的「華夷秩序」架構這兩種主要思考方法。十九世紀以前主要適用華夷秩序關係，十九世紀以後則適用國際關係的架構。然而，也不是說這兩者時代截然二分，先後登場。概括而言，宗主權與主權以不同的比重相互重疊，呈交替關係在世界舞台登場。從這種地域統治的重層性觀點來看時，即使是在華夷秩序的時代，相對於中心而對應登場的周邊小中華等，也可能看到相對「主權」的登場。同時我想更為重要的是，即使在國家主權為中心的時代，宗主權的角色也不是全然消滅。如今，地政論正持續綜合兩種地域統治的原理，也可以說就是把至今的時間與統治關係組合，置於空間與統治的組合中來研究的方法。

十九世紀中葉，從東亞到東南亞的地域跨越明、清兩朝大約五百年的所謂中華宗主權，受到周邊朝貢國所主張的多樣化主權挑戰。原來這個時期都是被理解為受到西洋衝擊的時代，不過當我們從地域統治的地政思考方法來看的話，周邊各國積極導入西洋的主權觀念，並據此對當時的中華提出異議主張正是這個時期的特徵。因為主權並不是從自我產生成立的，不論是在歐洲、西亞、南亞還是東亞，主權都是從以廣域統治為特徵的宗主統治中所產生的一種地域關係所構成的。

魏源在《海國圖志》（一八五四年）用「海國」這種國家概念與主權概念來表達宗主權的變化，也就是說他把稱做海洋的這種「地域」置於國家之下來掌握。他並不是以過去朝貢關係建構的華夷邊界的內外關係，而且也不是建基於陸地的國家主權，而是由海域連結構成的國家地緣關係，沿海中國也屬於該國家地緣關係的一部分為其特徵。其中的「東南洋海岸之國」項目，以越南為起點，日本也被分類為其中的東南洋海島各國。另外，隨著海洋的連續順序向西前進，所稱的西洋（魏源原文為小西洋）不同於以前是指南中國海以西的海域，這裡是指中東以西的海洋國家。歐洲被分類為大西洋，而經由北洋〔北極海〕的俄羅斯前進到外大西洋的北美與南美，最後止於外大西洋的智利，這是一個海洋國家環繞的世界。

近代歐洲國家形成之際，這種地政思維模式把國家思維直接套用於過去歷史，並以此作為國家擴張與強化的依據。由於是把海洋置於國家影響之下，尋求國家擴張的政策也自然成為其特徵。

馬漢（Alfred Thayer Mahan）一八九〇年所著的《海權對歷史的影響》（*The Influence of Sea Power Upon History, 1660-1783*），不是以通商關係，而是以海上權力的觀點檢討恰好同時的英國、法國與荷蘭三個國家的東印度公司時代，而且把獲得的經驗教訓與新興國家美國的海權政策重要性問題一併討論。透過這種海權論來開展十九世紀是國家時代的論述理據。

馬漢所稱的海權，不只是支配海洋的軍事力，更包括和平時期影響通商與海運的力量。生產讓交易成為必要，交易則需要海運，殖民地因而可以擴大海運活動。在這種生產、交易與海運的交互關連中，海洋國家的登場乃必然的結果。他更進一步指出影響海權的項目包括⑴地理位置、⑵自然型態、⑶領土範圍、⑷人口、⑸國民特質、⑹政府特性等等，把原本「非國家要素」的領域項目積極加進國家因素之內。

東南洋亞細亞洲〔亞洲〕	小西洋
東南洋海岸之國 東南洋海島各國	大西洋歐羅巴洲〔歐洲〕 大西洋
西南洋五（東、南、中、西、北）印度	北洋
西南洋諸國	外大西洋墨加利洲〔美洲〕
小西南洋利未亞洲〔非洲〕	外大西洋

表 1　魏源《海國圖志》的海洋區分

在德意志，拉采爾（Friedrich Ratzel）積極提倡政治地理學，以此來分析英國從天主教到帝國主義的廣域地域的統治。一四九二年葡萄牙與西班牙簽訂《托德西拉亞斯條約》（葡語 Tratado de Tordesilhas，西語 Tratado de Tordesillas，Treaty of Tordesillas）分割了全世界，這被其視為是以地政觀點分割世界的起始，而且他在這裡也提到了海洋重要性的問題。另外，契倫（Rudolf Kjellén）接受霍布斯（Thomas Hobbes）所提出人類永久對立狀態的觀念，並由此導出地政的概念。

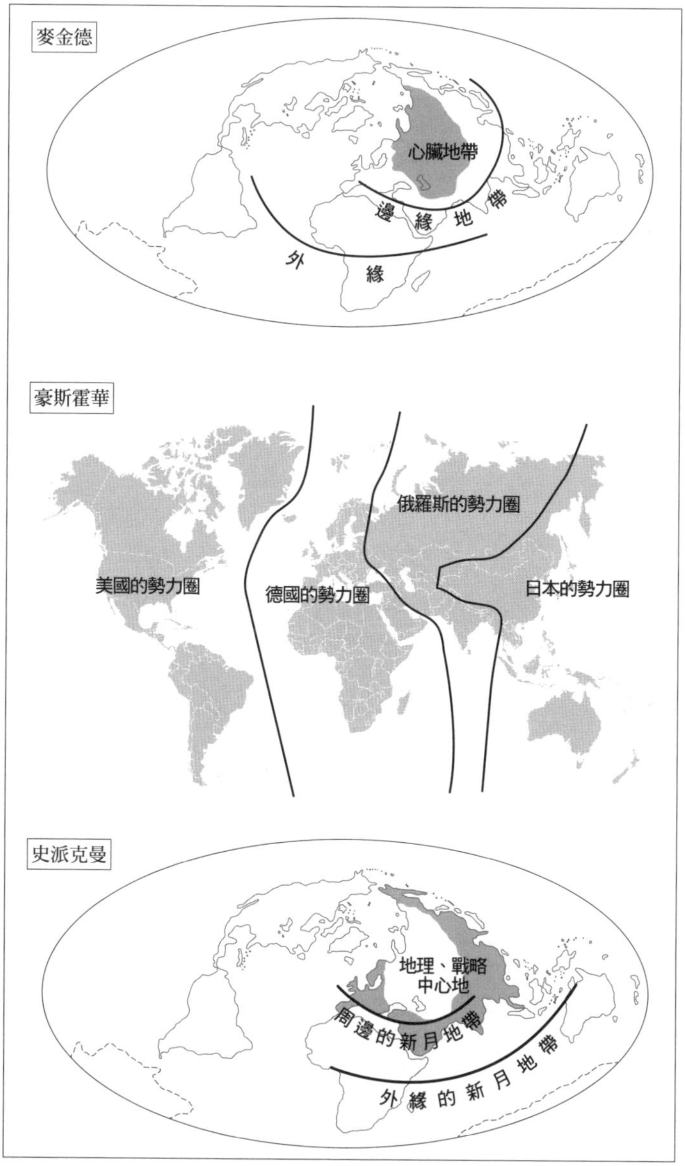

圖 2 麥金德、豪斯霍華、史派克曼的世界地政圖
雖然都是以歐洲為中心的世界地政圖，麥金德與史派克曼都明確區分了大陸部與周邊島嶼部。這些地政圖也顯示出從歐洲兩種不同的觀點所掌握位於東亞的中國與日本關係的差異。

英國的麥金德（John Mackinder）大力提出地理要素的重要性，並將這個信念與支配權力的行使相結合。他將歐洲的地理地位界定為是世界的心臟地帶（中心地，Heartland），提出圍繞心臟地帶的三層環圈的世界構想[4]。

之後德國的豪斯霍華（Karl Haushofer）將一九三〇年代的世界劃分為四個勢力圈，就是分別由德國、美國、俄羅斯與日本支配的勢力圈。他並將地政論界定為是為了政治行動所提出的理論。另外，史派克曼（Nicholas Spykman）批判了麥金德的海洋論，不過他接受並繼承心臟地帶的概念，而且再確認麥金德的內部以及周邊新月地帶——也就是邊緣地帶（Rimland）的重要性。而且還提出進一步與環繞其外圍的海洋圈統合的構想。也就是說，在歐洲能夠創造出海與陸的聯合，亦即能夠統合邊緣地帶的話，就能成為強國。據此，能夠支配邊緣地帶的國家就能支配歐亞大陸，能夠支配歐亞大陸的國家就能支配世界的命運，是一種向中心的周邊擴張的統治構想。

總之，可以說不只是軍事力，而是以土地要素與人的要素為基本，透過國家與民族這兩大要素的實現，來形成地政論的視野。討論的基本「場域」有國家、廣域地域與海域，儘管彼此間的邊界本來是自然的，也就是儘管是共存、共用的場域，那裡還是發生彼此邊界區分的必然性競爭。其間的決定性要因：人口，在種種意義上被視為是地政問題的特徵。確實，人口的量與密度（都市）所產生的地政影響不容忽視，但是一旦脫去「國家」的架構，都市與沿海地帶等等的重要性就浮現出來，而且還存在著從中心擴大政治影響力的要素。也就是說，所指的就是人的要素移動。從歷史來看，這種移動有移民、殖民或是離散等等的不同表現，不過我們可以這樣看，就是這些都會不絕地形成邊境（frontier），而且透過其擴大來發揮地政機能[5]。地政論就像這樣並不會把做為領域的邊界限定在地理性的邊界，而是把具有政治、經濟與文化擴展的邊境都納入其論述之中。

核心─邊陲論、體系論及地政文化論

在這些地政論討論裡一個有力的研究途徑是，從所謂「核心與邊陲」（中心與周邊）的觀點來探討世界的地域統治。地域本身並不是均質的，而且地域間關係的權力分配也不是固定的。再者，核心與邊陲並非固定的關係，地位有可能交替。核心─邊陲論對於地域支配可以成為統治政策的理念，而且也能作為決定支配政策的權力分配根據。[6]

核心與邊陲的論述也有不同的內容，例如有將核心─邊陲關係綜合成一個體系的論述，另外有強調兩者之間的區別與差異，並要找出其間明確界線的論述。在以經濟史為中心的論述中，華勒斯坦（Immanuel Wallerstein）的世界體系論屬於前者，佛蘭克（Andre Gunder Frank）的依賴理論（從屬理論）則屬於後者。當然還有其他與這兩者不同的理論，例如有主張從核心與邊陲的關係為可動的，或是兩者處於過渡的移動過程來掌握兩者間的關係。發展中國家的定位或掌握法就屬於這種思考方法。還有，都市論、國家論、公民社會或是公民特質的討論等等也都屬於地政論的對象。[7]

這麼一來，地政論可以說是與地域統治及其歷史變化相關的各種方策與方法。當然地域統治主要探討的是政治面的議題，不過從統治對象的地域來看，不只是政治面，而是包括地理、經濟、文化甚至是軍事方面的議題。不過這裡所說的地理，並不是自然的地理，而是以自然地理為前提但與人類社會相互重疊的地理。經濟也不是做為抽象的經濟人（Homo economicus, Economic man）的經濟，而是「經世濟民」的經濟，文化也不是純粹「文化」（Culture）本體內容，而是意味「文治教化」的文化。這些都關係到廣義的統治政策。因此，文化就意味著文化統治，在那裡統治領域與之有不可分的關係。在倫理問題與道德問題上亦然，也必須探究相關的地理與歷史條件。[8]

在此之前的所謂國家統治分析，多將分析架構中心置於國家主權與民族主權之上，將國家形成與國家

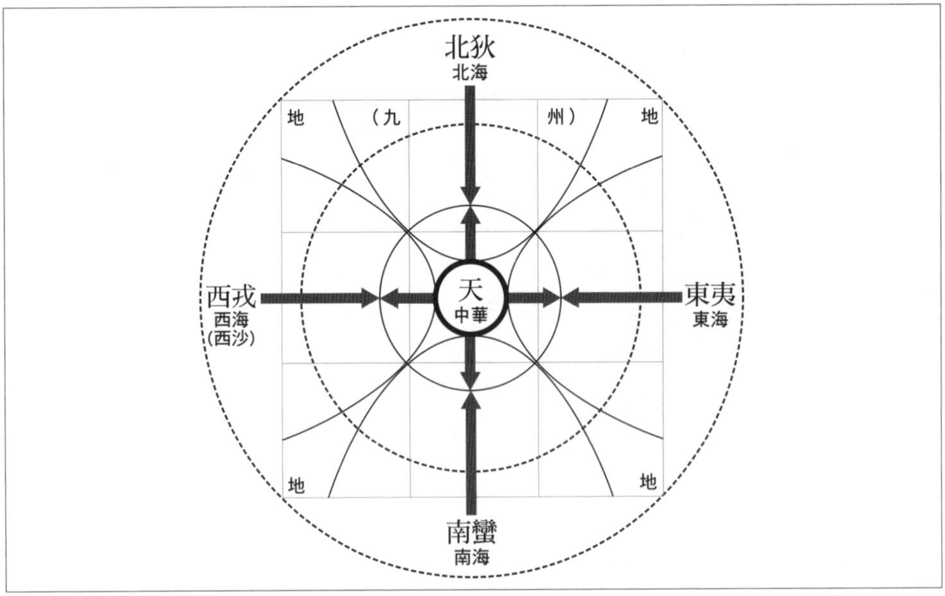

圖 3　跨越東亞、東北亞與東南亞的文化統治模式與其邊界（華夷秩序）
在「天圓地方」的地政空間裡，以天子為中心實施權威統治。地有配置「九州」，其周邊地方的東西南北方向分別是夷狄的所在與方位，稱之為海。特別注意西方的沙漠地帶也稱之以海。

發展當成近代化過程來論。然而，地政論甚至可以是一種從地域觀點來重新檢討這種近代化理論的方法。近些年來，近代化理論將原來的「前」近代重新認識為「初期」近代，而將現代認識為「後」近代等，不論是在時代上還是在理論頻譜幅度上都在持續擴大中，因此現在有必要從歷史觀點檢視地政論相關的討論經緯與新課題。也就是從地政論重新掌握持續地政論化的近代化理論的課題。

地政論的現代課題

然而此前的地政論被認為大多偏重政治與軍事的論述。特別限定在以國家為主體，為了其利益所策立的戰略與戰術。因此歷史研究裡的地政論也採取一種非常侷限的理解，就是把軍事與政治當成是基於國家利害關係的實現方策。

一般認為之所以如此有兩個理由，第一、歷史的近代，宛如是在國家主權之下一切都由對等關係構成為起點，假定透過國家利益的相互競爭可以讓世界全體取得發展。然而實際上國家有大的國家與小的國家區別，在所謂國家主權對等概念並無法掌握「人口力」或都市問題、國民特質或自然條件等不容忽視的差異問題。

地政論，從將國家建設與殖民地都視為地域統治的一種歷史型態的前提出發的話，兩者的區別也就不必然只是因為採國家觀點所致。在這種意義下，戰後的歷史學，並不是從被當成其前提而被無條件肯定的「反殖民主義」、「種族自立」、「民族國家建立」與「民族獨立」的所謂標準出發，其面對的方法課題是如何來為各個不同的空間統治與空間認識的時代表現予以定位。

同時，算是有一點相反的說法，從為了讓創造出國家間關係不是對等現實的國家行為正當化目的出發，地政論往往為透過國家擴張實施殖民統治、使用強權發動軍事力，乃至於民族間的優劣區別提供了種決定性的理由。從這些經緯過程來看，地政論被視為是等同於海外侵略或民族壓迫的討論。然而，問題毋寧說是相反的，過度想從指摘地域統治相關政策的歷史問題來否定地政論的思維方法，可能會讓歷史探討倒因為果。地政論的內在問題，應該始於對其邏輯架構本身進行歷史事實的檢討，戰後歷史評價的標準也有必要被重新置於歷史脈絡中來進行再檢討。

在此意義下，以近代化為目標、要在文明與文化發展的時間座標中為自我定位的「近代日本」而言，地政論實際上可以說是在亞洲的地域統治中必須面對的課題。當「近代日本」從發展與文明化時間先後中的自我認同出發，直接面對與所謂多重、多軸的地域對象交涉時，又在這裡與歐洲的地政論相遇。明治時期日本司法省的法籍顧問勒朋（Michel Revon），對於日清甲午戰後遼東半島與臺灣的經營曾有如下提案：

首先提出我的觀察：日本作為一個島嶼強國，環繞其周圍的島嶼，是最容易一展其版圖擴張傾向之地，但如要做為一個大陸強國，若不危及其安寧、財政甚至是危及生存，應該是無法嘗試……（第一）依據我如今所論之意，遼東半島不應該當成日本固有之地來經營，應當只將其組織成如藩屬地。而且我認為應該組織成像本來就和本國分離的殖民地一般。其次是該半島行政上，特別是其中的司法，應該給予大幅度的自治，同時也應該讓當地服膺於強大的兵權之下……（第二）至於日本全然獲取的臺灣與澎湖島，則與前者情況相反或是近乎相反，因此這些島嶼即使今天不是，相信將來也應該成為帝國真正的一縣。與清國的移民制度不同，若施以組織完善且合乎規矩的日本移民制度，使該島嶼人民同化之成果應該不用等待許多年……這些是法國在阿爾及利亞國所為之政。蓋該國並不被當成殖民地統治，而被當成是真正的一個州，然今日法國對於回教徒適用的法律，在刑法與民法依然（和一般國民）有所區別。……[9]

勒朋在這裡主張必須要先確立對應於島國與大陸地理形勢的地政。他提出了「藩屬地」、「殖民地」、「帝國」與「州」等的統治類型。這些可以說是把東亞歷史上的華夷秩序中的概念翻譯出來，再透過近代法國強力的民族國家理念與理想為背景所提出的地政論，與東亞歷史廣域統治的華夷秩序相重疊，其內容產生令人害怕的脫胎換骨變化。然而現實上當時迫切要問的是，作為文明國家的課題與東亞歷史上地政統治採用的華夷秩序要如何相互接合。不過兩者首先是在內與外的不同關係上有所區別，加上現在與過去對文明的不同解釋，透過這些來形成對應型態。這個問題在志筑忠雄的《鎖國論》裡被描述成宛若在不同的歷史時間，從個別處於內外不同的國家與華夷秩序觀點，對問題給予了不同的解釋一般。

現在可以看到積極使用地政概念或地政思維方法來討論問題的一些例子。例如，先前提及華勒斯坦提出的文化地政論，還有稍後我們將談及的，從琉球／沖繩所看到的朝貢體系，都是其例。更進一步，近些年來杭亭頓（Samuel Phillips Huntington）提出的「文明衝突論」，認為文明可以並存，因而文明可以存續，但把文明作為政治影響力來討論領域設定時就是地政論本身。還有，一九九九年開始運作成立的歐盟，不能只是將其視為是一種國家聯合，而是開始以地政觀點來看待歐洲全體，可以將它視為是理念的現實化。而且，在亞洲也可以看到「一國兩制」等的地政討論。這些是我們必須注意地政論的現實課題側面的理由。

中國的地政與地政論

地緣政治——地政觀點中的中國世界

近年可以看到中國愈益透過地政的手法來認識自我或提出自我主張。在這種狀況下，周邊各國也都在追尋新地域認識下的中國圖像，以及更進一步包含自身和他者的地域認識下的中國圖像。

現代世界展現全球化的方向，在這當中有許多以國家分析架構無法完全處理的問題也在亞洲登場，因為在討論全球化問題時國家已經成為太小的單位。同時，地方的地域性與做為地方的地域社會也正持續重新登場。地方原本是國家的一部分，以上下關係而言，國家在上，地方在下。但在這種關係中，地方不只主張作為地方的地域獨特性，而且也有主張從國家分離的獨自社會文化性，現在地方史創作、地方史書寫以及新村落創造的討論與運動正持續興起。對於掌握這種狀態以及對應這種新的地方世界，國家又變得過於龐大。現在舉中國為例，希望能試著從近年的討論中，找出不同於以往以國家與民族當作唯一向心力的分析方法。

強調中國(再次提醒這是指地理上的中國)地政論的理由可以舉出幾項。歷史上中國自認為地大物博、自己內部就可以自給自足的歷史認識的部分就不用在此提出，過去被當成是舊世界批判的問題，如今在改革開放政策下，國家、民族、地域與文化等等都在各自表現下發展前進。若要提出包容這些主張全體的理念，除了地政概念之外沒有其他理念可以當之。而這也是在本節將看到的「地緣政治」表現。

還有一個現實問題，這是一九七〇年代以來的問題，就是一九九七年七月一日在香港和一九九九年十二月二十日在澳門實現的「一國兩制」的理念與實踐。這一連串的行動不只創造了原來單一普遍的國家主權模式的討論條件，也創造了地緣政治可見的地政論討論條件。

首先的注意點是，要用地緣政治的概念來說明歷史上的中國外交以及中國與周邊國家的利害關係。這與華夷秩序所見的傳統一點四方主義，也就是以自我為中心而向東西南北四個方向擴大影響力的中國中心史觀之間有部分重疊，但在全球化過程中，現在則變成是討論一個地域系統的架構。當前的地緣政治論以國家是唯一的行為主體作為根本前提，因此在討論有關國家利害關係的國際或世界動態時，有可能無法充分吸收或表現地域的性質。然而地緣政治相對於前此的中心主義史觀，毋寧說在定位相關與相對的國家間關係這點上，與地域研究裡的方法課題有重疊之處。

而政治地理學則是在地理關係中處理國家利害關係，這與地政學有異，不過若從地域的觀點來看的話，可以說兩者間有相當的重疊。但是從歷史來看，地政學在二十世紀初期曾讓國家與民族凝縮為歷史主體，自身則以支持兩者的極端向心力的論述之姿登場，從這個經驗的反省，自然而然使地政學與政治地理學在理念與目標上有所不同。

另一方面，現在討論的地緣政治，在幫助確定國家利益與理解國家外交政策上是重要的方法，國家不只與政治不可分，經濟、文化也都被定位是國家不可分的一部分。[10]還有，國家的領域範圍、國家的地理位置、國家領土所擁有自然資源、氣候條件、人口與民族等自然屬性，也都被定位為重要的檢討課題。地理要素持續影響國家的方法不一而足，地理的位置、地形、地勢、氣候等問題，直接影響國家的潛在力量，而政治、經濟與社會要素對於國家的政治影響力則比較間接，這些都顯示出地緣政治的特徵。與此相對照的是地緣政治具有的開放性或是對外關係的重要性，而地緣經濟、地緣文化與地緣政治又密不可分，因此對外關係與文化側面同樣受到了強調和重視。

這種以地緣政治當關鍵詞的、新的中國分析架構，可以說具有強烈的對外關係意識，也具有將國家置於中心的新民族主義內容，不過相對於前此的中心史觀仍有不同，包含了各種由邊陲所提起的問題。

例如，在雲南、貴州、江西與四川各省的所謂中國西南研究，批判此前以黃河文明為中心的「一點四方主義」，也就是批判了區分以中華為中心和邊陲關係的中華觀點的歷史研究與地域研究，宣告這種中心主義時代終結，並指出了中國西南研究的重要性。[11]這樣的主張，並不是將中心轉變到自己所在的西南地域，而是強調包含文化、生態與經濟等更為多樣化的地域觀點的重疊性質。

還有，除了在國內的地域性登場之外，隨著地緣政治方法向東亞以及更進一步向東南亞的擴散與推廣，一九九七年以後的東南亞金融危機、有關南沙群島等所有權問題而與東南亞國家的爭執、香港和澳門回歸與一國兩制的實施、以及加入世界貿易組織問題等出現，都是討論跨國廣域地域或是海域問題的強力契機。現在來探討金融危機問題，就是分析東南亞對香港與中國的影響及其相應對策。

當金融部門持續全球化之際，中國也正持續進行市場開放、市場經濟化與金融改革。人民幣的自由化，也就是人民幣的國際化，雖然被列為中期目標，不過隨之而來的是人民幣該如何在現實地緣經濟中定位的課題。在這裡追求的政策目的是，要如何確實防止東南亞金融危機的影響，以及降低香港受到的金融衝擊。此金融問題所展示的討論，除一方面主張中國經濟的一種相對獨特性之外，也提出了從東南亞到中國之間的廣域金融政策的必要性。[12]另外受到注目的是作為對應於地政論的思考方法，更加促進了對於推進市場經濟過程所出現的非正式制度或是非制度性市場的關心。在現實的工業化過程中，鄉鎮企業部門的規模達工業生產的三分之一，有關這些鄉鎮企業所具的種種傳統性、非制度性與非市場性的論述相繼登場，這一點也成為從地緣經濟觀點討論相關問題的動機。[13]這裡所見的地緣經濟論，不止從華南跨越到臺灣，甚至擴展跨越到東南亞的地域，而且也可以看到促進了對地域內正式與非正式市場廣大幅度討論的特徵。

地政學在歷史研究的應用

倭寇研究

還有對於歷史研究，地緣政治也也重視海洋研究的觀點。

因為導入地緣政治的概念，原本只能從國家與民族架構看到的歷史事實，現在能讓我們來思考更為廣域的地域複合以及複合地域所具有活力的問題。[14]結果，例如倭寇的歷史就有可能用占據海域的海洋居民與沿海居民間反覆擴大的交涉與衝突的型態來建構東中國海的歷史。另一方面，也可以究明構成該地域政治經濟關係的宗教、都市、港口運輸、地方政府與在地有力人士間的相互關係。如此一來的話，就有可能產生進一步究明這些地域統治與被統治，以及彼此相互興替關係的方法契機。而從東亞地域觀點從事的研究因此受到了矚目。

中央與地方關係、地域間的位階

還有提及的歷史研究是以中央與地方關係的再檢討來呈現。不論是選擇長期歷史時間或是將中央地方關係改為中央邊陲關係，相關討論的過程可以說就是從地緣政治觀點來重新掌握中國史的研究趨勢。[15]

關於清代的地域（區域）社會經濟是如何構成，以及地域間關係具有怎樣的特徵的問題，是透過東北經濟、華北經濟、華中經濟、華南經濟、蒙古經濟、西北經濟、西南經濟與青海西藏經濟的分類來做相互比較研究。[16]

在國家地理觀點的地政論上，國家地理可以表現為從領土版圖到文化版圖的歷史考察。[17]國力用版圖方式來表現，並檢討其歷史的變化。關於中華版圖經過怎麼樣的變遷這一點，就是把從古代中國到現代的地理中國與歷代王朝興衰具有何種關係當成問題。還有在探究歐洲版圖變遷時，這種版圖變遷史就是當地民族史或民族生存歷史的討論。而且討論文化主權：在國家主權下不只有政治與經濟，也開展了地理與文化主權的論述。然而在這裡，具有把原來國家層級相對化特性的地政論，在與國家相互重疊後，隨著地政的中國被國家位置所取代，因而具有增強擴大新民族主義的色彩。

都市、農村及村落社會的調查研究

都市—農村關係

關於都市問題以及都市與農村關係的問題，歷史上人類社會中最基本的生活單位、生產單位裡，關於其間如何統治、經營之事乃是地政的基本問題。一九八〇年代實施改革開放以來，關於如何檢討這種都市、農村問題有幾種思考方法。

首先第一點是農村的都市化。相關的農村建設計畫是以工業化為目標，脫離以農業為中心的生產結構，而且不會伴隨產生過去都市與農村間的大規模人口移動，也就是以在農村都市化為計畫目標。這種被稱做小城鎮的農村都市化問題，除避免人口持續流向都市，同時也提升農村的生活水準，而且也推進以農村工業製品供應都市需求的目的。[18]費孝通的小城鎮思考方法在這裡被充分表現出來。

第二種思考方法是擴大都市圈的領域，進行以都市為中心的地域經濟開發，其範圍包含農村。這裡以都市為中心，農村則朝都市化方向發展，是一種接近都市包容農村的想法。這裡討論的問題包括農村土地政策的變更，亦即不再是與農業一體化的土地經營，是一種有必要透過不動產化方式將土地利用範圍擴大到工業用地與住宅區的想法，以及討論戶籍政策是否有必要變更的問題。[19]

在處理都市圈域經濟發展的地域理論裡，也從都市體系與空間相互作用的問題進行各種的研究探討。都市的貧困化也是其檢討對象。[20]在都市人口的收入相對低落的另一面，就是隨著快速的市場化，家計支出擴大成為基本的社會條件。這是都市近郊農村擴大發展後所帶來的新都市問題。

除了市場政策導致貧富差距擴大的要因存在之外，導入社會保障制度這種有意識的都市住民階層化政策的側面也不容忽視。在這種狀況下，家庭規模變小、以及隨之而來的教育等社會性費用的越發增加，都讓原本的都市生活風格起了變化。

還有關於風水與都市關係的檢討課題。自古以來，風水表現在都市的位置、方位的「合理性」，這不單關乎地理位置，也包括都市建設或都市行政體系化之際的採用的歷史性原理。特別是當為政者想在空間中體現自己的統治時，經常會隨之採取一些風水的手段。因此，風水不只是一種現實的都市地政論，同時更是一種可以用來展示超越性力量的都市統治儀式。[21]

村落的再建設

另一方面，現在最受到關心的一個領域是村落的改造。社會主義化後的村落編成產生新的課題，也就是在市場化與都市化過程中產生了何種新的村落再變化，而且許多農村改革的分析與檢討也都在持續進行。

折曉葉提倡一種以利、權、情為中心的秩序來理解掌握村落具有的各種關係，並以工業、農業共同體來說明這些相互關係的理論。透過對村落中所生成、沒落的種種集團的分析，來說明建構新的開放性村落的必要性。[22]另外這種對村落的關心也引發對人民公社的再檢討與反省。[23]

基本上相對於人民公社擁有的大型的集團性，毋寧說是透過黨、政府組織幹部、市場、不動產、生產隊與地緣等要素運用的檢討，提出了新的土地與農民、村落政治權力、農村集體企業、村落／政府與集體企業的關係、或是村民的自治問題。還有，透過種種村落的調查來討論這些問題也是其特徵。[24]總之，經濟多元化、權力分配多樣性、山地經濟、透過網絡化的活路等等各式各樣的模式都被提出來討論研究。[25]

家政、社會單位與國家

另外，地政論的基礎可說在於家政。在明治以後的日本，家政只限定於家庭的經營，而且是指男女各自擔負角色所分擔的一半家庭工作，女性在家庭的角色就是負責其家政的內容。但是因為家政是以家事與育兒為中心的工作，故與地政之間距離遙遠。

另一方面，在中國的家政則是地域政治或國家政治的一部分，因此可接受為了繼承家政而辭卸國政。也有以家政為理由而以地域代表身份來對國政表達意見。因此，可以說家政的承擔處理與地政有很深的重疊關係。家政是以「家譜」或「譜牒」（王侯貴族的家譜）方式來做記錄，是檢討家政／族政的重要資料。

現代中國擔任社會性機能的組織是單位制度，可以說幾乎橫跨生產、消費、社會、行政、教育、醫療與戶籍制度等所有的社會生活，並且是統合這些機能的制度。單位制度正是在中國思考地政的代表之物，其機能分化受到了各方注意。[26]

接著是關於國家與社會的檢討也構成了一股潮流。引進對中國史而言全新的市民社會概念，特別是引進對應於歐美社會的市民社會發展、政治發展與經濟發展思考方法，而且也嘗試向中國都市社會引進這種市民社會理論。[27]然而圍繞這個問題，有關與中國社會大傳統的關係還有許多討論在持續進行。

從這種全球化下的中國開始，對於甚至是深入到地方政治的廣泛討論行動，對於今後的地域研究也提供了眾多課題。

地政論的記述方法

還有，這些地政論也伴隨產生諸多獨自的分析方法、概念與表現方法。

方志學是以所謂天為圓狀、地為方形的「天圓地方論」的地為檢討對象。而對於地域的描述方法，方志學是如何隨著歷史進展呢？「方志」採志、記、傳、圖、表等體裁，內容包含天文到地理、社會到自然。方志與正史並列為國史之柱，是究明施政大綱、探究國計民生、博採地方風俗、因應地域特徵的統治與教化基本材料。其體裁有紀傳體、編年體、紀事本末體、雜記體、傳記體、輯錄體、術數體、辭賦體、駢儷體、詩歌體，此外還有圖表、地圖與表。這樣的方志描述方法被認為對應於所謂的統治方法。[28]現在又在積極編纂省志與地方志，除了一方面採取歷史的敘述方法，同時也進一步推進了與地域論統合的思考方法。項目有綜合、自然、政治、經濟、文化與社會的分類。[29]

家譜、譜牒等關於宗族的資料研究也很盛行。關於家譜，到宋代已經確立了譜序、譜例、世系圖、世系錄與先世考辨五項目的基本體裁，採取以五世（一五〇〇～二〇〇年）為一表，其後再另做新表接續的體例。到了明清時代，家譜受到方志與史書的影響，除世系與圖表外，還把科舉、祠堂、墓志、仕官、記傳、行狀、藝文與年表等都包含進去，有如家族百科全書。近些年來，華南各地可見到這類族譜的編修，過程中重新審視了在新地域社會中的宗族地位與角色。[30]

臺灣的地方史編纂能量極為活潑。村史的編輯加上嘗試透過大眾參與的方式編輯村史，讓原本一直是由上位政治權力所規定的地方，開始在自我獨特性、全體性與世界性問題上發言、行動。[31]

不只是中國，在邊陲各地區也存在把地域史當民族歷史描述的行動。[32] 從琉球／沖繩的歷史看到獨自的歷史圖像，以及在臺灣的地域認識與自我認識的重整、再造都受到了注意。在那裡有大傳統與小傳統的區別與關連、民族主義與地域主義的區別與關連、重新取回地域世界的歷史、以及嘗試描述新的自我地域世界等，熱烈的討論風潮再次印證持續進行的全球化與在地化的二極分化發展樣態外，也讓我們確實感受到地域或地方貫穿了世界整體，而不是相反的世界貫穿地

《高等學校 琉球 ・ 沖繩史》 （新城俊昭著，東洋企畫，1997 年）

第一部	先史沖繩	第一章　琉球 ・ 沖繩文化曙光
第二部	古琉球	第二章　琉球王國的成立、第三章　琉球的大貿易時代
第三部	近世琉球	第四章　島津入侵與琉球、第五章　琉球處分
第四部	近代沖繩	第六章　沖繩縣政之始、第七章　十五年戰爭與沖繩
第五部	戰後沖繩	第八章　美軍支配下的生活與回歸祖國運動、第九章　回歸日本後的沖繩

《認識臺灣（歷史篇）》 （國立編譯館主編，1997 年）

第一章	導論
第二章	史前時代
第三章	國際競爭時代（漢人與日本人的活動、荷蘭人與西班牙人的統治）
第四章	鄭氏治臺時期
第五章	清領時代前期
第六章	清領時代後期
第七章	日本殖民統治時期的政治與經濟（臺灣民主國與武裝抗日、政治與社會控制、殖民經濟的發展）
第八章	日本殖民統治時期的教育、學術與社會
第九章	中華民國在臺灣的政治變遷
第十章	中華民國在臺灣的經濟、文教與社會
第十一章	未來展望

表 2　地域史的世界史（沖繩與臺灣之例）
在這裡可以明顯看到地方史與國史的接合、地域的活力以及有關地域史自我認同的觀點。歷史上形成一些具有離心力的地域間網絡，這些地域會個別嘗試展現具有自我向心力的歷史。

域或地方。[33]

從國家觀點論述海洋與中國關連也是特徵之一。特別是在歷史中儘管中國與海洋的關係極為密切，至今卻不見足夠重視此關係的觀點。這一點也可以視為是因為近些年與東南亞各國在關於南沙群島主權上的爭議有密切關係。[34]

在馬漢的《海權論》與《海軍戰略》相繼翻譯出版，以及海洋軍事戰略研究發展的同時，有關海洋中國具有的歷史特徵討論也持續進展。在探究世界各地海洋作為歷史文明圈而發揮機能的經過同時，也檢討了中國與海洋的密切連接關係。接下來將以琉球／沖繩為例，用地政論支柱之一的海域論來看亞洲與海的關係。

環繞琉球／沖繩的亞洲海域

亞洲的海

海洋統治也是地政論的重要課題。誠如前所述，魏源在鴉片戰爭後所著的《海國圖志》裡，力倡國家利害與海洋關係密切。他指出了所謂海權具有的重要性的同時，為國家與海洋統治建構關係，並為海洋周邊國家進行分類。

原來被當作陸地的支點或是被當成陸地對比描述的海，沒有充分地把海域的意味傳達出來。依據海域的理解法，海才是陸地得以成形的條件，海與陸地不是在海岸線決然區分，而是在海岸線表現出把陸地包容進來的海域作用。

現在從海域的觀點來看作為空間的亞洲，則亞洲被海域賦予最具亞洲典型的特徵就浮現上來。歐亞大陸的東岸海域，從北到南形成緩和的S形，由大陸部、半島部與島嶼部構成其外部輪廓的海域連鎖，被認為是亞洲在歷史上得以形成海的亞洲地政空間的前提。在此要附帶一提的是，海域所指的不是像洋那麼廣大、也不像灣或海峽那麼鄰近的海。

從北方來追尋亞洲的海域的話，鄂霍次克海是由堪察加半島與俄羅斯的西伯利亞構成輪廓，接著進一步南下是日本海、渤海、黃海，再接下去則是由朝鮮半島、日本列島與沖繩南西諸島構成輪廓的

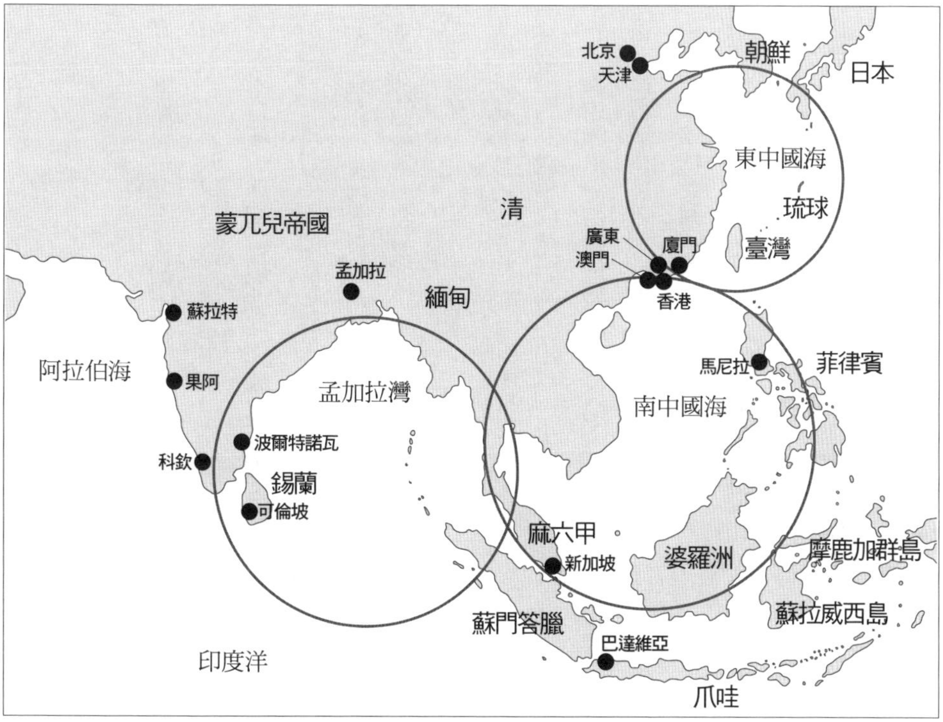

圖 4　亞洲的交錯海域（17～19 世紀）
由於沿海、環海與連海的組合以及彼此間的關係，形成了海域固有的交易圈與移民圈。

東中國海。再進一步從南中國海南下的海域分為兩路，一邊是蘇祿海一路向南從班達海、阿拉弗拉海、珊瑚海之後連到塔斯曼海。另一邊則從爪哇海西進，經麻六甲海峽連到孟加拉灣。在這些海與海的交錯之處，形成了由長崎、上海、香港與新加坡等構成的貿易網絡。

此前的亞洲研究探究的是以陸地為基礎的國家歷史，今後則需要研究與檢討亞洲是以海域為根據的移動與交流。東亞、東南亞等詞彙所指涉的地域，如果改以這些地域是由東中國海與南中國海等構形成立的海域世界的思考方式來看的話，應該可以更深入合理的理解這個地域／海域系統，在其中發揮機能的海域世界絕不只是一片平坦廣闊的海，而是重層性、構造性且還是動態性的海。

海域世界由以下三個要素複合而成。第一是沿海地域，就是海與陸交涉的地域／海域。清朝初期康熙皇帝為了使沿海居民遠離意圖反清復明的鄭成功的影響力而發佈了「遷界令」（一六一六年）等，正表現了這種沿海地域是固有海域世界的一種構成要素。

第二、該沿海的海域地域在作為構成要素所構形成立的環海海域世界。在這裡是以海域為中心，在其周圍由貿易港、貿易都市共同構成。這些貿易港與其說是內陸對海的出口，毋寧說是作為海域世界相互連結的交叉點會更為合適。例如，從歷史來看，屬中國沿海海域地帶的寧波商人，其財富的累積可以說來自於沿海與跨海域的貿易大於來自內陸的商貿。特別是在長崎的貿易上，寧波商人集團扮演了重要的角色。這種環海問題在最近登場的環日本海與環黃海的討論也受到了矚目。

構成海域的第三要素是擔任海域與海域連鎖角色而形成的港灣城市。例如透過作為東中國海與南中國海的媒介，使兩海域相互連動，並使發揮更多角與更廣域的海域世界機能的有琉球的那霸、廣東的廣州與澳門，以及進入十九世紀後取代這些地方的香港等。還有，媒介南中國海與印度洋的港灣城市有早期的麻六甲以及後來取代它的新加坡，還有印尼的亞齊等也可以入其列。由沿海、環海與連海這三者所構成的海域世界不同於陸地世界，可以說是一個具有多元性、多樣性與包容性的開放多元文化體系的世界。

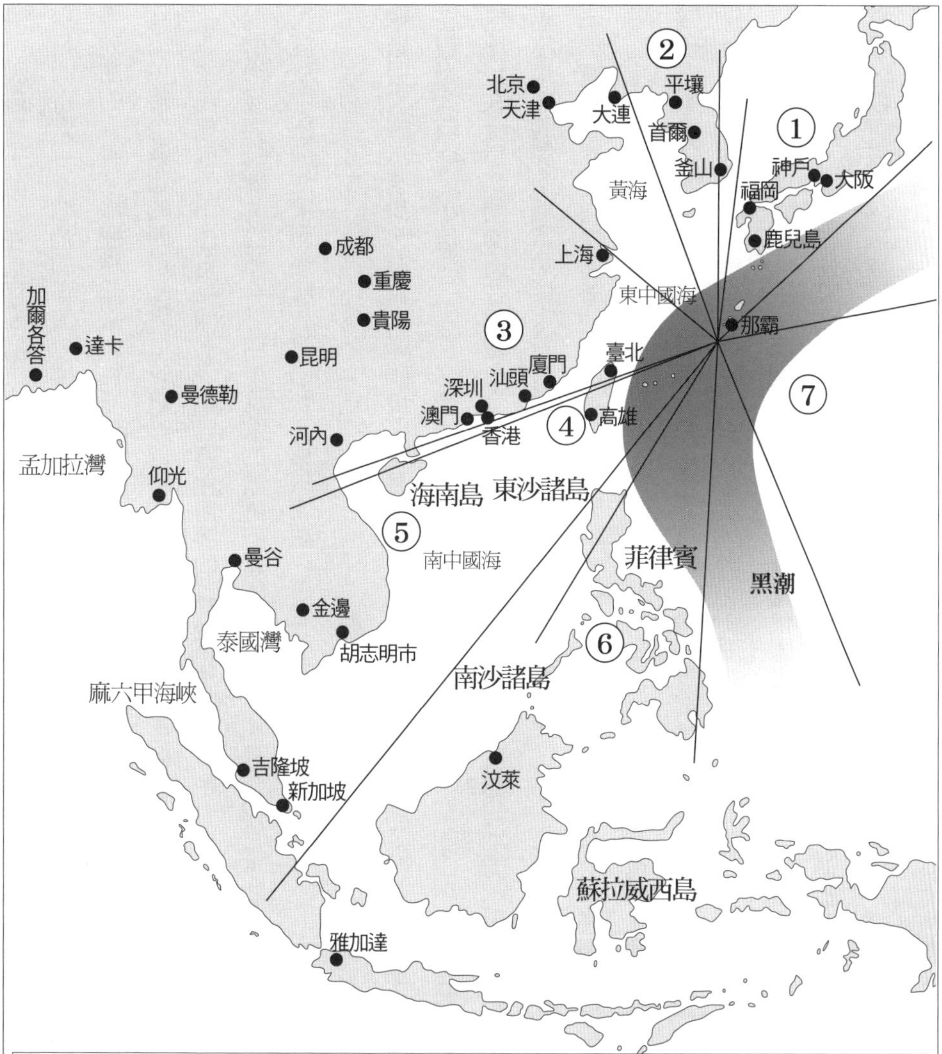

①表示與薩摩、九州、日本的關係。日本方面設定為類似朝貢國的關係。②表示與朝鮮半島、李氏朝鮮的關係。琉球王府成立時建立關係，其後也互有往來。③表示與福建的關係。閩人36姓移住，與明、清兩朝保持朝貢關係。④表示與臺灣的關係。臺灣東部的花蓮有琉球村，是與菲律賓交流的中繼站。⑤表示與東南亞的關係。明代時期曾向今日的泰國與印尼地方派遣使節，從那裡購買胡椒、蘇木等朝貢品。⑥表示與菲律賓的關係。推測琉球商人曾和以馬尼拉為據點與美洲大陸從事貿易的西班牙加列恩帆船（Galleon）有所接觸。⑦表示與太平洋的關係。利用黑潮洋流移動，推測可能與密克羅尼西亞有交流往來。

圖5　琉球／沖繩歷史上的腹地模式

說琉球王朝是在這種海域文化體系中依靠海而建立起來並不為過。日本南西諸島的東側有黑潮流經，這是源自太平洋西端的洋流。因此，透過此一黑潮洋流帶，把菲律賓、臺灣東部、沖繩、奄美、進而將日本列島的太平洋岸連結起來。從歷史來看，除了沖繩與玻里尼西亞、密克羅尼西亞等太平洋諸島可能互有往來，後來興起的西班牙馬尼拉貿易或美國在西太平洋的捕鯨路線顯然與此也有所重疊。

李氏朝鮮的申叔舟一四七一年已經在所著的《海東諸國記》中有關於從朝鮮半島南部到九州、琉球之間的海域與島嶼的描述。其中所謳歌的諸國不是國家之國，而是類似日本諸國風土記所描繪之國。還有，對於東中國海的東側周緣一帶已有一種具連續性海域島嶼帶的認識。

若根據元朝汪大淵所著的《島夷志略》（一三四九年自序），也就是說根據大陸部觀點來看的話，琉球是用來表示臺灣。確實，即使現在臺灣南部也還有琉球的地名。到了明朝，琉球就變成指現在的沖繩。在經過大琉球、小琉球的區別之後，臺灣曾有東番、東港、北港、基隆山與淡水等不同稱呼。明朝之前的琉球是在今日臺灣的所在位置，今日的琉球則是當時被稱做小琉球的地方。現今的臺灣與琉球，如果是從福建南部的閩南地方角度來看的話，就是相連在一起的島嶼鏈。

還有新井白石在所著的《南島志》裡，根據中國正史概述了琉球歷史。書中是以中國的記述為依據來界定琉球的位置，所以不是從「日本」觀點所寫的作品。同時，白石的琉球圖像是透過薩摩所看到的地域關係，不過透過將此地域關係華夷關係化並導引建構「日本」地位的邏輯，可以說是一種以東亞規模的地政論為背景的觀點。

從這些對琉球／沖繩的歷史視野看來，若從近代國家觀點來看的話，就會把沖繩侷限在編入日本之下的部分地位，但若從長期歷史來看的話，獨立琉球王國的定位就必須予以確定。與此同時，從地政的地位來看，則可以確認琉球／沖繩在海洋網絡中具有的地位與扮演的歷史角色，這是超越屬國家一部分還是獨立王國層次的問題。

海域亞洲，相對於此前以國家主權為中心的國家間關係的研究，毋寧說是在考慮以構成國家歷史背景的宗主權為基礎的廣域地域關係時，讓海域所具有的歷史角色呈現出來。海域不是連結陸地與陸地的手段，必須以作為擁有形成地域間關係統治理念的地域秩序場域來思考。特別是在考慮亞洲時，亞洲海域的特徵源自於其海域的連續性，因為我們可以這樣思考：此一亞洲海域為亞洲的廣域地域，特別是跨越東亞與東南亞的廣域地域，形塑了其歷史特徵。

朝貢與貿易網絡

朝貢關係是在歐亞大陸東端形成集中王權後，以皇權型態做為實現包含更廣域地域的權威統治而成立的。以這個皇權為中心，其周圍的同心圓圈分列著地方各省、土司／土官、藩部、朝貢國與互市國等，越是往邊陲地方去，就形成更鬆散緩和的秩序關係。這個朝貢秩序在二十世紀初的清朝辛亥革命中遭到制度性廢止，然而在作為廣域秩序統治的理念上，宗主權統治觀在東亞的朝貢國裡是共有、分有的理念。因此，朝鮮或日本等倡議中華，並把自我定位在華夷秩序中中華位置的歷史過程正是其具體的表現。因此，作為廣域秩序理念的朝貢關係，不只是歷史上的朝貢／策封關係事實，更有必要從一種廣域秩序的統治理念來思考朝貢關係的意義。

琉球王朝的特徵在於經由東中國海與南中國海的交易以及和明清兩朝的中國朝貢貿易關係，透過與東南亞的交易取得非本地出產的胡椒和蘇木，以這些為朝貢品帶往中國所建立的中繼貿易網絡，除與對岸的入貢地福州建立更為緊密關係，同時與中國華南到東南亞的華僑交易與移民網絡也有深厚的關連。

最大限度利用這種朝貢體制的琉球王國，之所以能實現這種對外關係的歷史條件，可以說在於能充分利用圍繞東亞到東南亞海域的地政條件。如此把地域間關係橫向擴展時，把更廣地域包容進去或與之建立關係而形成一個網絡，各地王權利用這個網絡進行貿易與移民活動，建立貿易港或移民城市做為地域統治的據點。特別是透過海的貿易與移民網絡，琉球在其統治關係或權力性質上都具有獨特之處。首先試著從南北關係來看的話，其統治不是以北方土地為根據的排他性權力，而是擁有擴展對外開放的地域間秩序的方向特質。而且在考慮這種多角化的網絡關係後，在此前國家間關係中沒有登場的臺灣、琉球／沖繩的歷史、對馬或濟州島以及十九世紀後半以來的香港或新加坡的歷史，都在地域關係中以扮演重要仲介角色的場域中登場。

此一環海的交易網絡與九州的薩摩藩連結，琉球在此關係上扮演著收購中國生絲的派出機關功能。在這當中，由北海道海產所構成的海產乾貨則是透過薩摩藩取得，這些海產乾貨被帶到中國做為購買生絲交易的清償手段。

就如這樣，琉球利用海域的交易網絡，

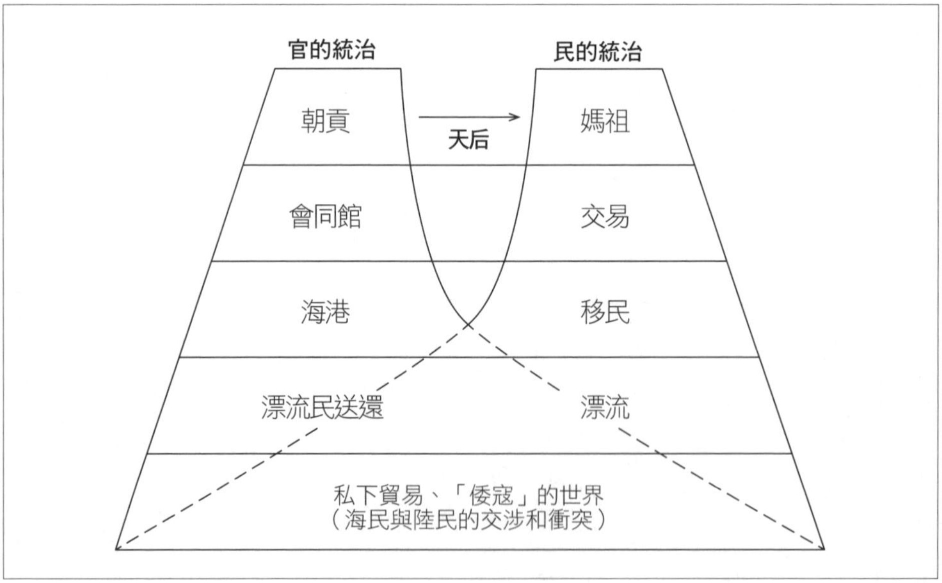

圖 6　海域統治的五層結構

以沿海交易或是透過長距離的環海通路，利用朝貢貿易的免稅特惠，與主要的交易港做多角化的連結。而這些官方貿易採取的政策是持續利用民間的海域秩序，同時也擴大對海域的影響力。這些因素與關係可以用以下五層的重疊統治來概括。

首先從民間海域利用的五層結構來看的話，頂點為媽祖信仰，其下有交易與移民的層級。更底下則有以漂流為特徵的海的關係層級。最基礎的層級則是海民與沿海民的日常交涉與衝突，可稱之為「倭寇」的世界，這是一種陸與海的交涉過程。另一方面，官方的海域統治則將朝貢秩序置於頂點，接下來有北京會同館的交易層級，再其次有管理海域交易的海港。再接著是與民間漂流同樣的表現，但在官方認定的朝貢制度下所制訂的漂流制度則是送還漂流民規則。這是一種把所謂自然漂流包容進朝貢秩序底部的安排，但也可以將此視為是一種對海域影響力的維持。還有，對民間海神媽祖賜封「天后」或「天上聖母」的爵位，是對海域政治影響力的擴大。

從這種官民的海域秩序與海域利用的五層構造來看，海域並不是一個平面的水世界，毋寧說日常性的官與民或陸與海的雙方，在政治、交易與文化領域的交涉姿態都陸續從中浮現。

其次是在考慮島嶼問題的時候，地政思考方法是不可或缺的。島在其本身單獨構成一個島世界的同時，也必然與海洋發生關係，而且更進一步還必然跨越海與其他島或是進而與大陸部產生關係。事實上沖繩的島嶼聯合所形成的島世界，不只構成沖繩諸島的特徵，更由具有向外擴展可能性的移民網絡所支持。

不論是稱為沖繩還是沖繩諸島，其表現宛若是單一的島或是沖繩島就是所有一切，實際上各島的結構不止透過地政分工關係結合成一個統一體，而且與鄰近的奄美、九州建立連結，南方則是與臺灣、菲律賓延續南北關係的中繼點，而且也是朝西太平洋與東中國海拓展的中繼站。

從華夷地政論來看的話，這些島嶼位於九州之外，屬於彼此間不容易聯絡的「島夷」之地。但是當我們從海洋來看，島是港灣，是移動與集散的網絡中心。更進一步從這個島世界的觀點來看的話，則擁有內

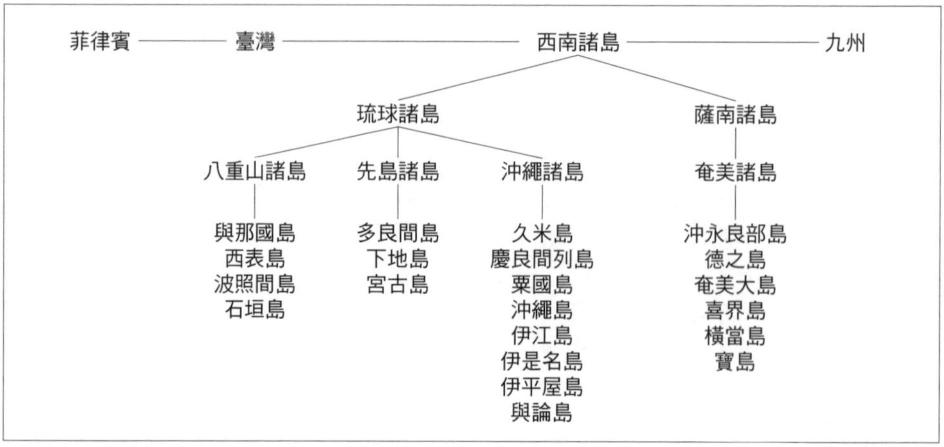

圖 7　南西諸島的立體構造

島嶼所具有的地政孤立性以及相互間關係性的特點，歷史上曾表現出種種的組合。琉球／沖繩所展示的內部世界與外部世界，構成了超越地理距離長短的社會生活空間。「ウチナンチュ」（沖繩人、沖繩本島人）為前者之例，「琉球群島島弧」（琉球弧）的世界則是後者。然而兩者的特徵都是小地域直接連結到超越國家的大地域。除了本圖所示各島以外，還有許多會讓我們聯想起對應於五層結構的小島，在此就只能略過不論。

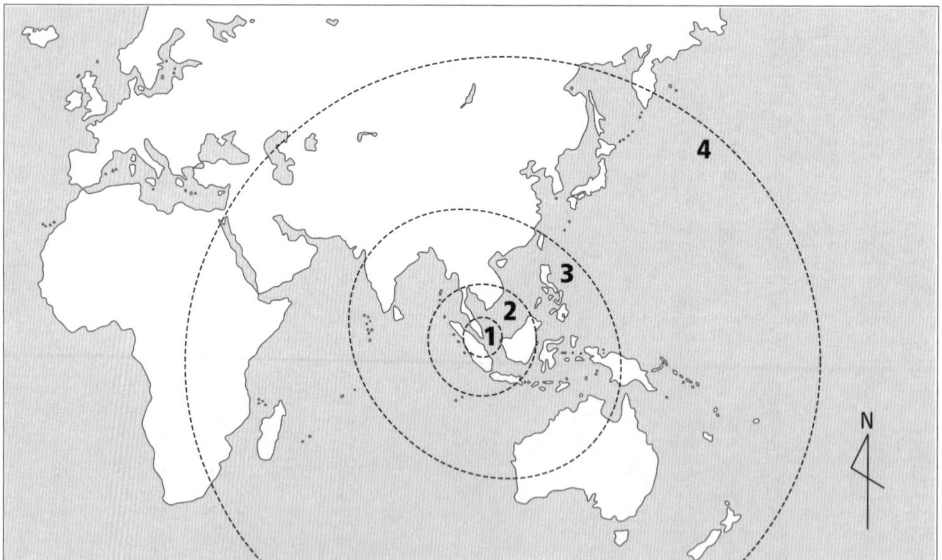

圖 8　跨越兩個海洋的新加坡戰略重要性

歷史上關於新加坡的戰略重要性，其軍事重要性與經濟重要性是不可分的。第一個圓環是利害關係與新加坡最為密切的地域，包括廖內／林加海域、婆羅洲西部、蘇門答臘東部以及一直到麻六甲的馬來半島。第二個圓環的南邊是爪哇、北邊包含泰國。第三個圓環已經到了中國和印度。第四個圓環實際上已經不限範圍，日本、中東、歐洲乃至北美洲都包括在內。

外嚴格區別的島嶼自我認同。以琉球為例，「華」對其的稱呼是大琉球、小琉球與琉球，這可以說意味著從現在的臺灣經沖繩到奄美諸島的一連串島嶼連結。

這種島嶼網絡在海域周邊形成貿易都市或移民都市，再以這些貿易、移民都市為中心形成了腹地，這些腹地關係反過來又能促進更新更大的交易與移民。以那霸為中心的腹地關係，東有太平洋諸島，北從九州到朝鮮半島，九州還可向西日本地方延伸連結，西則是以福建省福州為中心的華南沿海一帶，南則是從臺灣東部到菲律賓的東線通路，西線則是經臺灣海峽與東南亞連結的通路。

亞洲的海洋霸權

從東亞到東南亞所形成的朝貢、移民與貿易的網絡中，廣州連結了東中國海與南中國海，而南中國海與麻六甲海峽到印度洋的連結功能是由麻六甲擔任。而且通過這些海域，歐洲各國為了追求亞洲的財富也加入了與亞洲間的貿易。

十六世紀以來歐洲各國競爭海洋霸權，在西班牙與葡萄牙分割世界之後，荷蘭、英國與法國繼續推進，這些在王權下的重商主義政策，從另一面看也可說是對海洋的競爭。其中格勞秀斯（Hugo Grotius）所著《海洋自由論》（*Mare Liberum, The Freedom of the Seas*，一六〇九年）提出海洋自由化構想，實際上也是鑑於荷蘭東印度公司對葡萄牙印度洋霸權的挑戰而提出來的，所以重商主義的時代也可以說是海洋霸權的爭奪時代。值得吾人特別注意的是兩者的衝突發生地點，是在印度洋的要衝、且是連結東南亞與印度的中繼點、最重要的是連結印度洋與東中國海的中繼基地——麻六甲這片亞洲之海。

萊佛士（Sir Thomas Stamford Bingley Raffles）為何來到這處海洋建設新加坡，也與海洋的競爭不無關係，因為控制南中國海霸權以及如何早日抵達東亞的中國與日本是當時最緊急的課題。不過，新加坡做為歷史上的重要戰略據點不是萊佛士所「發現」，也不是他所創造出來，而是這個地域／海域從紀元前一〇〇年到紀元後十世紀之間的三佛齊時代（Srivijaya）、以及後續的占碑時代（Malayu Jambi，一〇二五～七七年）、古代新加坡時代（一二七五～一四〇〇年）、麻六甲時代（一四〇〇～一五一一年）、柔佛廖內時代（一五一一～一七八〇年）以及荷蘭布吉時代（Holland Bugis，一七〇〇～一八一九年）皆然的事實。[35]

印度洋是歷史上重要的海洋戰略爭奪場，是一個在歷史長期過程中存在著「印度洋從葡萄牙到英國的權力平衡變化」、「國際貿易」、「英國的印度洋政策」、「從海軍力所見的中國」以及「西歐與印度洋」等廣大分歧主題的地政論探討對象海域。[36]

如果考慮沖繩的地政論地位的話，當年美國培里欲透過琉球王朝來迫使日本開港就是相當可以理解的事。因為琉球處於

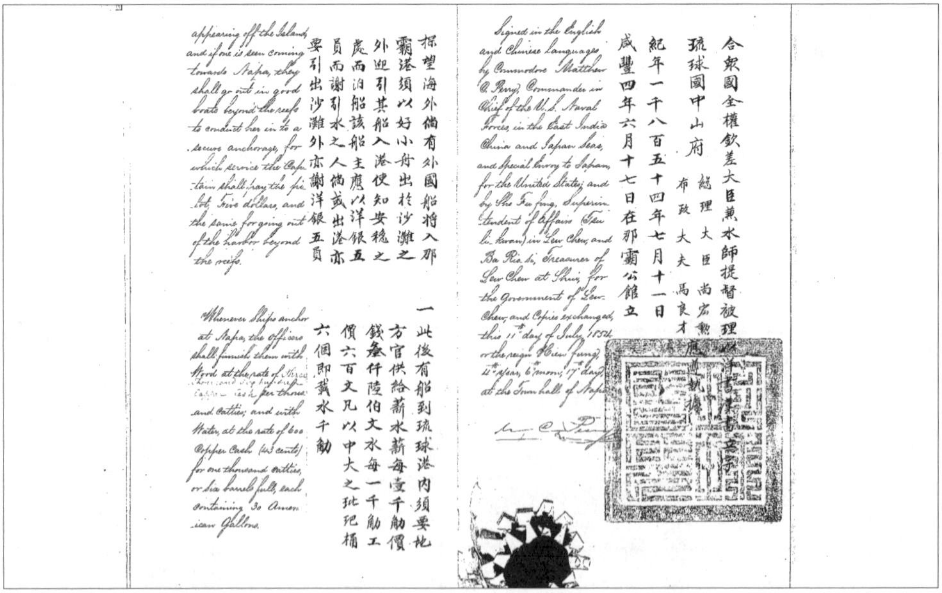

合衆國全權欽差大臣兼水師提督被理
琉球國中山府　總理大臣尚宏勲　布政大夫馬良才
紀年一千八百五十四年七月十一日
咸豐四年六月十七日在那霸公館立

Signed in the English and Chinese Languages by Commodore Matthew C. Perry, Commander in Chief of the U.S. Naval Forces in the East India China and Japan Seas, and Special Envoy to Japan, for the United States; and by Sho Fu fing, Superintendent of Affairs (Tsu li Kwan) in Lew Chew, and Ba Rio-si, Treasurer of Lew Chew at Shui, for the Government of Lew Chew; and Copies exchanged, this 11th day of July, 1854, or the reign Hien fung, 4th year, 6th moon, 17th day, at the Town hall of Napa.

採望海外倘有外國船將入那霸港須以好小舟出於沙灘之外迎引其船入港使知安穩之處而泊船該船主應以洋銀五員而謝引水之人倘或出港亦要引出沙灘外亦謝洋銀五員

appearing off the Island, and if one is seen coming towards Napa, they shall go out in good boats beyond the reefs to conduct her in to a secure anchorage, for which service the Captain shall pay the Pilot Five dollars, and the same for going out of the harbor beyond the reefs.

一 此後有船到琉球港內須要地方官供給薪水薪每壹千觔價錢叁仟陸伯文水每一千觔工價六百文凡以中大之玭玭桶六個即載水千觔

Whenever Ships anchor at Napa, the Officers shall furnish them with Wood at the rate of Three thousand six hundred Copper Cash per thousand Catties; and with Water, at the rate of 600 Copper Cash (43 cents) for one thousand catties, or six barrels full, each containing 30 American Gallons.

圖 9　合眾國全權培里和琉球總理大臣之間一八五四年七月十一日締結的條約
年號用的是清朝的咸豐年號。還有「總理大臣」的名稱與一八六一年清朝設立的「總理各國事務衙門大臣」相似。

朝貢體制中，且已與薩摩同屬於江戶幕府之下，故不論是對清朝還是對日本的交涉，都有可能被當成中介者。對於要與處在所謂大華夷秩序內的衛星華夷秩序的日本的交涉，順序上先選擇琉球為對象，可以看出意圖從這裡引出幕府。

然而，江戶幕府對此並非逐一對應，毋寧說有如要加強開國的動機一般，無視於長崎的地位，而變成在浦賀出迎對方。但是培里一行航經香港、琉球與長崎的情報已經傳到了江戶，儘管不盡然是讓人夢醒的蒸汽船（上喜撰），[37]雙方都為了表現自我姿態而準備了舞台。

從培里這一邊看的話，不是從幕府所承認的長崎而是要從浦賀進入，更明確展示了海

1816	霍爾（Basil Hall）率領的亞爾賽斯特號（Alceste）出現在糸滿外海，翌日前往那霸港。此時克里福特（Herbert John Clifford）正在收集琉球語彙。
1827	比奇（Frederick William Beechey）率領的英艦布羅森號（Blossom）進入那霸港
1832	英國商船阿姆赫斯特號（Lord Amherst）進入那霸港。
1837	美國商船莫里森號（Morrison）進入那霸港。
1840	英國軍艦印度橡樹號（Indian Oak）在鴉片戰爭期間於北谷海域沉沒。
1843	佩魯恰（ Edward Belcher）率領的英國軍艦薩瑪蘭號（Samarang）來到宮古／石垣。二年後來到那霸。克里福特在倫敦設立英國海軍琉球傳道會（Loochoo Naval Mission）。
1844	德布藍（Bénigne Eugène Fornier-Duplan）率領的法國軍艦亞爾庫梅奴號（Alcmène）進入那霸港。讓法國傳教士科主教下船後離開。
1846	英國傳教士伯德令（Bernard Jean Bettelheim）來到那霸（直到 1854）。法國軍艦薩比奴號（Sabine）到琉球，視察琉球北岸並迫締結通商條約。
1851	約翰萬次郎（本名中濱萬次郎）登陸摩文仁間切（今糸滿市）。在豐見城間切停留約半年。
1853	培里艦隊第一次抵琉球。培里艦隊探勘小笠原諸島。培里艦隊第二次抵琉球。培里艦隊第一次遠征日本。培里艦隊第三次抵琉球。
1854	培里艦隊在那霸集結。第四次抵琉球。培里艦隊為了第二次遠征日本，從那霸出航前往江戶。普提雅廷（Yevfimy Putyatin）率領俄羅斯軍艦帕魯拉達號（Pallada）航抵琉球。培里艦隊第二次遠征日本。締結《神奈川條約》（《日美和親條約》）。培里艦隊第五次抵達那霸港。締結《琉美修好條約》。培里艦隊離開那霸前往香港。
1855	伯德令的琉約聖書《約翰傳福音書》等在香港出版。法國格冉（Nicolas François Guerlain）司令來琉球、簽訂《琉法條約》。
1859	簽訂《琉蘭條約》

表 3　琉球的對外關係（19 世紀中葉）

上霸權者的姿態。這是因為培里熟知日本的接待體制，琉球在其中為準朝貢國。同時，在另一邊的幕府方面，浦賀進入並不是什麼青天霹靂，而是將它當成是為進一步開國提供根據條件的一種強烈刺激的提升。

以陸地為根據的近代國家是領域國家，透過國境與他國區別，當這種領域邊界擴大到海上後，產生出圍繞著二百海里邊界或南沙群島等的紛爭。在國家擁有絕對向心力、一切以國家為優先的時代，由國家擁有排他的領土或分割國境，是交涉與衝突的最重要課題。但是如果國家本身實際上也只不過是地域統治的一個歷史型態的話，則鑑於地域具有多層次與多元化的結構與內容，地政化的現代可以被想像成是接近一種更為多樣化的地域構想。在南中國海，連二百海里領海這種「固有」的「權利」都已經面臨相互重疊的情形。這個問題又衍生出歷史記錄的早晚、居住記錄的有無、大陸棚問題與海底資源等問題。這些顯示海是無法以邊界分別的場域，而應該作為共同活用的場域。

從歷史來看，之所以在統治海域時動用軍事力，始於國家要將主權影響力擴大到海。然而不論是從國家主權或是領域國家的思考方法直接延長線上來看海域，與地政原本的思考方法可以說並不相容。如果以地政的視角來思考海域的話，可見海域本身是一個開放的體系，因為除了具有沿海、環海與連海的三層構造，也與其他海域透過接續關係方成為一個場域。

因此，將海洋納入排他國家主權下的想法是十九世紀以後可以看到的制海權想法的特徵。海之民與陸之民的交涉過程中，在海洋行使軍事力是為了維護交易秩序而實施的一種輔助手段。不論是沿海交易還是長距離交易，海都具有做為交流場域的地政特徵。

意欲對於這種海擴大政治統治時，歷史上所採行的政策型態有調停沿海地域社會的對立，或是由官方陸續認定民間的海事活動，或是官方介入民間的海神活動。在中國，宋代末期出現在福建省莆田縣湄洲的海上守護神媽祖信仰，擴展到東南沿海一帶。到了元代，為了擴大對東南沿海的影響力，皇帝對媽祖賜封皇后的爵位，提升了媽祖的神格，之後遂有大量天后廟與天妃宮興建。在這個過程裡，政治權力把民間的

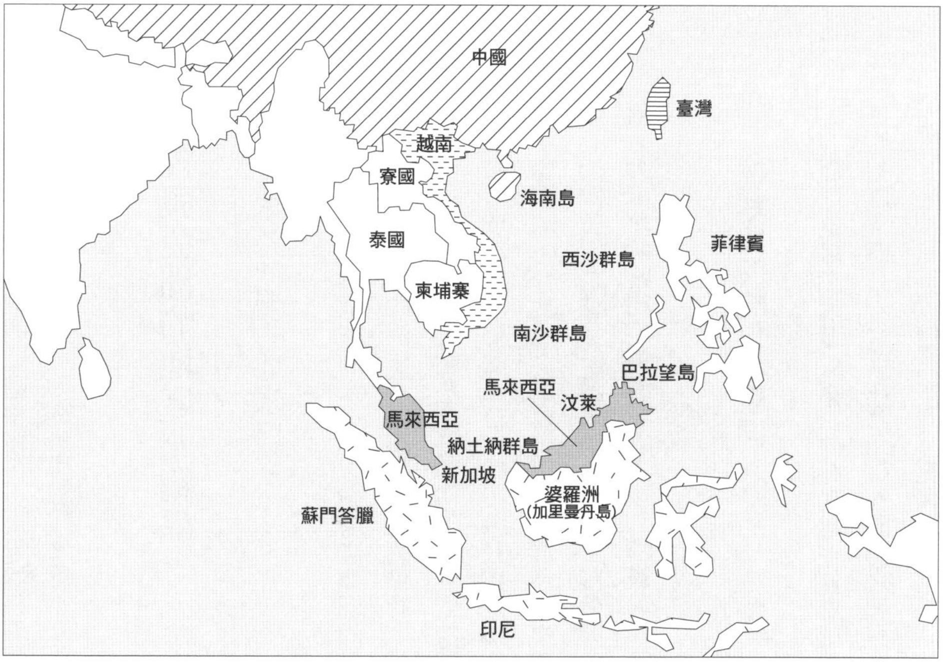

圖 10　南沙群島周圍各國領海重疊交錯

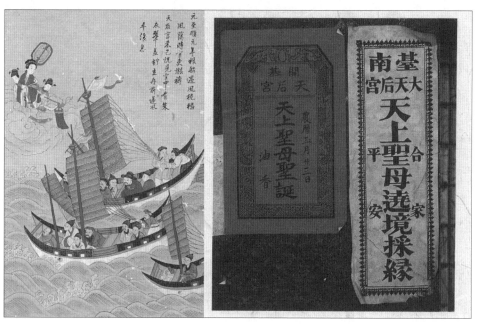

圖 11　媽祖信仰
記載臺南天后宮所奉祀天上聖母（媽祖）相關功德的印刷品（右。攝影：黃美英，經同意使用），以及畫著元代遭遇海難時天后（媽祖）顯靈救助故事的圖繪。

神編進了皇帝之下的位階秩序，也就是透過介入地域行事的方式，實現了擴大政治影響力的目的。另一方面，民間也因應需要，巧妙地利用行政權力。利用海神信仰，把海域統治擴及到媽祖信仰圈的範圍內。

沖繩與亞洲的地域間關係

琉球／沖繩的地政位置

無關於自然地理的大或小，在考慮亞洲的海洋自我認同時，琉球／沖繩所扮演的網絡角色非常重要。在討論十八世紀的西洋國家與國家間關係時，相對於以內陸為中心而且著重北方的歷史觀，希望能因為注意海洋扮演的角色，讓原本北高南低的理解逆轉，讓原本以北為中心的地圖逆轉，而考慮到海洋的重要性。這樣來看琉球／沖繩的地位，就不會只認定那裡是環東中國海的一翼，而且也可以理解在連結東中國海與南中國海的中介功能。還有，以琉球群島為中心的島嶼，不只面臨大陸側的海域，也理解它有向太平洋側開放的特質，這就是所謂黑潮的功能。雖然歷史上這股黑潮海流超過了人類的力量，但是當連結香港與加州的太平洋航路利用黑潮設立之後，那霸或長崎的地位就迅速被神戶或橫濱所取代了。

琉球與海的自我認同

從比琉球王國還要遠古的時代起，沖繩就位處東中國海與南中國海交會處，並與中國華南及日本九州遙遙相望，而且一直都注意到這裡的海之理與海之利，並向陸提供這些海之理與海之利。而沖繩的這種海之理到了今日亞太時代，也就是新的海之時代到來之際，愈益讓我們想到海的環境保護與活用這些未來人類課題的重要性。

加上一九九七年七月香港回歸中國後，一種預料是後國家時代產物的一國兩制隨之登場。從這觀點來重新審視歷史的話，可以看到沖繩的兩種或是多種統治原則持續不絕且並存的現象。有的時候是多制度的，有的時候是多主權，有的時候則是多外交的狀況。

首先是琉球王國時代，琉球在與中國進行朝貢貿易之際，也會派遣使節前往東南亞，從那裡取得本身不出產的胡椒與蘇木，再將之帶往中國。另外在十七世紀初期受到薩摩侵攻之後，琉球依然繼續向清朝派遣朝貢使節，而且也對日本江戶派遣使節。琉球與朝鮮的聯繫也不能忽視。而且縱使到了十九世紀後半葉，開始實施所謂的「琉球處分」，進入日本時代，從日本本土帶來許多日本化政策，而且沖繩當地也有相當力量主張日本化，不過沖繩的許多歷史民俗或習慣仍然有力的維持。來到戰後的美國統治時期，沖繩和日本仍保持聯繫，沖繩社會也維持了下來。到了一九七二年所謂本土回歸之後，沖繩在強化與日本聯繫的同時，也加強了和近鄰地區的關係。

像這樣琉球／沖繩在本身的歷史中具有的多元化原則，或是同時與多方維持關係的事實，因而產生一種地域間關係的平衡，並在非常長久的歷史中培養出獨自的交涉力。這個特質是由沖繩人的移民網絡所支撐維持。

除此之外，沖繩在歷史上是日本與亞洲聯繫的中介者。不論是積極的歷史意義還是消極意義，甚至有時是一種悲劇性的意義上，這都使沖繩對於日本與亞洲的關係都起了照明的功能。特別是第二次世界大戰後的經驗，更凸顯出日本在考慮亞洲相關問題時，必須充分深思沖繩的地位與角色不只是照亮了日本本身，而且也照亮了亞洲。

更進一步考慮沖繩的地政位置的話，可以知道它所扮演聯繫海與陸的中介功能。特別是在當今亞太時代到來之際，這個時期與其說是國與國之間的聯繫，毋寧說是顯示了海的時代課題與可能性的問題。在有

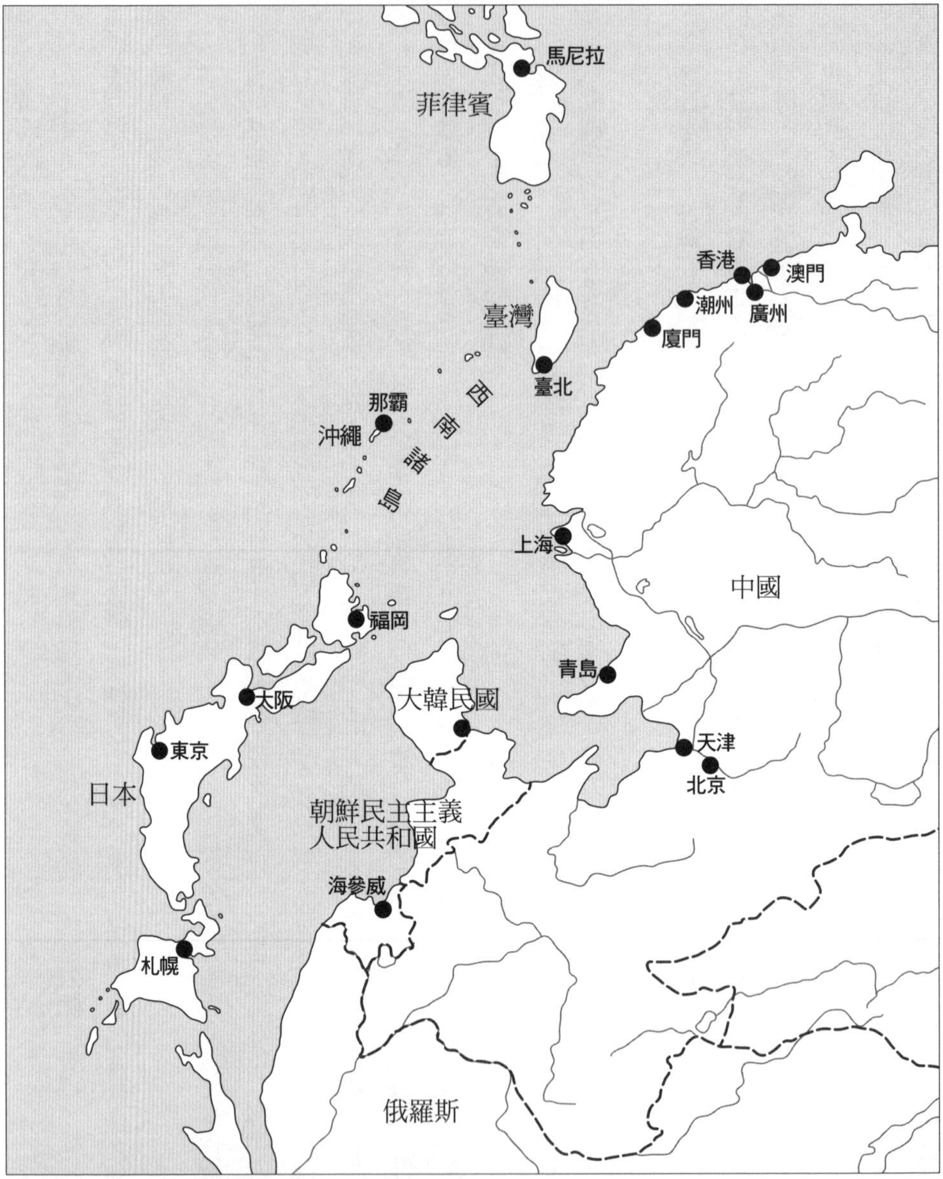

圖 12　南北上下關係逆轉下所看到的琉球／沖繩地位

猶如南北問題所象徵的那樣，現代世界所認知的情狀是一種北方已開發、南方開發中的「北高南低」情形。但是為了強調海域的觀點，將地圖改置為「南高北低」的話，就更容易理解琉球／沖繩位居海域網絡交叉點的特徵。

關海洋保育、海洋資源、海洋型經濟等以海之理為據的問題上，有必要長遠思考沖繩扮演的海與陸聯繫功能。在國民經濟範圍內，以經濟發展、工業化與生產力提升為目標皆來自二十世紀的「北」之理論，被做為日本與亞洲聯繫的「海的沖繩」所提起的海域所產生新的文化地理以及自我認同取代的課題，可說正持續登場。

沖繩的島民特性該如何理解的課題也是掌握地政沖繩的重要觀點。例如，熱帶性格對於社會性有怎麼樣的影響？還有沖繩位居日本南方／南洋政策前端之事，與歷史地理特徵有怎麼樣的關係？以及在日本政府的海洋政策裡，沖繩之海具有怎麼樣的地位與角色？這與沖繩的地政特徵是否一致？以上都是我們應該檢討的課題。

地政論的可能性

在本文中主張地政論自身具有歷史性，而且把它具有二十世紀歷史特性的概念，重新放置在主觀與客觀的歷史脈絡中，來檢視因為語言表現而對思維本身產生限制的經緯。也可以說就是嘗試將地政論裡的日本事物再一次歷史化。同時這種嘗試讓我們認識到，現實世界本身持續顯示與地政性行動的結合，以及只憑藉國家與民族的主權與平等的概念無法掌握現實本身。特別是，地政學上日本所無法離開的鄰國中國，在其大規模的地政行動中，現實上也讓「鎖國」或是「脫亞」無法實現。與十九世紀中葉當時的動機不同，透過多地域間關係概念來重新掌握包括日本在內的亞洲，或許可以獲得今後思考亞洲的新線索。

在地域統治史上，存在一些極不容易想像的情況，如上位權力對於下位社會片面進行權力再分配或是持續維持沒有權力交替的支配關係等。在此意義下，這種地域支配不必然都只顯示出片面特質。特別是當地政論透過積極導進均等化與平等化的現代秩序認識，以及人口、國民特性、地域特質、都市特性與海域特性等的討論，看是否能讓彼此的關係更為立體。關於這一點可說還亟待今後相關領域的歷史研究成果之助。

還有現在的歷史研究裡，社會史研究的廣泛成果積蓄所示的人文地理學、文化人類學與社會心理學等的交流，不只是探討地域問題的型態、組織、制度或規則，甚至也有可能探討「地域自我認同」的論述。這告訴我們一件事：歷史主體不只是從當事者的眼睛來看，有必要加進同時代人的第三者之眼來斟酌相關的問題。對於這種多角化的自我認同，除透過我們居於現代世界的眼光來重新掌握理解之外，還需要進一步加上地域內的對象化關係。相信此論述可以對今後地政論的再檢討有所貢獻。

注釋

1 上海圖書館編、王鶴鳴等人主編，《中國譜牒研究》，上海古籍出版社，一九九九。
2 飯塚浩二，《人文地理学說史》，日本評論社，一九四九年。
3 荒野泰典、石井正敏、村井章介編，《東アジアのなかの日本史》（六卷），東京大學出版會，一九九二—三。
4 Michael Pacione, *Progress in Political Geography*, London; Dover, N.H.: Croom Helm. 1985.
5 Yann Morvran Goblet, *Political Geography and the World Map*, London: G. Philip, 1995.
6 Jean Gottmann(ed.), *Centre and Periphery: Spatial Variation in Politics*. London: Sage Publications, 1980.
7 Charles Tilly and Wim Blockmans, *Cities and the Rise of States in Europe*, A.D. 1000 to 1800, Westview Press, 1994.
8 D. R. Howland, *Borders of Chinese Civilization: Geography and History at Empire's End*, Duke University Press, 1996.

9 《秘書類纂18　臺灣資料》，頁三九九—四〇〇、四〇七。
10 Wallerstein, *Geopolitics and Geoculture*, Yale University, 1991.
11 葉自成，《地緣政治與中國外交》，北京出版社，一九九八。
12 徐新建，《西南研究論》，雲南教育出版社，一九九二。
13 康紹邦，《金融危機後中國的政策選擇》，現代出版社，一九九九。
14 張繼焦，《市場化中的非正式制度》，文物出版社，一九九九。高承恕，《頭家娘：臺灣中小企業「頭家娘」的經濟活動與社會意義》，聯經出版，一九九九。
15 陳尚勝，《「懷夷」與「抑商」：明代海洋力量興衰研究》，山東人民出版社，一九九七。
16 李治安，《唐宋元明清中央與地方關係研究》，南開大學出版社，一九九六。
17 陳樺，《清代區域社會經濟研究》，中國人民大學出版社，一九九六。
18 倪建民、宋宜昌主編，《國家地理：從地理版圖到分化版圖的歷史考察》，中國國際廣播出版社，一九九七。
19 周大鳴、郭正林，《中國鄉村都市化》，廣東人民出版社，一九九六。
20 高汝熹、羅明義，《城市圈域經濟論》，雲南大學出版社，一九九八。
21 尹世洪，《當前中國城市貧困問題》，江西人民出版社，一九九八。
22 亢亮、亢羽，《風水與城市》，天津百花文藝出版社，一九九九。
23 折曉葉，《村莊的再造：一個「超級村莊」的社會變遷》，中國社會科學出版社，一九九七。
24 張樂天，《告別理想：人民公社制度研究》，東方出版社，一九九八。
25 王銘銘，《村落視野中的文化與權力：閩台三村五論》，三聯書店，一九九七。
26 張德修，《農村改革親歷記》，人民出版社，一九九八等。
27 楊曉民、周翼虎，《中國單位制度》，中國經濟出版社，一九九九。

28 鄧正來，《國家與社會：中國市民社會研究》，四川人民出版社，一九九七。

29 陳光貽，《中國方志學史》，福建人民出版社，一九九八。

30 王復興，《省史編纂學》，齊魯書社，一九九二。

31 《中國譜牒研究》。

32 陳板主編，《大家來寫村史：民眾參與式社區史操作手冊》，臺灣省政府文化處，一九九八。

33 新城俊昭，《琉球・沖繩史》，東洋企畫，一九九七。

34 《認識臺灣（歷史篇、社會篇、地理篇）》，國立編譯館，一九九七。

35 宋宜昌等編，《海洋中國：文明重心東移與國家利益空間》（三卷），中國國際廣播出版社，一九九七。

36 Alvin J. Cottrell and R. M. Burrell, *The Indian Ocean: Its Political, Economic, and Military Importance*. New York: Published for the Center for Strategic and International Studies by Praeger, 1972.

37 Malcolm H. Murfett, *Between Two Oceans: A Military History of Singapore from First Settlement to Final British Withdrawal*, Oxford University Press, 1999.

38 譯注：與「蒸汽船」同音的一種綠茶。當時日本流傳著「泰平の眠りを覚ます上喜撰　たつた四杯で夜も寝られず（上喜撰喚醒太平夢，喝上四杯便再難眠）」的狂歌，諷諭四艘美國船隻到來的時局。

終章

從臺灣來思考東亞史——陳荊和教授（一九一七—九五）的華僑史研究回顧

許佩賢 譯

前言：從臺灣思考東亞史的三個取徑

一九八〇年代末至一九九〇年代初，筆者參加以東亞為中心的亞洲歷史與思想叢書《從亞洲來思考》之編輯作業時，用「從亞洲來思考」一詞來表現「立基於亞洲視野來思考亞洲」一事。[1]其主旨是以亞洲為對象，客觀地觀察、檢討亞洲為目的，但是並不是從外在來觀察、分析亞洲，而是既以亞洲為對象，方法上也是從亞洲內部來思考。本書提出「從臺灣來思考東亞史」此一主題，意味著我們必須從內在思考臺灣與亞洲之間的關係，同時，也思考兩者之間的重層性。

第二次大戰後，《淡新檔案》、《中國海關資料》（一百卷微卷）、《外交檔案資料》、《經濟檔案資料》等，已經編輯、出版了許多關於中國近代史的歷史資料。一九八〇年代以降，臺灣史也開始作為一個地域研究領域不斷深化，臺灣的歷史研究，基於這些成果累積了豐厚的研究史。對筆者的條件而言，還不能充分地從內在思考臺灣，還有很多必須向過去的研究累積學習，也有許多必須向臺灣及世界之臺灣史研究者學習的課題。因此，關於內在的臺灣史研究這樣的課題，本文想提出戰後第一世代的臺灣知識分子之研究，透過其「知域」所描繪的亞洲此一視角來思考，並透過其後推進的研究，來接近本文的主題「從臺灣來思考東亞史」。

以「從臺灣來思考亞洲」這個主題來回顧二次大戰後臺灣之歷史研究的話，我立刻就會想起陳荊和教授及曹永和教授（一九二〇—二〇一四）的研究業績。他們是二戰後亞洲歷史研究的第一世代。我過去即對他們抱有強烈的關心，並且從他們的研究學習很多。陳荊和教授與曹永和教授都生於二十世紀前半，一直到二十一世紀長期從事研究，思考兩位學者作為臺灣知識分子的時代觀，以及在其時代觀下所開展的研究軌跡時，可以看到臺灣知識分子之時代圖像所展現的全球性意義。同時，考察從臺灣知識分子的觀點來看亞洲的歷史，也可以使我們重新思考如何從全球觀點來看地域研究的歷史。

很幸運地，曹永和教授的業績及回顧，已經有很多他自己的著作和專論出版，也有很多回顧及相關研究。臺灣島史、亞洲海域史、東亞貿易圈等基於臺灣立場而提出的觀點，對臺灣研究及亞洲研究而言，都是構想各個地域圖像時重要的視角，不只為大眾接受，筆者自身也獲益良多。[2]陳荊和教授關於越南、東南亞及華僑史的研究，也有重要意義。由於華僑研究為戰後冷戰時期代表亞洲的指標性研究課題，且華僑的民族認同趨勢是冷戰結構的主角之一，因此戰後華僑研究相當盛行。在各種不同視角的華僑研究中，陳荊和教授的華僑史研究是以越南為中心，基於一手史料，以最基本的研究方法，探究東南亞歷史社會之具體趨勢。本文將以陳荊和教授於一九八八年對其自身之華僑史研究的回顧為基礎，探討其華僑史研究的歷史經緯及特徵，藉以追溯這位研究範圍從臺灣橫跨到東南亞之研究者，其「知域」的展開過程。[3]

本文認為「從臺灣來思考亞洲」的方法有三個取徑：⑴全球化與地域研究；⑵海域研究的視野；⑶從「知域」的視角來思考「地域」與「知域」的重層性。以下首先檢討這三個研究取徑，後半部則探討陳荊和教授的演講「東南亞華僑史的研究回顧」。

「從臺灣來思考亞洲」的三個取徑

全球化下地域研究的變化

要思考當前歷史研究的方法論課題和其特徵，必須先提出全球化帶來的地域空間範圍或地域相互關係的變化。此變化解開了過去地域空間的各種限制，用以確認某個空間、起點或終點的時間也鬆動。以往以時間與空間來定位的地域範疇，其定位的指標及基準皆開始流動。

全球化的趨勢，不斷促進全球性的空間認識，因此也不斷改變過去的地域關係或地域認識。過去的地域認識，以「世界」為最上位，其下是亞洲或歐洲等「大地域」，再其次是被畫定領域的「國家」。在國家之下還有「地域」，末端則是「地方」，可以說是由上而下、序列化的地域認識。

相對於此，全球化的趨勢，將這種具有固定上下關係的地域空間全部解放出來，使每個地域空間都有可能與其他地域空間直接且多角性的結合。例如，過去在「國家」之下的「地域」，有可能越過國家成為國際性地域合作的主體。位於末端的「地方」，也有可能與全球性的問題領域直接連結。過去的地域認識，從世界到地方是直線性的、序列化的地域關係，而全球化則連海洋空間也含括進來，改變了過去的地域關係，使其發生多角性連動之歷史動力，將十八世紀以來歷史空間的唯一歸屬——「國家」，也不斷地域化

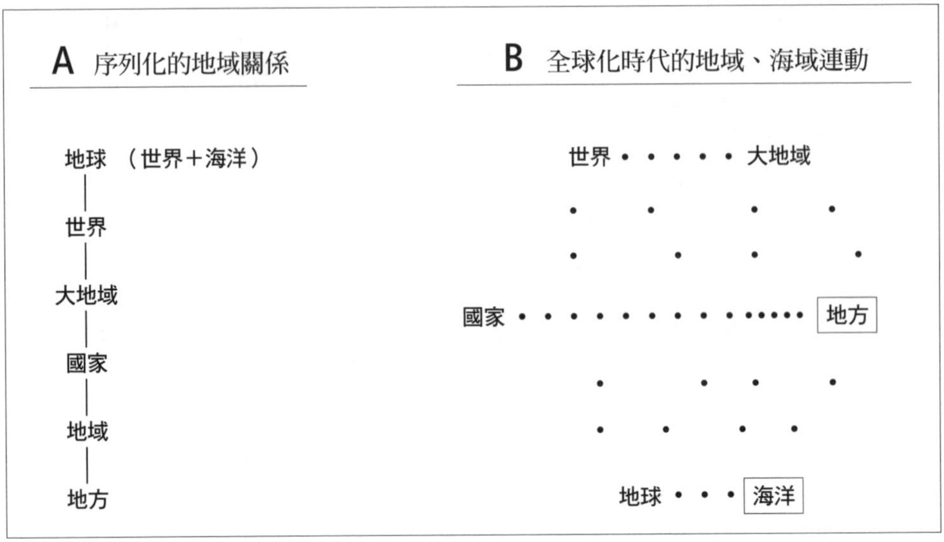

圖1　全球化帶來的地域關係和地域海洋關係的變化

了。此外，過去各種空間是以國家為中心而組成，如今在全球化的趨勢中，地域關係不斷變化，中心不再存在，各個地域皆與其他地域空間相互連動，形成流動的關係。這是因為全球化所帶來的多樣化訊息網絡，使過去固定的地域空間被相對化了。

這個全球化的趨勢，並不僅限於東亞，也大大地改變全世界的地域關係及地域認識。圖1為此關係的圖示。此趨勢對歷史研究或歷史認識的方法，也帶來極大影響。也可以反過來說，歷史研究的方法本身與歷史本身的地域流動分離，是追求固定的地域研究之結果。然而，如下所見，歷史研究中的全球化，反省了過去以歐洲為中心的世界觀，而將東亞、亞洲本身視為全球化的方法及其相應的對象，重新加以檢討。[4]

全球化的趨勢，是改變過去的地域關係，使其發生多角性連動的歷史動力，也使十八世紀以來歷史上的「國家」不斷地域化。這些地域空間，同時也是歷史空間，因此，全球史並不是過去世界史或帝國史的延長或擴大，而是要將這些動態整體地在歷史中定位。全球史雖然可以說是地域研究，但也研究海洋暖化等地球環境問題，或國際貿易，甚至是傳染病或新的地域衝突等全球規模的主題。

同時，在這個流動狀況中，歷史上各種廣狹不同的「地域主義」不斷重新登場，或改變組合而重新出現。其中，亞洲各地域各種歷史空間之秩序理念及脈絡，飛越時間序列同時出現。然而，目前我們所面臨的課題是，從此一不斷流動且被重整當中的框架及地域（統治）理念中抽取其中的歷史脈絡，並將亞洲地政文化所表現出的地域空間之歷史圖像，以及其所帶動的地域秩序理念下被規定的歷史認識，重新置於全球化下並思考其定位。

在這樣的狀況下，可以充分肯定華南研究或華僑華人研究突出的理由。這些內外多層的文化論，整體而言，可以稱之為地政文化。從這個觀點來看，我們必須重新思考過去的亞洲論、近代化、近代國家乃至於亞洲文化空間。[5]

亞洲海洋地域論與東亞、東南亞

全球化之下，與地域、地方論同樣成為重要課題的，還有海域、海洋論。

「亞洲」一詞本來是從希臘、歐洲所見之東方，為東邊的遠方之意，未必指稱特定的地域，主要是指方向。從古代希臘來看，波斯所在的位置稱為小亞細亞，這雖然在某種程度上也可以指地域，但仍是以希臘為中心，指其東邊方向的亞洲之意。因此，作為歷史主體的亞洲，從亞洲方面來看的自我認識或自我主張究竟為何，這是亞洲之歷史研究的問題。

現在思考東亞地域時，這裡的亞洲論可以視為海域論，出現在東亞歷史登場的各種海域論，以及與這些海域論之間展開的「規定—被規定—再規定」的循環中。中華或華夷思想中的邊陲，以東洋、西洋、南洋、北洋等地政上的海洋來表現，在此過程中，海洋有時脫胎換骨，擴大為國家、地域甚至是域圈，歷史空間也在此海域分類下分歧而被重新分類。

「東洋」海域論的脫胎換骨——從「東洋」到「日本」

我們應該從歷史上來思考並且反省過去僅用陸地的視野來認識海洋。本節擬探討海域概念如何生成，以及如何於不同時代，基於華夷地域的四方視野而被使用。「東洋」、「西洋」、「南洋」、「北洋」等名詞具有什麼樣的地域表現之歷史，也就是海域認識或世界認識的歷史呢？

「東洋」一詞，在中國史中是指由中華所見之「東洋」，也就是指「日本」或朝鮮、日本、琉球一帶。我們必須了解東洋指涉的範圍，因時代而不同。也就是說，東洋一詞，字面上是在講「海域」，好像是在表示海的方位，實際上是用來指涉其海域所接連的陸地。特別是以自己為中心，表示在「中華」構想下位於東方邊陲的朝貢國之夷。自古以來，特別是十七世紀末到十九世紀中葉為止，即從江戶時期到明治初期，日本知識分子也處於以儒教古典學問（稱為漢學）為基本的世界認識體系中。即使在明治時期的日本，漢學也是將東洋當成日本，從《東洋女訓叢書》[6]等書可見一般。但是在國史登場後，東洋史與日本史就此「分割」。這裡的「東洋」，在空間上已經從指涉日本的東洋，脫胎換骨為主要指東亞、東北亞、中亞等地的東洋，甚至不斷擴大化，變成指涉與西洋對比的東洋，以東洋為亞洲之意。[7]如《東西洋考》等書之書名所見，西洋在中國史中同樣是指西方，也就是從南方出入口的廣州（廣東）直線南下的航海線以西，便是「西洋」。因此，相對於中華的「西洋」，日本知識分子將歷史上指稱中華之西方的「西洋」從海置換為陸地，指文明程度高的「西洋」，亦即歐洲或歐美。

從這裡可以看到明治知識分子對中華文明、清末變動等變化的緊張感。日本近代化的過程，強調「西洋＝歐洲」與「東洋＝亞洲」對比，可以說是明治知識分子與「中華」和「清朝中國」對抗、脫離、爭辯的過程，也就是想將日本抽離出來的「亞洲圖像」。

由上可知，所謂「東洋」，從中國史來看的話，本來是指「日本」。從日本來看的話，是指「東亞、東北亞、中亞」，這種東洋的自他之別被明確化了。甚至可以看到日本修正過去過度重視「中華」或中國史，強調作為國家的「日本」，而重新用東洋這個詞來指涉與過去「漢學」（中國史）不同的、複合的亞洲史。

東洋與亞洲

表示海的「東洋」與海漸遠。「東洋」本來是指「海域」，是中華空間的一部分，「明治國家」將之變成陸地（地域）時，就變成「日本」、變成「亞洲」。在這些「東洋」的展開過程中，思考亞洲與日本關係的「亞洲觀」，有兩種理解方式：第一種是把日本與亞洲分開來看，亦即「亞洲與日本」的理解方式。第二種是將日本置於亞洲之中，也就是「亞洲中的日本」的理解方式。這些亞洲觀，在近現代史中通常都是將亞洲與歐洲對比來認識亞洲。因此，在這種亞洲觀中，明治知識分子對亞洲內部，亦即在同一個文化空間中的中華與日本之關係，並不會產生緊張感。也就是說，明治以降為了對抗「中華」，他們以「東洋」、也就是「亞洲」來作為替代詞。也因此就出現了第三種理解方式，即「作為亞洲的日本」這種圈域式的亞洲觀。另一方面，從中國方面來看，「東洋」也仍然包括歷史上的日本，也就是說同一個詞被賦與了不同的意義。然而，這種「東洋」即「亞洲」的觀點，是否真的能再度轉換，並傳遞給中國、韓國的知識分子呢？勉強要說的話，中國知識分子心中的「亞洲」，可能比較接近「東西洋」這種「海洋」的範圍。與其說他們認知到「域圈」這樣的特定空間，不如說他們有時把它當成方向概念，有時則是將眼前的交涉對象擬人化。

政策中的海域論（南方、南洋論、北方論）與亞洲論

亞洲論基本上與亞洲政策密不可分。換言之，因亞洲政策之必要性不同，就會出現不同的亞洲論。民族政策、經濟政策、勢力圈的形成等，因不同的目的或動力，而有不同的亞洲政策。在此，出現「亞洲主義」、「大亞洲主義」、「大東亞」等廣域統治的詞彙。此外，亞洲政策中的海域論，不只反映在政治、軍事方面，也會反映在大學的學問分類、學科分類。臺北帝大設置「南洋史」、「南方論」講座，是其典型例子。而此「南洋史」是「東洋史」的一部分。

「東洋史」一詞背後的思想，是明治中期相當「新」的學問，而此學問分化的標準是以歐洲為中心的世界史。此時導入的兩種世界史標準，一是國際商業的隆盛，二是基於富國強兵的國力表現。在那珂通世（一八五一——一九〇八）於二十世紀初期撰寫的東洋史中所看到的歷史評價標準，長期以來即是「近代日本」的歷史認識標準。[8]

地域與知域的重層——從「知域」來看重層的亞洲

地域概念基本上與地理概念或空間概念相通。但是，自然地理固不用說，人文地理的方法也一樣，此種情形下的地域概念，無法充分以該地域所具有的地政、地政文化等思想文化來表現其地域圖像。過去的歷史研究，從十八世紀末到今日的數百年間，都是以國家或民族為單位來設定地域，並且認為其範圍與該地域之自然地理，甚至是領土、領域、領海等地域與海域的空間重合，因此將這些領域中的地政或地政文化等文化要素也納入地域。然而，地政文化並不限於一個國家或民族，而必須討論其思想文化。從這種問

題關懷設定「知域」這個概念，使知域與地域分屬不同層次來設定歷史空間，考察其動態，才能更深入掌握該地之地域圖像、海域圖像。

「知域」這個表述所隱含的內容，有時會用「學知」、「民知」等不同的詞彙來表現，在這種知識上加上「地域」概念，就是可以反映這些東西的地域圖像。透過「知域」這個概念，不是要將時代思想與歷史的關係、也就是知域與地域的關係直接連結為因果關係，而是要試著掌握兩者的互動。只是，「知域」並不能給予明確的定義或範圍，而是例如全球化的動態可以解開與地域概念的相互關係一般，「知域」可以試圖改變過去被限定住的概念範疇。也就是說，如同因全球化而使地域關係開始流動一般，重整過去因為學科或學問類別太過細分化而產生的各種問題，將思想、文化、知識的範圍重新給予複合、重層的定位。透過此種作業，綜合考量知域相互間產生的各種複合組成，而重新得到可以含括變動、流動之地域與海域的「知識空間」。「知域」設定的背景，是由於現存且仍持續不斷細分化的學問、思想分類，無法對應變動的世界。因此與其歸納、分析原因，不如有意識地設定兩者可以流動的場域。

換言之，知域的設定可以幫助我們整體理解過去個別或持續的問題，它是知識傳播與思想空間往復的場域。因為全球化使地域空間的相互關係開始流動，地方或海域等以國家為標準的場合，便使存在於周邊的對象流動化，甚至登上歷史舞台成為主角。在這個過程中，歷史上的基本概念或思想都被解放了，概念間的相互關係也被解放了，歷史性概念也流動化了。

地域是表現社會性行動範圍的空間概念，知域是表現社會性認識範圍的空間概念。過去亞洲的實況與亞洲的思想被分開來看，現在可以試著合起來看。「知識」所具有的「知」與「地域」所具有的「域」組合起來，一方是把知識所具有的普遍性放在地域性的空間中，另一方面是超越地域空間，融通無礙地論述。知域的研究未必有明確的概念裝置，而是在不斷流動的過程中琢磨兩者往返的框架。

如果從知識出發，有可能會淪為只討論學知或民間知等學問分類或學科。而如果能思考知的地域性，考慮流動的、動態的知域，則可以用西洋知、東洋知或南洋知等來表現亞洲地域特有的相應知識或思想。同時，地域的知識也可以與地域空間分離，向外擴大，接受不同的知域。

「從臺灣來思考東亞史」這個主題，也是以「知域」與「地域」交錯、互動，以及「知域」本身的重層化，來描繪臺灣知識分子「知域」之擴大及動態的過程。

如上所見，以⑴全球化、⑵海域論、⑶「知域」概念的設定，發現多樣知識認同的探討，不只是在同時代歷史中追溯知識分子研究的歷史，也可以在現代的新狀況中重新認識該歷史。

陳荊和教授的華僑研究與冷戰期的東南亞研究

一九八八年時，陳荊和教授擔任創價大學亞洲研究所所長，在長崎舉辦的第一屆近代日本華僑學術研究會中發表記念演講：「東南亞華僑史研究的回顧」。演講記錄刊載在《近代日本華僑、華人研究》。[9] 對越南王朝史料及華僑史資料編輯投注極大心力的陳荊和教授，在這個記錄中加入了他自己的研究動機及自我評價等補充，是非常珍貴的記錄。以下介紹其中的一部分。

陳荊和教授的華僑史研究回顧
——華僑史研究的動機及「知域」的範圍

陳十六荊和教授研究華僑史的第一篇論文是利用 Blaire & Robertson 的 *The Philippine Islands*[10] 及其他相關資料寫成的〈菲律賓華僑大事誌——十六世紀至十九世紀華僑史事年表〉。[11] 這絕非偶然，而是由於當時將亞洲整個捲入的時代背景。他從 *The Philippine Islands* 所涵蓋的時間，即一五二一年麥哲倫艦隊發現菲律賓群島開始，至一八九八年美軍占領馬尼拉期間，篩選其中關於菲律賓華僑的項目高達一九〇項，加上注釋。其後，吳景宏也發表《西班牙時代之菲律賓華僑史料》。[12]在第二次大戰後全球華僑活躍的狀況中，〈菲律賓華僑大事誌〉回溯數百年來西班牙統治馬尼拉的歷史資料，這些資料因菲律賓從西班牙所屬變成美國所屬而被英譯，使得關於菲律賓華僑的歷史研究迎來一大轉機。

The Philippine Islands 之索引中，Chinese 的索引項目比 China 多三倍，Chinese 有一萬五千三百筆，China 有五千筆。此時期亞洲各地 Chinese 記載之多，不禁令人聯想起第二次大戰後的情況。第二次大戰後，亞洲各殖民地獨立，舊殖民地的華僑開始活躍，兩者有類似之處。此外，Taiwan、Formosa、Great Ryukyu、Small Ryukyu 等，則被放在島嶼項下的次分類，其中 Formosa 有七百二十筆，Ryukyu 有一百八十筆。由此可見，關於 Taiwan、Formosa、Ryukyu 的歷史訊息，主要並不是由陸地而來，而是由海上而來。[13]從這一點也可以知道，對華僑的注目，特別是對華僑貿易活動的注目，即是要從海洋、海域來理解菲律賓。其中陳荊和教授特別留意赴菲律賓之華僑使用西班牙白銀的交易。由其記述可知，這是由海洋貿易而導出的華僑研究。以下引用該論文關於西班牙白銀的部分。

> 如此進入中國港口之西銀至嘉靖、萬曆之間則逐漸被用為通貨，並且為促使中國由古來銅本位之貨幣制度改為銀本位制度之要因。銀貨流入之來源雖不僅呂宋一地（後自葡國、英國均有流入），惟呂宋之西班牙銀實占最重要之地位。華僑為爭取此等銀貨而挺身遠航，彼等在中國金融經濟史上之貢獻值得吾人重視。
>
> 由上所述，可知西屬時代華商在馬尼拉之商業活動實為西國經營菲島之一有力支撐。華僑對菲島之貢獻並不止於西屬時代。四百年來菲島之經濟建設率多由於華僑之力。然實際上華僑之處境一向甚

苦，不但在商業活動、居住、或職業選擇方面盡受嚴苛之制限，在明清兩朝不管政策之下，且不時遭受西人之壓迫、剝削，乃至數度發生華僑被集體殘殺之慘事。

關於菲島華僑慘澹經營之歷史及其偉大貢獻，迄今未見有詳細可靠之研究。筆者有鑑及此，乃參考近年來比較有權威性之幾種專著，編成西屬時期菲島華僑史事年表，藉供吾人追溯先人創業維艱之經過，增益吾人景仰之忱。此篇為一瑣碎而缺乏統一性之個別史實之集成，於此吾人僅可見及西屬時期華僑動態之一斑，至於更有系統性的，詳細的調查研究，尚有待於吾人今後之努力也。[14]

其次，以下引用陳教授的〈講演錄〉，說明其關於越南華僑的研究。

一九六二年，我離開越南去香港，出任新亞研究所東南亞研究室主任。後於一九六四年六月，擔任新成立的中文大學之高級講師。這幾年是我研究生活最充實的時期。我的研究室有來自慶應的大澤一雄、可兒弘明、木村宗吉；來自越南的段擴、來自哈佛的 Alexander Woodside 等優秀研究者，亞洲財團的援助也很充裕，因此陸續出版了好幾冊的研究專刊及史料專刊。其中與華僑史有關者有：鄭懷德撰，《艮齋詩集》（東南亞研究專刊之一，一九六二）

拙著《承天明鄉社陳氏正譜》（東南亞研究專刊之四，一九六四）

這些都是順化大學時代收集的新史料，加上我的解說而出版。一九六八年八月，在馬來大學舉行亞洲史國際會議，我介紹越南中部商港會安洋商會館的碑文，該報告全文收錄於翌年（一九六九）出版的 *Southeast Asia Archives*（Vol.II, Kuala Lumpur）。[15]

關於經營河仙的鄭玖、鄭天賜父子，他說明如下：

我從很久以前就對十八世紀鄭玖、鄭天賜父子在河仙鎮（清朝史料的港口國）的經營很有興趣。在國立臺灣大學時代，曾在《文史哲學報》（K.7.1956）發表〈河僊鎮叶鎮鄭氏家譜注釋〉；一九六七年發表〈河仙鄭氏の文學活動、特に河仙十詠に就いて〔河仙鄭氏的文學活動——以河仙十詠為中心〕〉（《史學》，K.40,N.2–3），介紹河仙十詠全文，這是蒐集河仙都督鄭天賜與中越文人墨客之詩文應酬及唱和的作品。一九六九年臺灣的《華岡學報》（第五期）刊載我的〈河仙鄭氏世系考〉。這是接受越南考古院委託，逐一介紹留在河仙鎮屏山鄭氏一族的墓碑，追溯其家系，我認為這是關於華僑王國河仙的重要史料。接著，一九七七年八月，在曼谷舉行第七回 IAHA〔International Association of Historians of Asia〕的會議中，我提出題為"Mac Thien Tu and Phraya Taksin, A Survey on Their Political Stand, Conflicts and Background"的英文論文，利用中越史料及當時宣教師的書信，詳細探討河仙的鄭天賜與暹邏 Tomburi 朝 Taksin 王（鄭昭）間微妙的利害關係、政治對立及其背景。這篇論文在泰國學界受到肯定，朱拉隆功大學泰研究中心主任 Pensri Duke 女士取得我的同意譯成泰文；同年十二月初，在京都大學舉行的日本東南亞史學會之後，十二月五—六日於京大東南亞研究中心舉行了關於河仙（港口國）的小型研討會，即是以這篇論文為中心。這次會議中，剛好在京大的 Chamvit Kasetsiri 發表〈Taksin Rama I 期河仙王國關係史料〉；大阪外語大學的吉川利治發表〈從泰年代記所見之柬埔寨、越南關係史〉；久光由美子女士發表〈柬埔寨年代記所見之鄭、阮、札克里關係史〉，針對河仙複雜的對外關係，基於各自不同領域的史料，進行熱烈討論。這次會議還有山本達郎、藤原利一郎、石井米雄、櫻井由躬雄等人參加，本來想將綜合討論的內容發表成文章，可惜沒有實現。[16]

陳荊和教授研究的特色是在國際會議報告，並基於該報告發表論文，以進行國際交流及國際研究。

如上所見，陳荊和教授將他對自己研究動機及成果的感想，收錄在演講錄的最後。他以自己所整理的高達三十二篇華僑史研究論文目錄，來總結整個華僑史研究。楷體字為陳教授所做的補充。

演講記錄中提到演講時介紹的論文〈東南亞華僑史關係著作目錄〉（陳荊和，一九八八年十月調查）。從一九四三年至一九七九年共三十二篇論文，初期的論文有：

〈咬嵧吧總論〉

單著，一九四三，《史學》第廿二卷第一號，頁七三—九四，東京。是關於在大英博物館發現的十九世紀爪哇島之中文史料的解說。

〈菲律賓華僑大事誌〉

單著，一九五三，《大陸雜誌》第六卷第五期，頁一——一六，臺北。為十六—二十世紀菲律賓華僑史年表。

〈林鳳襲擊馬尼拉事件及其前後（1565－76）**〉**

單著，一九五三，《學術季刊》第二卷第一期，臺北。討論西班牙統治初期，襲擊馬尼拉的中國海盜林鳳之特色及該事件之前因後果。

〈八聯市場之設立與初期中菲貿易（上、下）〉

單著，一九五四，《大陸雜誌》第七卷第七—八期，臺北。討論華僑集中居住的 Parian 設置之原因及年代。

關於越南最早的論文是：

〈河僊鎮叶鎮鄚氏家譜注釋〉

單著，一九五六，《文史哲學報》第七期，頁七八—一三九，臺北。以十八世紀在南越的河仙維持自治政權之鄚氏家譜為中心，解說相關史料。

關於東南亞貿易有：

〈17世紀之暹羅對外貿易與華僑〉

單著，一九五八，《中泰文化論集》，頁一四七—一八八，臺北。考證十七世紀暹羅華僑經濟活動的概況及國都大城（Ayutthaya）的華僑町所在位置。

〈清初華船之長崎貿易及日南航運〉

單著，一九五八，《南洋學報》第十三卷第一輯，頁一—五七，新加坡。整理清初東南亞各地及華南地區赴長崎貿易的華僑船舶清單，概說與日南間的航運。

此外，與暹羅的貿易有張美惠，〈明代中國人在暹羅之貿易〉，廣泛利用Kaempfer的《日本論及暹羅論》等歐文史料，由此可看到當時臺灣研究者對東南亞研究的關心。[17]

陳荊和教授從一九六〇年代即開始蒐集越南、新加坡、馬來西亞的華人碑文，其中以越南最多。他在收集資料同時也加以編輯，依不同領域透徹調查之後再進一步收集，提示了華僑、華人史資料研究之基礎研究方法。其成果可列舉如下：

〈河仙鄭氏世系考〉

單著，一九六九，《華岡學報》第五期，頁一七九—二一八，臺北。從留在南越河仙屏山的鄭氏一族歷代墓碑，嘗試構成鄭氏一族系譜。

'On the Rules and Regulations of the 'Duong thuong Hoi-quan' of Faifo（Hoian）, Central Vietnam,' Paper originally presented to the International Conference on Asian History, 5–10, August, 1968, at University of Malaya, Kuala Lumpur.

單著，一九六九，*Southeast Asian Archives*, Vol.II, Kuala Lumpur.　介紹會安的洋商會館碑文全文，探討其中可見之會館的共濟活動及其特性。

《新加坡華文碑銘集錄》

與陳育崧共編，一九七二，香港中文大學出版部，香港。蒐集新加坡華僑相關的寺廟、學校、會館等保存的中文碑文，加以分類及解說。

由上可見，他全面性地調查原始資料、全文收錄、整體研究，透過這樣的方法，對其後華僑華人史研究開創了重要的新局，因此受到高度評價。

接下來，他將焦點放在東南亞成立的華僑自主政權，進行比較研究。這些可以說是踏入東南亞華僑之定位及歷史意義的研究，對其後的研究有重要的啟發，以下是相關論文：

〈十七、十八世紀の東南アジアにおける華僑の自主政權〉

單著，一九七四，《民族文化》第10巻第1-2號，東京。十七—十八世紀東南亞出現之華僑自主政權（河仙的鄭氏、暹羅的鄭昭、宋卡 [Songkhla] 的吳讓、西婆羅州的蘭芳公司）成立之經緯，加以比較考證。

'Mac Thien Tuand Phraya Taksin, A Survey on Their Political Stand, Conflicts and Background,' Paper Presented to the 7th Conference of IAHA, held at Bangkok, 1977.

單著，一九七九，Proceedings, Seventh IAHA Conference, Vol. II, pp.1535–1575, Bangkok. 透過中、日、歐、越南及泰文史料考察十八世紀在越南南部河仙（Hatien）維持自立政權的雷州人鄚天賜，以及同一時期成為暹羅國王的潮州人鄭昭（Phraya Taksin）的關係，兩者的對立及鬥爭之背景。

他自一九四三年發表第一篇論文以來，一九五〇年代有十三篇論文，一九六〇年代有兩篇論文，一九七〇年代有六篇論文，分別以中文、英文、日文發表。

東南亞研究所的構想

一九六三年時，陳荊和教授在香港中文大學新亞書院提出計畫，要設立專門從事東南亞研究（包含華僑史研究）的研究所。該計畫包括以下五個項目，顯示他重視東南亞之語言研究、現地研究及國際研究。

Ⅰ　設置關於東南亞的圖書館、文庫

Ⅱ　指導專門研究東南亞問題之研究生

Ⅲ　舉行關於東南亞研究的特別講座、國際會議

Ⅳ　出版包含華僑史研究在內的東南亞研究專門刊物

Ⅴ　推進與海外大學及研究機關共同研究

設立研究所的主要目的，是可以讓研究生對東南亞的特有問題，進行田野調查及研究。[18]特別是第Ⅴ項目預定交流的對象，已提出具體的大學、研究機關名稱。可見他在與亞洲各地的交流中，對各地研究狀況有詳細的理解。

Ⅴ　推進與海外大學及研究機關共同研究

該計畫可分為兩個部分：

(a). 與東南亞機構之共同研究

讓新亞書院成為遠東學者的討論平台，並期望協助發展源於東南亞國家自身問題之研究。我們會利用所有機會並配合特定計畫，來與東南亞的大學及機構合作。我們的計畫將首先在越南展開。接下的兩年間，我們計畫：

(1) 與順化大學及越南國家圖書館暨檔案館合作，推進阮朝宮廷檔案目錄的編輯及出版。

(2) 與越南考古研究院合作，蒐集並查核越南史上的歷史文物。

我們正在與上述單位協調，以實現這些計畫。

(b). 與下列已進行東南亞研究或對此有興趣之大學及機構交流研究成員、出版品與資料等。

(1) 東南亞地區：香港大學、國立臺灣大學西貢大學、順化大學、大叻大學、越南考古研究院、越南國家圖書館暨檔案館、朱拉隆功大學、仰光大學、緬甸研究學會、馬來西亞大學（吉隆坡）、新加坡大學、菲律賓大學、新加坡東南亞研究所、新加坡南洋學會。

(2) 日本：東京大學、慶應大學、東洋文庫、東洋文庫研究部、京都大學、京都大學人文科學研究所、亞細亞大學。
(3) 歐洲：巴黎大學中國學院、萊登大學、法國遠東學院、倫敦大學亞非學院
(4) 美國：康乃爾大學、耶魯大學、哈佛燕京學社、賓州大學、史丹佛大學、紐約大學、加州大學、國會圖書館、密西根州立大學、人類關係區域檔案、印第安納大學、國際研究學院、密西根大學拉克哈姆研究生院、印第安納大學研究生院
(5) 紐澳地區：澳大利亞國立大學、威靈頓維多利亞大學
(6) 南亞地區：賈瓦哈拉爾·尼赫魯大學印度國際研究院[19]

如這個計畫所見，其最大特徵是包含華僑史研究的同時，也重視東南亞現地的研究。此外，學術研究交流對象的大學及研究機關，都是陳荊和教授以自己的東南亞史研究、華僑史研究中建構起來的學術關係。將東南亞分類成東南亞諸國以及包含香港、臺灣在內的東南亞地區兩類，在研究史上也非常有意思。東南亞這個地域概念，是在第二次大戰後世界局勢及世界戰略中被提出來的地域概念，亞洲財團的研究支援也是其中之一。如同東亞在第二次大戰中被分在極東地區一般，是因第二次大戰時世界勢力配置而出現的區分，其中也可以看到戰後華僑的角色定位。南洋學會（South Sea Society）則是代表新加坡、馬來西亞的此種趨勢。[20]

陳荊和教授自己的回顧中提及，研究生活最充實的時期是香港時代。他於一九六三年在香港中文大學新亞學院規畫設立東南亞研究所，策畫一個綜合的研究計畫和研究組織，亦即「知域」的研究交流。

關於「華僑史研究今後的課題」

一九六三年在香港中文大學新亞學院設立東南亞研究所的二十五年後，一九八八年時，陳荊和教授擔任創價大學亞洲研究所長，並在長崎舉辦的第一屆近代日本華僑學術研究會上做記念演講。在這次演講中，他說：「今後的研究應該如何，或是說我自己今後想從事什麼樣的工作，也就是我給自己的功課」，而列舉了五點今後華僑研究的課題。[21]

1. 華僑史研究對象必須從個別的點擴張到線或面，將華僑視為一個集團，究明各領袖或集團間的關係（對立或合作），同時留意其與現地政權及社會的相互關係。〈十七、十八世紀之會安唐人街及其商業〉、〈十七世紀之暹羅對外貿易與華僑〉、〈承天明鄉社與清河庯〉等一連串論文即是基於此立場所寫……。[22]

2. 從史料面來看也是一樣，如果只是羅列中國歷代史書片斷的記錄，不能說是華僑史研究，應該要積極地使用日本、越南及歐洲的史料。例如，關於鄭天賜與 Phraya Taksin 關係的論文，我因為不懂泰文，因此附註 A Study… in the Light of Non-Thai Sources。法國的 Jacqueline de Fels 女士使用豐富泰文史料而寫的 Phraya Taksin 傳記（*Somdet Phra Chao Taksin Maha rat*, tome I et II, 1976），可以提供我們參考……。東南亞華僑史研究中，使用荷蘭或英國東印度公司歐文史料，從岩生成一教授、中村孝志、箭內健次、曹永和、賴永祥、藤原利一郎諸人開始，今日已成為常識，但天主教傳道的相關史料，還沒有被充分利用。例如，十七、十八世紀印度支那華僑史中，Adrian Launey 的 *Histoire de la Mission Cochinchine*, t. I–III, 1923–25; *Histoire Generale de la Societe Mission Etrangeres*, 3 vols, 1984, Paris; *Histoire de la Mission du Tonkin, Documents, Historiques, 1658–1717*, Paris, 1927 等宣教師的書信或報告之類，尚未被充分利用。……十九世紀以降，則一定要利用新教傳道會的記錄或在東南亞各地活動的牧師之報告。例如倫敦傳道會（London Missionary Society）相關史料、

The Missionary Magazine and Chronicles, relating chiefly to the Missions of the London Missionary Society, 1841。此類文獻以前香港的羅香林先生曾在《香港與東西文化之交流》（香港，一九六一）一文中提出，我自己最近受其裨益……。[23]

3. 導入社會學式的調查方法，具體地解明移居到東亞或東南亞各地的中國移民，如何一代一代逐漸融入當地社會、土著化的過程，這是今後華僑研究相當重要的課題。我過去曾經調查明末清初移住到長崎的中國人土著化之過程，蒐集了若干史料。我感興趣的是唐通事及其子孫與當地社會的關係。只看姓氏也很有趣。明治三十年（一八九七）翻刻的潁川君平編《譯司統譜》中，有鄭永寧的跋文，其中寫到自慶長至元祿之間（十七世紀初年至末年）擔任唐通事的長崎華人家族，將原姓改為倭姓之始末。例如單姓的陳改為潁川；林改為二木；柳改為柳屋；張改為清河；魏改為鉅鹿（おうが）；河改為河副；徐改為東海；熊改為神代（くましろ）；而複姓歐陽則取其中一字，變成陽。第一代時一般還用中國原姓，第二代、第三代便改為日本姓氏，但仍然致力保留原姓的影子。可能是因為中國人最忌諱「忘祖」。[24]

4. 另一個吸引我的現象是，即使是同樣的中國方言集團，因移住地不同，其在地化的過程及樣貌也相異。例如，可以比較越南的明鄉（Minh-huong）與菲律賓華人混血兒（Chinese Mestizo）。一九六四年，我將越南中部古都順化附近承天明鄉社陳家的家譜介紹給學界，其第一代陳養純，為漳州府龍溪縣二十八都四鄙玉洲上社出身，一六五〇年左右移居越南中部，到現在已經第十一代。陳家一直使用陳姓（Tran），每一代的名字則依序使用以下六字取名，即第一代到第六代分別是養、懷、週、元、士、朝，第七代以後又重覆。這是中國的習慣，但在中國不常看到第七代以後仍沿襲此命名習慣。如菲律賓總統艾奎諾（Corazon Aquino）夫人的曾祖父許玉寰（一說許尚志），一八六一年從故鄉福建省龍海縣鴻漸村（位於廈門東邊，搭車約一小時的距離）渡海到呂宋島，雇用當地女性從事甘蔗栽培而致富，他們家被稱為 Cojuangco family。Co juangco 是「許寰哥」的福建話發音，因此，總統結婚前的名字是 Corazon Cojuangco。……菲律賓福建系所謂華人混血兒，在語尾加上 Co 的姓很多，值得注目。……[25]

5. 過去與華僑有關的會館、寺廟、義塚、學校等處的碑文或墓碑，作為華僑史的史料受到注目。但今日這一類碑文的收集、整理已告一段落，接下來應該要開拓會館、商館、學校的記錄、帳簿、書簡、宗親會的族譜、古剎的過去帳[26]之類。前幾年，大阪大學的斯波義信將函館中華會館自幕末以後的文書介紹給學界，也公開長崎泰益號的記錄及文書一萬多件，讓研究會成員整理，並加以利用，逐漸有成果發表，這對近代日本華僑史研究而言是劃時代的大事。[27]

這裡所提出的今後華僑史研究的五個課題，對象雖然是華僑史研究，但這幾個項目，同時也反映了陳荊和教授自己的「知域」、這樣的「知域」如何在東亞及全球化中重層形成之過程，以及他對其中主體性研究之樣貌的認識。資料研究及研究資源的定位、各個研究者的特徵及他們各自研究的配置與自己研究的關係，具有全球性，但卻不會感覺到有地理或地域上的距離或隔離感。我們可以自然地感受到知域所具有的廣度，與全球性的配置及其相互連動。像這樣把自己放在研究史上定位的方法，對於「從臺灣來思考東亞史」如何往全球性展開，提示了很好的方向。[28]

結論——從「知域」思考臺灣與東亞世界

陳荊和教授與曹永和教授兩位學者共通的特徵之一，即是基於系統性的大規模歷史資料進行研究。他們都具有宏大的歷史綜合能力，充分琢磨能表現歷史變化的歷史資料，同時以多角化的視野、複數的分析方法進行資料研究，並且與多方面進行研究交流，總合這些過程來描繪時代圖像。我想重新強調的是，他們將歷史研究的基礎置於資料研究之上，認為資料研究才是個別研究成果的大前提。

歷史研究的一大課題，是讓過去的歷史資料在現代復甦，提供生活於現代的人們利用。因此，生活於現代的我們，可以推導出長期的歷史脈絡，讀取歷史史料映照出的現代。在這個過程中，必須將現代的資料編輯為歷史資料集，提示與未來連結的方向。也就是說，現代世界也是歷史的一部分。這麼想的話，就可以透過資料在歷史脈絡中重新定位現代世界。未來世界也是與現代連結的部分歷史。這麼想來，思考從未來所見的歷史、從未來所見的現代，也是我們歷史研究的重要課題。如何整理歷史史料，也是我們歷史研究者應該要問的問題。

讓我們這樣思考歷史的現代基本條件，正是因為我們生活在全球化的世界。所有的歷史主體都必須先確認自己在全球中的定位。歷史是現代的歷史，同時也是未來的歷史。現在歷史研究最大的課題，就是無論是思考哪一個層次的地域或海域，基本上都是全球性的取徑。所有的地域史都被要求做全球性的設定，被要求由全球性歷史主體來討論。這對從十八世紀後半以來持續三百年以上、以國家為中心來討論歷史的研究傳統而言，是相當困難的課題。

本文所提出的問題是：在全球化這種新的研究條件中，如何把歷史研究與思想研究的關係嵌進臺灣的歷史時間，以此來理解活在亞洲這個「知域空間」的臺灣知識分子之樣貌，同時也將其召喚至現代。也就是說，我們要問的是：地域之歷史層累而成的歷史認識，而這種重層性對知識分子「知域」的形成，又有什麼樣的影響。

陳荊和教授開始研究的時期，是第二次大戰及戰後冷戰這種巨大的轉換期，同時也是有很大限制的時代。但在另一個意義上，這也是各種問題出現全球化現象的時期。我們也都認為現代也是一個大轉換期，是全球性的轉換期。在「從臺灣來思考東亞史」此一課題下，我們學習陳荊和教授、曹永和教授的「知域」，出現許多「知域」與「知域」的重層，如無止境，而這也成為迫使我們必須設法重現現代的「知域」。[29]

注釋

1 溝口雄三等編，《アジアから考える（一—七巻）》，東京大學出版會，一九九三—四。〔編注：可參閱本書第1章。〕

2 曹永和，《臺灣早期歷史研究》，聯經出版，一九七九；曹永和，《臺灣早期歷史研究續集》，聯經出版，二〇〇〇；曹永和，《曹永和院士訪問紀錄》，中央研究院臺灣史研究所，二〇一一、二〇一四。

3 長崎華僑研究會主辦第一屆近代日本華僑學術研究會，陳荊和教授記念演講，〈東南アジアの華僑史研究を回顧して〉。陳荊和，〈東南アジア華僑史研究を回顧して〉，《近代日本華僑・華人研究（第一回国際・近代日本華僑学術研究会論文集）》，近代日本華僑學術研究會，一九八八。以下稱〈講演錄〉。

4 濱下武志，〈初期グローバル・ヒストリー・ノート〉，《グローバル・ヒストリーの挑戦》，山川出版社，二〇〇八；濱下武志，〈全球視野下的東亞區域關係史——多層／多角性的區域關係〉，《歐亞區域史研究與絲綢之路》，社會科學文獻出版社，二〇一九。

5 Carolyn Cartier (2001): *Globalizing South China*. Blackwell Pub. Aihwa Ong (1999): *Flexible Citizenship: The Cultural Logics of Transnationally*. Durham, NC, Duke University. Wei-ming Tu (1991): "*The Living Tree: The Changing Meaning of Being Chinese Today*". *DAEDALUS*, Vol.120, No2, Spring.《讀書》雜志編，《亞洲的病理》，三聯書店，二〇〇七。

6 女子之友記者編。東洋社，一八九一—二。

7 濱下武志，〈海域世界のネットワーク——西洋・東洋・日本の海域再考〉，《海域世界のネットワークの重層性》，桂書房，二〇〇八。

8 三宅米吉，〈文学博士那珂通世君傳〉，故那珂博士功績紀念会編，《那珂通世遺書》，大日本圖書，一九一五，頁一—六六；白永瑞，〈「東洋史學」的誕生與衰退——東亞學術制度的傳播與變形〉，《臺灣社會研究季刊》，五九（二〇〇五．九）；陳瑋芬，〈自我的客體化與普遍化——近代日本的「東洋」論及隱匿其中的「西洋」與「支那」〉，《中國文哲研究期刊》，十八（二〇〇一年三月）；吉澤誠一郎，〈東洋史学の形成と中国——桑原隲蔵の場合〉，《「帝国」日本の学知　第三巻——東洋学の磁場》，岩波書店，二〇〇六。

9 近代日本華僑学術研究会編，一九八九年四月。

10 Blair Emma Helen and Robertson James Alexander (1907–1908): *The Philippine Islands, 1493-1898*. 55 vols. Cleveland, Arthur H. Clark Company.

11 陳荊和，〈菲律賓華僑大事誌——十六世紀至十九世紀華僑史事年表〉，《大陸雜誌》，六卷五期（一九五九年三月），頁一三七—一五四。

12 吳景宏，《西班牙時代之菲律賓華僑史料》，《南洋研究》第一卷，一九五九。

13 鄭永常，《明清東亞舟師密本：耶魯航海圖研究》，遠流出版社，二〇一八。濱下武志，〈海洋が生んだ世界図——龍谷大学蔵『混一疆理歴代国都之図』が示す海域像〉，《最古の世界地図を読む——『混一疆理歴代国都之図』から見る陸と海》，法藏館，二〇二〇。

14 陳荊和，〈菲律賓華僑大事誌——十六世紀至十九世紀華僑史事年表〉，頁一三九。

15 題名為"On the Rules and Regulations of the 'Duong-thuong Hoi-quan' of Faifo (Hoi-an), Central Vietnam." 陳荊和，〈講演錄〉，頁四。

16 同前注，頁四—五。

17 張美惠，〈明代中國人在暹羅交易〉，《國立臺灣大學文史哲學報》，第三期（一九五二），頁一六一—一七六；Engelbert Kaempfer, translated by J.G. Scheuchzer (1906), *The History of Japan: Together with a Description of the Kingdom of Siam, 1690-1992.*

18 New Asia College (1971): *The Institute of Advanced Chinese Studies and Research.* New Asia College, The Chines University of Hong Kong, p.37.

19 同前注，頁三十九。

20 Hamashita Takeshi(2013): *American Policy on Asian Studies during the Cold War: A Geo-Academic Map of China Studies in Cross-Pacific Regions,* Acta Asiatica, No.104, The Tōho Gakkai.

21 引用自〈講演錄〉，「今後の研究はどうあるべきか」（頁六—九）。

22 〈講演錄〉，頁六。

23 〈講演錄〉，頁六—八。

24 〈講演錄〉，頁八。

25 〈講演錄〉，頁八—九。

26 編注：日本佛教用語，即死者名簿。其上載有死者之法名、生卒年月日、歲壽等（《佛光大辭典》）。

27 〈講演錄〉，頁十六。

28 思想編輯委員會，《臺灣史：焦慮與自信（思想16）》，聯經出版，二〇一〇。

29 關於陳荊和與曹永和教授所提到之課題、方法與資料，已有重要研究繼續承接，相信今後也繼續會有臺灣史研究的累積。以下僅列舉一二：鄭永常，《血紅的桂冠——十六至十九世紀越南基督教政策研究》，稻鄉出版社，二〇一五；Emma Jinhua Teng, *Taiwan's Imagined Geography: Chinese Colonial Travel Writing and Pictures, 1683-1895*, Harvard University Press, 2004. Cheng Wei-Chung, *War, Trade and Piracy in the China Seas: 1622-1683*, Brill, 2013.〔後兩書中譯本分別為：鄧津華（Emma Jinhua Teng），《臺灣的想像地理：中國殖民旅遊書寫與圖像（1683-1895）》，楊雅婷譯，國立臺灣大學出版中心，二〇一八。鄭維中，《海上傭兵：十七世紀東亞海域的戰爭、貿易與海上劫掠》，蔡耀緯譯，衛城，二〇二一。〕

海的亞細亞 : 濱下武志跳脫陸地中心的史學視野,海洋如何奠定亞洲的貿易、移民、世界觀和國際秩序 / 濱下武志著 ; 李侑儒, 許佩賢, 郭婷玉, 陳姃湲, 陳進盛, 黃紹恆, 鍾淑敏譯. -- 初版. -- 新北市 : 大家出版, 遠足文化事業股份有限公司, 2023.07
面 ; 公分. -- (Common ; 73)

ISBN 978-626-7283-22-6(平裝)
1.CST: 海洋 2.CST: 航海 3.CST: 文明史 4.CST: 亞洲史
720.9 112006017

Common 73

海的亞細亞

濱下武志跳脫陸地中心的史學視野，海洋如何奠定亞洲的貿易、移民、世界觀和國際秩序

作　　者　濱下武志
主　　編　吳密察
譯　　者　李侑儒、許佩賢、郭婷玉、陳娫湲、陳進盛、黃紹恆、鍾淑敏
封面設計　莊謹銘
內頁編排　吳郁嫻
責任編輯　賴書亞
行銷企畫　陳詩韻
總 編 輯　賴淑玲
出　　版　大家出版／遠足文化事業股份有限公司
發　　行　遠足文化事業股份有限公司（讀書共和國出版集團）
231新北市新店區民權路108-2號9樓
電　　話　(02) 2218-1417
傳　　真　(02) 8667-1065
劃撥帳號　19504465　戶名・遠足文化事業股份有限公司
法律顧問　華洋法律事務所　蘇文生律師

I S B N　978-626-7283-22-6（平裝）
定　　價　420元
初版一刷　2023年7月